MANUAL PARA EL MANTENIMIENTO Y OPERACIÓN SOBRE LAS TUBERÍAS DE FIBROCEMENTO EN LAS REDES DE ABASTECIMIENTO DE AGUA

POR
JAVIER MIGUEL ELIZONDO OSÉS

BELLISCO
Ediciones Técnicas y Científicas   MADRID - ESPAÑA

1ª Edición 2025

© *Javier Miguel Elizondo Osés*
© *BELLISCO. Ediciones Técnicas y Científicas*
  Cebreros 152. Local Posterior
  28011 MADRID

  Teléfono: **91 464 18 02**
  Correo Electrónico: ***información@belliscovirtual.com***

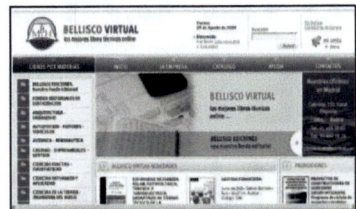

La mejor Selección de Libros técnicos para comprar online en: ***www.belliscovirtual.com***

PEDIDOS:

1. **En web (***www.belliscovirtual.com***)**
2. **Por Teléfono: 91 464 18 02 o Fax: 91 464 18 28**
3. **Correo Electrónico:** ***pedidos-bellisco@orange.es***
         pedidos@belliscovirtual.com
4. **En su Librería habitual**

Impreso en España
Printed in Spain

ISBN: 978-84-129283-8-9
Depósito Legal: M-4503-2025

IMPRESO POR: *TORCULOCOMUNICACION GRAFICA*

INDICE

ANTECEDENTES

El presente manual corresponde a una actualización (con sus implementaciones en técnicas, materiales y formatos de ejecución, incluyendo el ámbito de las Tecnologías Sin zanja) del manual del mismo título que el autor escribió, y que fue editado en Navarra por la empresa TESICNOR S.L. en el año 2008 (Depósito legal: NA-1.303/2008; ISBN: 978-84-612-3016-7)

PROLOGO

La construcción de redes de abastecimiento de agua con tubos de fibrocemento tuvo en el siglo XX (años sesenta-setenta, principalmente) una gran implantación, derivada de los aspectos competitivos con otros tipos de tubos. Aspectos competitivos centrados en economía de material (tanto por sí mismo como por su versatilidad de dimensionamientos para instalaciones adaptadas a distintas presiones) y puesta en obra, que llevó a tal grado de uso que hoy es el día en que se cifra su existencia en las redes de abastecimiento en un elevado porcentaje (por ejemplo, en España la AEAS -Asociación Española de Abastecimientos de Agua-, informaba en el 2017-datos de 2016- de la presencia de este material en unos 40.000km de tuberías -un 20% del total-*- que, al margen de ser una cifra estimada en función de las aportaciones de datos que puede llegar a recibir esa entidad, se puede considerar que es viable seguir barajándola por cuanto el nivel de renovaciones de tuberías se puede considerar muy bajo en general, dada la inversión real que se lleva a cabo.

Se estuvo trabajando con este material durante muchísimos años (hablamos en nuestro caso para el suministro de agua, pero también en otros tipos de servicios, así como en una multiplicidad de elementos constructivos, tanto en interiores de edificaciones como cubiertas exteriores que, hoy por hoy, se siguen situando en superficies globales muy extensas sin que se actúe sobre ellas) **sin tener conciencia respecto a que el denominado "fibrocemento" era peligroso para la salud** (al menos en lo que respecta a la información que se tenía por parte de las autoridades sanitarias) por ser origen de una enfermedad profesional, crítica, que atacaba (y ataca) a los pulmones -Asbestosis- a través de la inhalación de polvo de asbesto (o amianto), usado en la fabricación de ese tipo de tubos. que afectaba (y puede seguir afectando si no se actúa debidamente) principalmente al personal de mantenimiento de redes, por la manipulación de los tubos en operaciones de rebajes y cortes que originan el desprendimiento al aire de ese polvo con las microfibras de ese material.

No fue hasta el **año *1999*** cuando se generó esa conciencia global, con la **Directiva de la Unión Europea 99/77/CE, que prohibió a partir del año 2005** en toda la Unión Europea *"la comercialización y utilización de todas las fibras de amianto y de los productos conteniéndolas"*, pudiendo adelantar cada Estado miembro la fecha de aplicación. **España,** concretamente, incorporó las disposiciones de la regulación europea por O.M. del Ministerio de la Presidencia de 06 de julio de 2000, quedando finalmente regulado por O.M. de la entidad de *07 de diciembre de 2001*, donde establecía la **prohibición de utilizar amianto en la producción a partir del 15 de junio de 2002,** *y se podía seguir comercializando e instalando los productos fabricados antes de esa fecha, hasta el 15 de diciembre de 2002.* **Aquellos instalados antes de esa fecha podían mantenerse hasta el final de su vida útil,** por lo que, hoy por hoy, tenemos que plantearnos que las redes actualmente existentes permanecerán en funcionamiento durante muchos años **(-*-).** Planteamiento que podría llegar a considerarse irresponsable respecto al riesgo para los operadores, pero que, lo más probable, fuese prefijado por factores económicos en relación a la consideración de eliminación total a corto/medio plazo, teniendo en cuenta que no existía ningún riesgo de salubridad por contacto del agua con su interior (ver anexo: Fibrocemento historial regulaciones), ya que aquel se genera con el cemento que envuelve las capas de fibras (durante todo el tiempo que el agua de consumo ha estado circulando por el interior de estas tuberías, ni una sola entidad de referencia a nivel mundial -la Organización Mundial de la Salud entre ellas- y local en sus continuos análisis, ha indicado que se haya producido problema alguno por ese contacto).

(-*-) A nivel Europeo, vemos en la **Directiva 2003/18/CE,** que "recomienda su sustitución por otros materiales a través de una <u>sustitución lógica y progresiva, vinculada en cualquier caso a la finalización de la "vida útil" de la infraestructura</u>".

AEAS *abril de 2017* (Comisión 2ª Tratamiento y Calidad del Agua), indicando que "en la medida de lo posible, y teniendo en cuenta el punto de vista técnico, de seguridad y salud laboral, así como el económico, <u>se debe proceder a la eliminación del uso de tuberías de fibrocemento a medida que se vaya detectando la necesidad de una reparación (si hay que reparar se sustituye) y, por supuesto, cuando se llegue a la finalización de la vida útil de la infraestructura</u>…".

En España (ver el anexo indicado anteriormente) hubo un planteamiento aprobado con fecha 8 de marzo de 2017, por la Comisión de Agricultura, Alimentación y Medio Ambiente del Congreso de los Diputados tras el debate de una Proposición No de Ley (PNL) para la *"eliminación de las tuberías de fibrocemento en las conducciones de agua potable, en un horizonte temporal máximo de 5 años"*. Como puede verse, tras más de 7 años no se ha llevado a cabo, pues, al margen de plantear la medida sin base presupuestaria para poder llevarla a cabo (renovar 8.000 kilómetros por año supone unos cuantos miles de millones de euros) hay que tomar conciencia de lo que supondría en riesgo, a nivel de seguridad de operarios y entorno, tener que entrar en esas renovaciones de gran entidad y cómo se iba a gestionar el impresionante volumen de residuos generados de fibrocemento. La propia AEAS, Comisión 2ª Tratamiento y Calidad del Agua, lo indicaba taxativamente en su "Informe técnico-sanitario sobre las tuberías de fibrocemento y la calidad de las aguas de consumo", de *abril de 2017:* "…no únicamente no tienen un fundamento científico-técnico, sino que, además, conllevarían mayor riesgo, tanto sanitario como medioambiental, que el mantenimiento de la actual estrategia de control y de reposición al final de la vida útil de las tuberías".

OBJETIVO DEL MANUAL

Cabe indicar aquí una realidad incuestionable en relación con la indicación de la AEAS mencionada anteriormente, como es "si hay que reparar se sustituye". En general no se hace salvo que la avería comprometa a la longitud del tubo unitario afectado. Ante estas realidades, la **estrategia** que debiera tener cualquier empresa de gestión de agua (de cualquier dimensión) es **proveer y formar en continuo a su personal de mantenimiento del ámbito del agua, no solo en cuanto a los procedimientos y medidas necesarias para su protección personal, la del entorno y la adecuada gestión del material extraído, sino de los materiales y formatos de reparación que eliminen totalmente la actuación en rebajes y cortes indebidos sobre los tubos de fibrocemento ante cualquier necesidad** (fugas y/o roturas puntuales, acometidas y derivaciones, nuevos nudos…), **así como la retirada del tubo completo en caso de rotura franca, sustituyéndolo por otro tipo de tubo homologado, con las oportunas piezas, de calidad contrastada, que permitan un ensamblaje directo sin necesidad de rebajes.** Y cuando se plantee una **renovación, establecer como premisa de base su ejecución con las denominadas "tecnologías sin zanja"** (ampliamente desarrolladas durante décadas con total éxito), con las cuales obtendremos nuevas infraestructuras de suministro de agua sin necesidad de aperturas totales de las calles para extraer las tuberías existentes e instalar las nuevas. En función de las posibilidades, **con unas no generaremos residuos de fibrocemento, y con otras los reduciremos al máximo.**

Por todo ello, se considera fundamental mantener un completo conocimiento de este tipo de tubería en todos sus aspectos, para la aplicación de las distintas actuaciones de conservación y mantenimiento de las redes, por cuanto el mantenedor **(*)** se va a seguir encontrando directamente con su problemática en el trabajo diario, tanto en aspectos de explotación y de reparación, como respecto a la necesidad de unir los tubos de fibrocemento existentes en sus redes de abastecimiento a sistemas de otras tuberías en procesos de sustitución o implementación.

(*) No debiera existir ningún mantenimiento sobre tuberías de fibrocemento sin los requisitos necesarios, por lo que hay que lograr que toda población sin posibilidades de gestión propia, tenga a su disposición un servicio adecuado a través de entidades supramunicipales competentes.

Este es el objetivo básico del presente manual: que el operador trabaje con total garantía en las facetas de Prevención y Seguridad, protegiendo asimismo el entorno y reduciendo al máximo la gestión de material de fibrocemento, ejecutando con la máxima eficiencia (eficacia y economía) y calidad, y en el menor tiempo posible para un mejor servicio al usuario/cliente.

DEDICATORIAS/AGRADECIMIENTOS

Dedicatorias

No puedo menos que dedicar este libro a la memoria de Antonio Mangado Beloqui, encargado de la Junta Municipal de Aguas de Tudela al que tuve la suerte de dirigir en mi etapa en esa empresa de 1989 a 1994, ambos incluidos. Muy buen trabajador, y mejor persona, que falleció como consecuencia de una afección derivada de la inhalación de fibras de asbesto en el año 2012. Ya que a causa de no ser avisado de su fallecimiento no pude hacer acto de presencia y mostrar mis condolencias a su familia, sirva esta dedicatoria para, al menos, honrar su memoria desde mi sentimiento.

Dedicado también a mi querido hermano Andrés, fallecido en el año 2017 a los 68 años a causa de un cáncer. No pasa un solo día sin que alguna circunstancia me lleve a recordar su forma de hacernos la vida más agradable.

Y como no puede ser de otro modo, dedicado a mi mujer Inmaculada y a mis hijos, David y Sonia, sin los cuales mi barca hubiera zozobrado, sin remedio, hace mucho tiempo.

Agradecimientos

Podría hacer aquí un extenso agradecimiento con nombres y apellidos pudiendo cometer el imperdonable error de dejarme a alguna persona importante en mi devenir profesional y humano. Como todas las personas que han mantenido ese contacto profesional y humano conmigo (con las cuales, incluso, he podido fomentar una amistad enriquecedora) saben que me refiero a ellas, aquí va mi agradecimiento sincero por su apoyo y ánimo, que ha devenido en mi formación y desarrollo, no solo como profesional sino, sobre todo, como persona.
Aun así, y para que quede mi agradecimiento extendido de modo nítido, expresar que va también (o además) por todas aquellas personas que han desarrollado y desarrollan sus trabajos en entidades de gestión pública con el único objetivo de lograr el mayor beneficio social posible, desde su implicación en todo momento en factores de mejora y desarrollo sin pausa. Otras, muchas, de las que he tenido la desgracia de coincidir en mi vida profesional, desde peones a directivos, dejarán el mayor beneficio cuando desaparezcan de ellas.

BIBLIOGRAFÍA

*Guía técnica sobre tuberías para el transporte de agua a presión (Manuales y Recomendaciones) CEDEX, 2002.

*Tuberías (Tomo I) de Jose Mª Mayol Mallorquí

*Catálogos Comerciales y otras informaciones de empresas en internet

*Libro Blanco de la IbSTT (Asociación Ibérica de Tecnologías Sin Zanja)

TUBERIAS DE FIBROCEMENTO

HISTORIAL DE LA BASE NORMATIVA O DE REGULACION

La normativa o regulación anterior de las tuberías para el transporte de agua a presión, se basaba en el Pliego de prescripciones técnicas generales para tuberías de abastecimiento de agua de 1974 del MOPU (de obligado cumplimiento para las obras acometidas por la Administración General del Estado), aprobado por Orden Ministerial el 28 de Julio de 1974 en el B.O.E., del 2 de octubre (sustituía al Pliego General de Condiciones facultativas de las tuberías para abastecimientos de agua, de 1963).

Para el caso de las tuberías de fibrocemento, la norma que regulaba los tubos para el transporte de agua a presión, se establecía en la UNE-EN 512: 1995.

Existe la Guía técnica sobre tuberías para el transporte de agua a presión del año 2002 (Manuales y Recomendaciones) Ministerio de Fomento, Ministerio de Medio Ambiente y el CEDEX (Centro de Estudios y Experimentación de Obras Públicas), cuyo ámbito contempla las tuberías para el transporte de agua a presión, independientemente de cuál sea su uso (abastecimiento a poblaciones, regadíos...) salvo todo lo relacionado con aguas residuales. En ella, **no se incluyen las tuberías de fibrocemento como posibles materiales para redes nuevas,** por existir ya todas las regulaciones previas de prohibiciones y planteamientos respecto a este material (*).

> (*) El desarrollo histórico básico ya se ha indicado en el prólogo y desarrollado en mayor medida en el anexo "Fibrocemento historial regulaciones".

DATOS GENERALES SOBRE EL PROCESO DE FABRICACION

Para operar sobre un material es necesario saber su constitución, por lo que, aunque ya no se fabrican este tipo de tubos, se considera muy importante su conocimiento. Aquí nos basaremos en datos (los técnicos) extraídos del libro de José Mª Mayol Mallorquí (Tuberías, Tomo I), al cual puede acudir cualesquiera personas que deseen un mayor conocimiento respecto a este tipo de tubo.

La fabricación de los tubos de fibrocemento, compuesto por fibras de amianto mezcladas íntimamente en una solución de cemento Pórtland y agua, se basaba en el sistema de un tamiz formado por una banda sinfín de fieltro accionada por una serie de rodillos paralelos. La banda se introducía en una cuba con la mezcla de cemento/ amianto, con exceso de agua para adherencia al fieltro, y en su trayectoria se apretaba contra un mandril de acero (cuya longitud coincidía con la del tubo que se deseaba fabricar), que giraba a la misma velocidad periférica, y sobre el cual se iban depositando fuertemente comprimidas las sucesivas capas arrastradas por el fieltro, con espesores del orden de 0'1 a 0,2mm.

La presión sobre el mandril era de 10 a 30 Kg/cm², lo que producía la eliminación del exceso de agua, dejando el material muy denso.

La suma de las sucesivas capas, iba creando el espesor del tubo, sin ninguna costura, y con un 15% a 20% de agua, sometiéndose a continuación a un proceso de curado (se sumergían en agua durante varios días y, posteriormente, se almacenaban al aire libre). Durante el proceso, adquirían el endurecimiento necesario para soportar una presión de prueba equivalente al doble de la presión de servicio.

SECCIÓN DE UNA TUBERÍA DE FIBROCEMENTO DONDE PUEDE APRECIARSE LA SUPERPOSICIÓN DE LAS DISTINTAS CAPAS PRENSADAS QUE LA CONFORMAN, PARA CREAR EL ESPESOR DE SU CLASE RESISTENTE

VENTAJAS E INCONVENIENTES DE LOS TUBOS DE FIBROCEMENTO

Como **Ventajas** de este tipo de tubos, se pueden indicar:

a) La ausencia de poros (por el método constructivo) hace que presente un bajo coeficiente de rugosidad, que mejora su capacidad hidráulica y no favorece las incrustaciones cálcicas (aunque en función de la dureza del agua y de las velocidades de circulación, se constata su presencia en algunos servicios de agua, creando situaciones de reducción de secciones alarmantes, sin menoscabo de que en las mismas condiciones siguiese siendo su comportamiento mejor, por ejemplo, que en tubos como los de fundición, acero y hormigón). Como ejemplo, puede verse la foto, donde aparecen tuberías de fibrocemento con distintos grados de colmatación.

INCRUSTACIONES CÁLCICAS EN EL INTERIOR DE LOS TUBOS DE FIBROCEMENTO

b) Menor peso frente a tuberías como las de fundición u hormigón, que permite una mejor manipulación (sin perder de vista su fragilidad ante cargas de impacto, etc.).

c) Facilidad para la mecanización en obra (ventaja muy relativa por las características del material y sus condicionantes, pero que, al no conocerse previamente su peligro, fue una ventaja muy importante para su proceso de máxima implantación).

d) El material que lo constituye tiene un comportamiento óptimo frente a fenómenos de corrosión, no teniendo el autor de este manual conocimiento directo de ningún caso específico, pero dejando constancia de que se indica (bibliografía) que puede darse, en relación a ataques al cemento, en condiciones de aguas ácidas con muy poca dureza (alta montaña) o terrenos pantanosos con cambios frecuentes de nivel freático. Se planteaban sus límites de utilización sin protección, pero dado que es un tipo de material que está fuera de mercado y fuera de toda posibilidad de instalación, no se considera relevante aportar la información especificada en la bibliografía existente.

En cuanto a factores de erosión, es indudable que su constitución hace que cualquier pequeña fuga no corregida a tiempo, ocasione un limado constante del material, provocando una mayor salida de agua en proceso continuo, con el resultado de importantes averías.

e) Permitía, en principio, un bajo coste económico de implantación frente a otros materiales, debido a la posibilidad de escalonamiento de las presiones de diseño, debido a su variada gama (seis tipos diferentes). Esta propiedad permitía al proyectista diseñar la red en base a colocar los distintos tipos de las clases de fabricación para las presiones de trabajo correspondientes, ajustándose a ellas y evitando colocar sobredimensionamientos donde no era necesario (zonas de menor presión de trabajo), consiguiendo un conjunto más optimizado económicamente. Aunque sus costes en adecuación de zanjas, cama, rellenos, etc. eran más costosos, resultaba competitivo en el coste del material, lo que hizo que fuese una tubería altamente implantada.

Sin embargo, esta ventaja se convierte en un inconveniente en el momento que existe cualquier condicionante de cambio al alza de cotas de presión en suministro, pues al estar diseñada/construida por tramos específicos de clase de presión, estos pueden no ser adecuados a los nuevos valores, provocando serios problemas en la implementación o desarrollo del sistema de suministro/ distribución.

Como **inconvenientes**, al margen de los indicados en las propias ventajas, tendríamos:

a) La **utilización del amianto como material base** (fibra que le da resistencia estructural), lo cual ha provocado su prohibición, en base a la incidencia en el desarrollo de enfermedades cancerígenas, no por disolución (improbable según se desprende de los seguimientos a través del tiempo), pero sí por la inhalación de fibras por los operarios en las labores de instalación y mantenimiento de la red, como corte, torneados y refrentados de los tubos.

Actualmente existen protocolos de seguimiento del personal que ha estado expuesto a este tipo de actividad, e incluso se potencia el trabajo a realizar mediante la utilización de trajes, mascarillas y guantes de deshecho, así como la retirada del material a contenedores exclusivos para su transporte y tratamiento por empresas especializadas (se desarrollará más adelante).

b) Material muy frágil que obligaba a condiciones de instalación cuidadosas tanto en manejo y transporte como en las condiciones de las camas de apoyo (un mal asentamiento puede originar roturas por cizalladura), rellenos, así como en las profundidades de instalación, cargas diferidas (pueden generarse roturas por aplastamiento), etc.

Esto lleva a que, si bien el tubo en sí era más económico frente a otros, se encarecía en su puesta en obra. Añadiendo el que presentaba, y presenta, mayores incidencias en el mantenimiento- explotación, sobre todo en tubos de bajo espesor (menores presiones de trabajo) sometidos a errores de instalación o cargas indebidas, lo que lleva a estimar unos sobrecostes altos en su vida útil.

Aunque es una cuestión que atañe a todo tipo de tubos, en el diseño de la instalación había que tener especial celo con la implantación de sistemas de evacuación de aire, prevención de golpes de ariete, etc., por la misma circunstancia de la fragilidad comentada (sus averías ante sobrepresiones se presentan en tipo astillado).

ROTURA POR ASENTAMIENTO Y CARGAS

ROTURA TRANSVERSAL POR APOYO DEFICITARIO

ROTURAS POR GOLPES DE ARIETE Y/O ZONAS PARCIALES TUBERÍA CON PÉRDIDA DE CARACTERÍSTICAS RESISTENTES

c) La capacidad resistente a través del tiempo, en cuanto a su pérdida en condiciones normales de instalación/trabajo (para lo que puede considerarse la vida útil estimada en teoría en 50 años), puede verse más comprometida que en otro tipo de materiales en las mismas condiciones, originando averías muy importantes que requieren sustituciones completas.

ROTURA LONGITUDINAL, PÉRDIDA RESISTENCIA GENERAL A LA PRESIÓN POR ENVEJECIMIENTO

Por supuesto, en las condiciones de pérdida de resistencia y generación de averías recurrentes, con todos sus costes inherentes, tiene especial relevancia el proceso de calidad de la fabricación de origen (que en aquellas épocas pudiera no estar debidamente normalizado/controlado), pudiendo observarse degradaciones avanzadas que llevan al planteamiento de sustituciones globales donde se verifican.

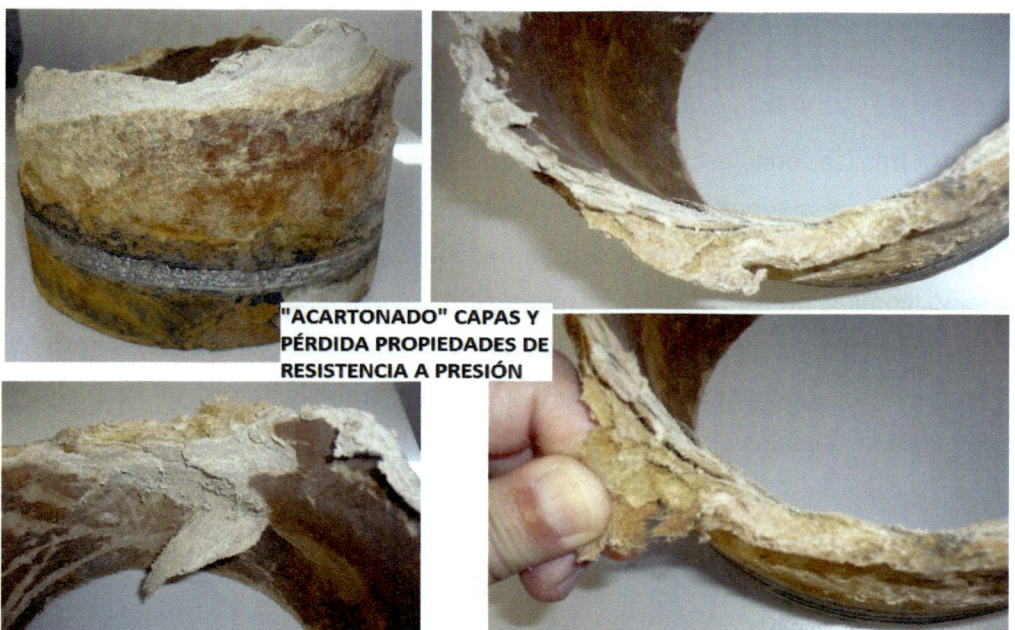

"ACARTONADO" CAPAS Y PÉRDIDA PROPIEDADES DE RESISTENCIA A PRESIÓN

Aunque no está directamente relacionado con el material de construcción del tubo en sí, y ya veremos más adelante las diversas piezas de unión que se empleaban en la construcción de la tubería entre las cuales eran habituales las fabricadas con fibrocemento, cabe aquí también reseñar la problemática de averías por pérdida de resistencia (por causas varias) de las llamadas "Uniones Gibault" (muy habituales en esa construcción de tuberías) fabricadas en fundición gris (posteriormente, con su fabricación en fundición nodular se eliminaría este inconveniente).

d) El tubo coge su espesor exteriormente (para los distintos valores de presión de trabajo) lo que lleva a que para un mismo diámetro interior nominal, podemos llegar a tener hasta 6 tipos de tubos de exterior diferente, lo que lleva a la disposición de un stock elevado de material para el mantenimiento, tanto en tubos como en piezas de unión (si bien en esta cuestión, actualmente, la reducción puede ser muy ostensible, con sistemas de piezas de tolerancia, como, por ejemplo, toda la gama de las piezas llamadas "multidiámetro" que se desarrollarán más adelante)

Las normalizaciones establecían 6 clases de tubos: A – B – C – D – E – F en función de las presiones a soportar, de menor a mayor. La presión de rotura era del doble de la presión de prueba y esta, a su vez, era el doble que la presión de servicio/trabajo. Por tanto, como la presión máxima de rotura para la clase más resistente (clase F) era de 60 Kg/cm^2, la presión máxima de servicio que se podía conseguir era de 15 Kg/cm^2, lo que representaba un condicionante de diseño para la implantación de, por ejemplo, las impulsiones directas.

DATOS DE LAS TUBERÍAS DE FIBROCEMENTO

En el manual editado en el 2008 se referenciaban múltiples datos de este tipo de tubos que no se considera relevante seguir haciéndolo en esta puesta al día (al estar prohibida su fabricación y comercialización desde hace más de 20 años y disponer de ellos en la bibliografía existente) con el objeto de ir directamente a aquellos datos más relevantes de cara al objetivo de este manual, como es trabajar sobre ellos evitando al máximo cualquier actividad que pueda generar el riesgo ya comentado anteriormente.

Características geométricas

a) <u>Diámetros interiores en mm</u>: 50 – 60 – 70 – 80 – 100 – 125 – 150 – 175 – 200 – 250 – 300 – 350 – 400– 450 – 500 – 600 – 700 – 800 – 900 – 1000 – 1100 – 1200

b) <u>Espesor de pared</u>: • de acuerdo a las presiones exigidas en las normas
  • valor mínimo (independiente del diámetro) = 8 mm

c) <u>Diámetros exteriores</u>: $D_e = D_i + 2e$

- Como e (espesor) varía en función de la presión de servicio, tenemos que, **a igualdad de diámetros interiores, resulten diámetros exteriores variables, exigiéndonos accesorios distintos según la clase (según presión de servicio).**

- Para la unión entre tubos del mismo diámetro con distintos espesores en el diseño de la red existía una sola serie de piezas para unir la tubería con juntas de cambio de espesor.

- Aunque nacionalmente no se daba, y de ahí el gran abanico de tuberías, sí que existían firmas extranjeras que unificaban el diámetro exterior (como en el PVC y PE) con lo cual tenían una serie única de accesorios.

d)   Tabla de dimensiones:

Diámetros Interiores en mm	Espesor de los tubos (mms.)						Igualdad De tuberías
	CLASE						
	A	B	C	D	E	F	
	PRESION DE ROTURA (Kg/cm²)						
	10	20	30	40	50	60	
50	-	8	8	8	8	8	Todas clases iguales
60	-	8	8	8	8	8	"
70	-	8	8	8	9	9	B – C – D y E – F
80	-	9	9	9	10	10	B – C – D y E – F
100	8	9	9	11	12	12	B – C y E – F
125	9	9	10	12	15	15	A – B y E – F
150	10	10	12	14	18	18	A – B y E – F
175	10	11	14	16	21	21	E – F
200	11	12	16	18	24	24	E – F
250	11	15	17	21	25	30	ninguna
300	12	17	20	25	30	36	"
350	14	19	24	29	35	42	"
400	16	21	27	34	40	48	"
450	18	23	30	38	45	54	"
500	20	25	34	42	50	60	"
600	22	30	40	50	60	72	

700	24	35	-	-	-	-	"
800	26	40	-	-	-	-	"
900	28	45	-	-	-	-	"
1000	30	50	-	-	-	-	"
							"

Presión de rotura (PR) = 4 PS (Presión de servicio/trabajo)

Como puede observarse, sólo en los diámetros inferiores existía igualdad, observándose diferencias a medida que los diámetros van aumentando y siendo totalmente distintos en todos ellos a partir de DN 200.

Nos podemos encontrar con distintas longitudes de tubos, de acuerdo a la gama de fabricación en función de su rango de diámetros:

DN 50 a 100   longitud de 3m

DN 125 a 300   longitud de 4m

> DN 300   longitud de 6m

Los tubos (color gris claro) se fabricaban lisos por ambos extremos con sus correspondientes disposiciones para su unión mediante las diversas juntas al uso que se detallan posteriormente.

Accesorios de unión de tubos

Los accesorios estándar comercializados en su época, y que vamos a encontrar a la hora de operar sobre este tipo de tuberías, son:

fabricados con cuerpos de fibrocemento: junta Supersimplex, RK y RKT

a.   Junta Supersimplex

Manguito de unión de fibrocemento que abraza los dos tubos consecutivos por inserción de sus extremos en su interior, donde existen dos ranuras en las cuales se alojan anillos de elastómero (juntas de estanquidad) de sección en forma de cuña.

b.   <u>Junta RK</u>

Similar a la junta Supersimplex en cuanto a unión de tubos consecutivos, pero con los anillos de elastómero con sección dentada para un mayor agarre sobre el exterior de los tubos a unir (mayor seguridad en la estanqueidad del sistema) y con anillo central (parte media) de elastómero, como separador, para evitar que durante el montaje el manguito deslice sobre los tubos, y evitar en la introducción el contacto físico entre los extremos de ambos tubos que pueda provocar su deterioro por golpe,

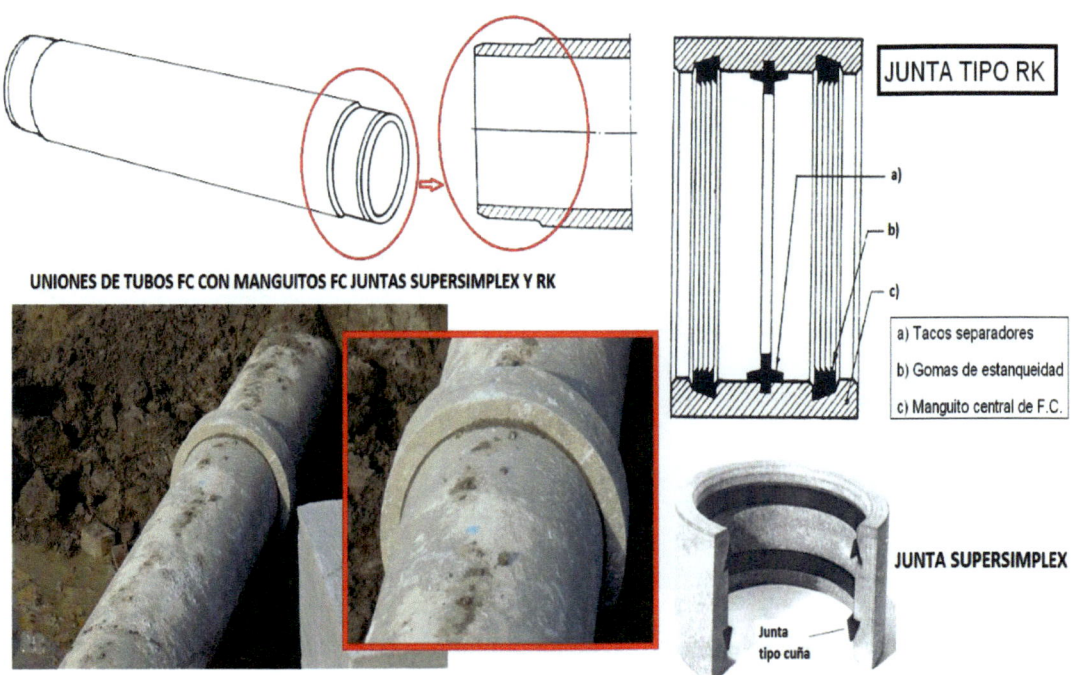

UNIONES DE TUBOS FC CON MANGUITOS FC JUNTAS SUPERSIMPLEX Y RK

JUNTA TIPO RK

a) Tacos separadores
b) Gomas de estanqueidad
c) Manguito central de F.C.

JUNTA SUPERSIMPLEX

Junta tipo cuña

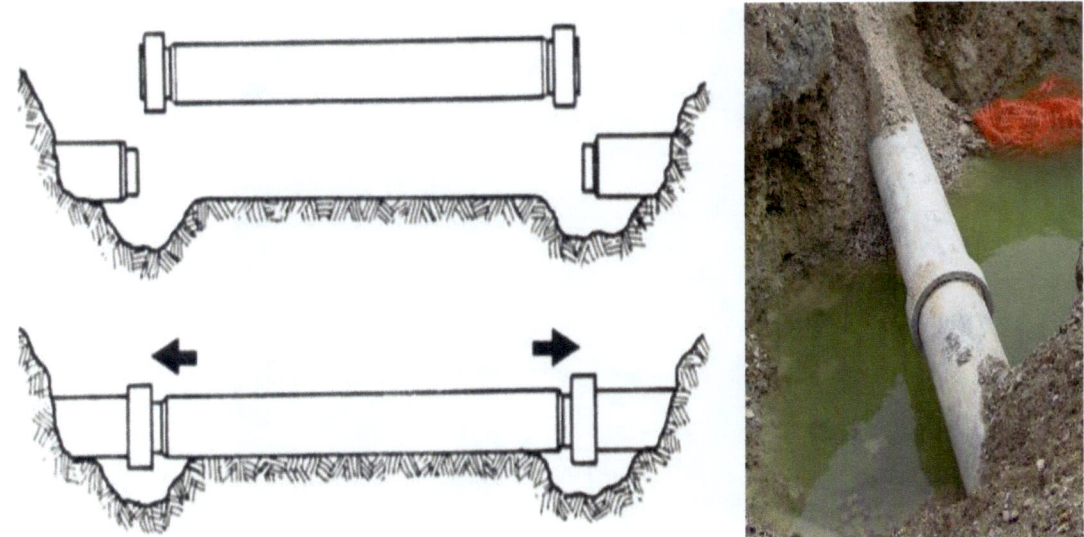

Estos tipos de juntas, no permiten la formación de escalones entre tubos (el montaje de tubos de diferente espesor), por lo que existía la llamada "Junta RK de cambio de espesor" para permitirlo (con diámetros exteriores ligeramente diferenciados).

c. JUNTA RK tracción (RKT)

Es una variante de la RK diseñada para resistir esfuerzos de tracción mediante la inclusión de varillas de anclaje de fibra de vidrio introducidas por orificios en el manguito y alojadas en canales torneados en el manguito interiormente y en el exterior del tubo, de modo que se produce su amarre con el tensado e impide la separación del manguito y tubo hasta la rotura por tracción.

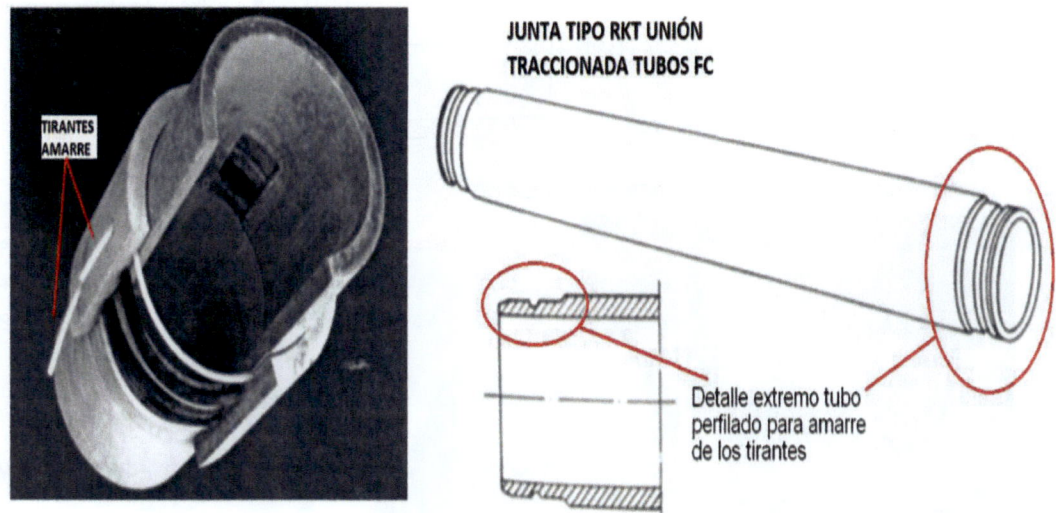

Como puede observarse, los tubos se ejecutaban con las correspondientes acanaladuras en sus extremos para su montaje directo en línea.

En general, cualquier tipo de operación en el montaje (y principalmente en las reparaciones o inserciones de elementos para cualquier funcionalidad añadida) que requiriese el corte del tubo, se generaba que el extremo resultante tenía la dimensión del exterior del tubo, por lo que no podía ser acoplado con las mismas piezas convencionales usadas para la unión de los tubos. Hasta que se empezaron a desarrollar las distintas piezas de acople que iremos viendo posteriormente, se tenía que proceder a realizar el correspondiente rebaje para poder ejecutar su unión (que se solía realizar, como veremos, con los tornos de campo, para mantener bien homogéneo el perímetro de cara a asegurar un ensamblaje estanco).

d. UNION (junta) GIBAULT

En inicio se trataba de una junta metálica de fundición gris (con todos los inconvenientes de fragilidad inherentes a este tipo de material, origen de las típicas averías), constituida por un manguito metálico que se superpone centrado en la separación de los tubos, a cuyos lados se sitúan 2 juntas de elastómero de tipo tóricas, anclando el sistema mediante 2 aros-brida, uno a cada lado, unidos entre sí por tornillos.

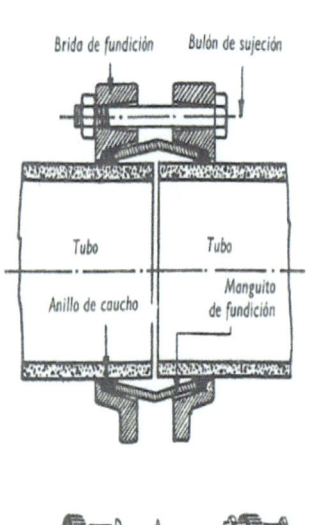

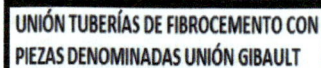

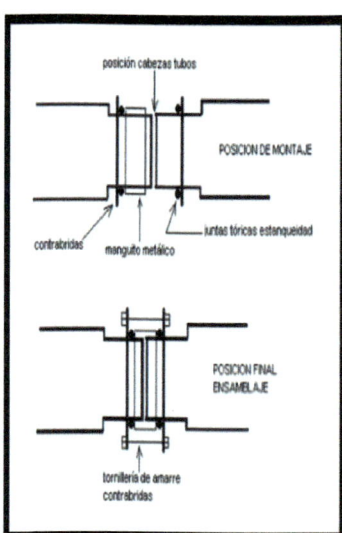

EJEMPLOS DE DIFERENTES EJECUCIONES DE REPARACIONES CON UNIONES TIPO GIBAULT: UNA EN FASE DE INSTALACIÓN DE LAS UNIONES (IZDA) Y OTRA YA EJECUTADA (DRCHA)

Fue una junta muy extendida, cuyo principal inconveniente (al margen de fallos posibles en las juntas de estanquidad) en cuanto a su vida útil, residía en la corrosión de sus tornillerías y en el factor de fragilidad de su material de fundición gris, como se ha comentado previamente (aunque en segunda generación se fabricaron en fundición nodular eliminando este inconveniente).

Aunque es probable que hoy en día todavía pueda encontrarse como pieza de stock de mantenimiento en algunos servicios municipales de agua con escasos recursos (las correspondientes a las juntas con cuerpos de fibrocemento, que hemos analizado, han tenido que ser retiradas debidamente hace muchos años), puede ser eliminada completamente en favor de otro tipo de uniones, como veremos más adelante.

OTRAS PIEZAS

Como perspectiva de lo existente en aquella época, y que nos vamos a seguir encontrando en los mantenimientos u obras en general, existían otras múltiples piezas de montaje. Desde las derivadas de conceptos similares a la junta tipo Gibault, como pueden ser las "Tes" (salida recta, roscada o en brida : figuras 1, 2 y 3), las tapas ciegas (figura 4), como las correspondientes a codos (foto), reducciones (foto y figura 6), piezas tipo brida-liso para ensamblajes directos de extremo tubo a sistemas de bridas como válvulas, contadores, etc. (figura 5). Piezas que se fabricaban en fundición gris y chapa de acero.

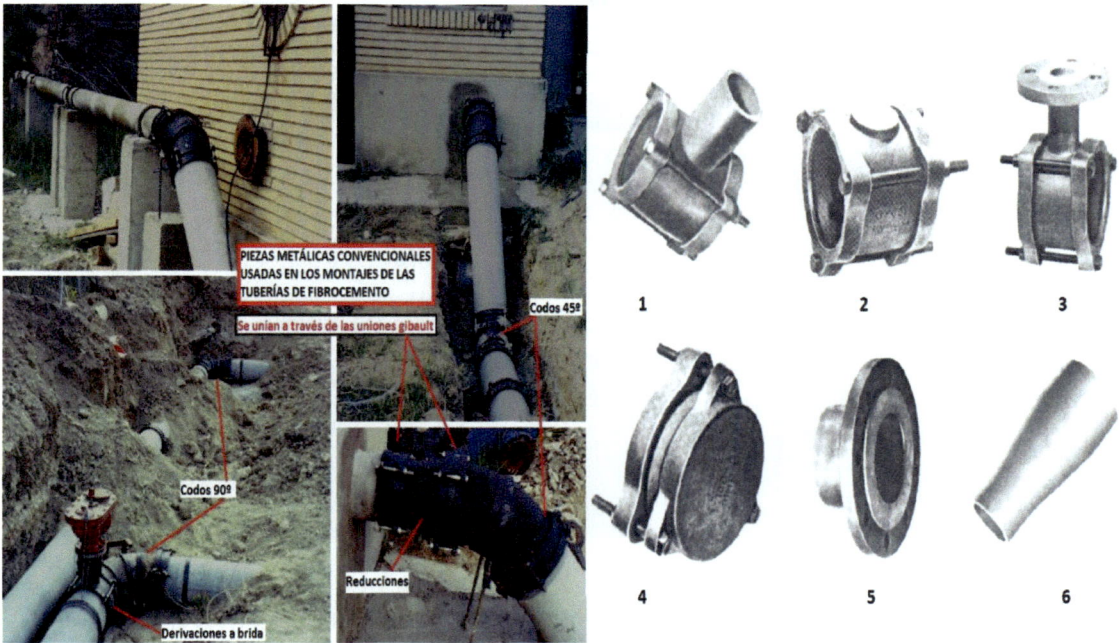

Todas las "piezas de unión" que se han comentado, son **piezas cerradas instaladas por inserción sobre el perímetro exterior de los extremos de los tubos.** Cuando se presentaba la avería en ellas, no podían ser sustituidas sin más, por otra del mismo tipo, pues era necesario el insertarlas nuevamente y, por tanto, había que ejecutar el desmontaje del tubo para poder meter la nueva pieza (como puede verse en la foto posterior y en la anterior de la avería en el puente -donde puede apreciarse que, ya que se tenía que extraer el tubo, se sustituían por prevención, en ambos lados, y no solo la afectada-). Por supuesto, se podía proceder, para reducir obra (y se procedía salvo que el tubo diese muestras de precariedad), a la actuación puntual con corte parcial del tubo, con las consiguientes operaciones que veremos en el apartado de "métodos tradicionales", para poder hacer el ensamblaje nuevamente con el mismo tipo de piezas que se disponían entonces.

Fuga en junta de tipo RK que obligaba a su retirada y operar en extracción del tubo o corte zonal, para poder ejecutar la reparación con las piezas disponibles en su momento.

Cuando se trataba de unir los tubos de fibrocemento a sistemas a brida (válvulas, contadores, caudalímetros, etc.) se disponían las denominadas "piezas 70.000", que venían a ser bridas-liso para cada clase de tubo.

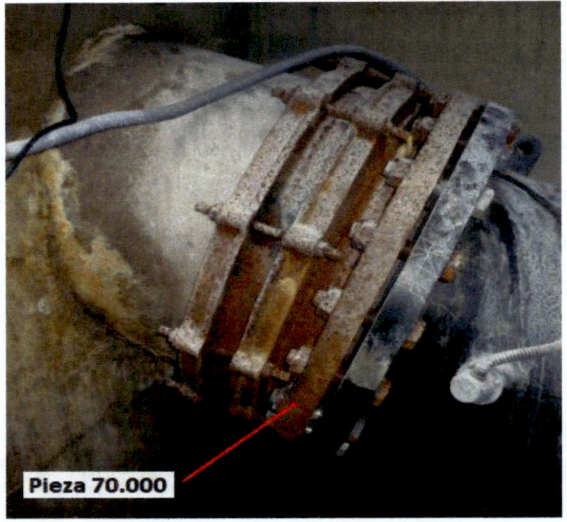

Pieza 70.000

Otra de las cuestiones que se presentaban era la conexión de este tipo de tubos de fibrocemento a nuevas tuberías de otro tipo de material, con el mismo tipo de piezas que se disponían y que hemos comentado. Comoquiera que los diámetros exteriores no coincidían, e incluso se podían tener grandes diferencias (para los mismos diámetros interiores, los exteriores del fibrocemento son mayores, dado su proceso de fabricación -exteriores variables-), se solía recurrir a aprovechar un extremo de tubo de fibrocemento de la tubería existente, a la cual se le incorporaba una nueva junta de tipo Gibault para la unión a una pieza de acero, fabricada en taller, de extremo liso (con el diámetro exterior coincidente con el del fibrocemento) y brida para ensamblaje a la nueva tubería.

Como veremos en el apartado de "métodos más convenientes" el desarrollo de la amplia gama de piezas que se fue llevando a cabo, con una funcionalidad básica conformada por sectores, de gran calidad, elimina toda esa problemática permitiendo las sustituciones puntuales de modo preciso y con alta garantía. Del mismo modo, para la consecución de derivaciones de cualquier tipo, de modo directo, sin operar en cortes del tubo existente para insertar las piezas de derivación convencionales. Así mismo, para el caso de interconexiones a otras tuberías, permitiendo conexiones directas sea cual sea la diferencia de exteriores. En definitiva, reduciendo ostensiblemente los tiempos de ejecución (puestas en servicio notablemente más rápidas) y los costes de las ejecuciones, así como, muy importante, mejorando de modo drástico las condiciones de seguridad al eliminar en la práctica la manipulación de los tubos de fibrocemento en cualquier actividad de refrentados/rebajes, así como cortes, que provoquen la generación del "polvo con asbesto" al ambiente. (veremos más adelante, para unas y otras operaciones, los que se llevaban a cabo y los que se tienen que hacer - exclusivamente en cortes necesarios-).

MANTENIMIENTO DE TUBERÍAS DE FIBROCEMENTO

El mantenimiento de las tuberías de fibrocemento se ciñe, como en cualquier otro tipo de tubería, a:

1.- <u>Mantenimiento preventivo</u>: aquel que analiza el estado previo antes de que se produzca una situación correctiva, para que ésta no pueda darse. En esta fase, y para lo que nos concierne, estaríamos hablando de la supervisión y control de corrosiones principalmente, en aquellas piezas susceptibles de padecerlas (en nuestro caso, todas aquellas piezas metálicas presentes en la instalación, como juntas de tipo Gibault, codos, etc.), ya que tanto el propio tubo como las uniones de su propio material (RK, RKT...) están libres de padecer este fenómeno por su propia constitución.

2.- <u>Mantenimiento correctivo</u>: aquel que conlleva una ejecución directa sobre la tubería (elemento, tubo...) para eliminar un problema existente en cualquier aspecto (fuga o rotura en tubo, fuga o rotura en un elemento, cambio por necesidad ante inspecciones preventivas, etc.) y volver a dejar la tubería en las mejores condiciones de funcionamiento.

Esta se constituye en la faceta de mantenimiento más crítica, por cuanto conlleva hacer frente a un problema que se puede presentar de forma imprevista para su solución en el mínimo plazo posible y con las mayores garantías, por cuanto estará involucrado, generalmente, el corte de suministro o la alteración de las condiciones de suministro de la red (anulación temporal de una red mallada, disminución de presión, etc.).

3.- <u>Mantenimiento modificativo</u>: aquel que conlleva una ejecución directa sobre la red para modificar su estado actual con el fin de mejorar, generalmente, sus prestaciones (modificaciones en nudos, cámaras de llaves, etc..). Son actuaciones normalmente organizadas con carácter previo, en las cuales se han podido estudiar las medidas para paliar los efectos que pueden generar en el suministro.

En cualquier caso, y en líneas generales, las actuaciones a llevar a cabo, <u>en cuanto a las operaciones sobre la tubería</u>, se pueden centrar en:

a) Sustitución de juntas de unión (metálicas tipo unión Gibault o de fibrocemento tipo RK, etc.).

b) Cambio o inclusión de elementos entre tubos (válvulas, nuevas acometidas...).

c) Fisuras, poros o agujeros francos en el tubo

d) Sustitución del tubo parcial o total, por rotura

METODOS TRADICIONALES

Como hemos comentado anteriormente, los métodos tradicionales se basaban en operar sobre los tubos utilizando para las reparaciones los mismos elementos, es decir, el mismo tipo de uniones y el mismo tipo de tubos de fibrocemento. Esto conllevaba a:

1.- disponer de un amplio stock de tuberías y uniones, para poder atender a la posible demanda, en base a lo ya indicado anteriormente de los distintos espesores para un mismo diámetro interior de tubería; es decir, disposición de distintos tubos y piezas para un mismo diámetro interior, al ser los diámetros exteriores diferentes (ver la tabla de dimensiones insertada previamente). Por lo tanto, altos costes de stocks.

2.- Operar sobre los tubos en actuaciones de corte y rebaje para casi cualquier circunstancia, con las implicaciones correspondientes a los espacios necesarios para poder operar en el perímetro de la tubería, como las correspondientes (y muy importantes) a la seguridad de los operarios, no sólo por el manejo de las herramientas al uso, sino por la pulverización de las partículas que se desprenden.
Por lo tanto, altos costes en la resolución del mantenimiento y, sobre todo, personal operador y entorno sometidos a riesgos inherentes al material, además de los de operación.

Aunque, como ya se ha explicitado anteriormente, hoy en día no se puede utilizar ningún tubo o pieza de fibrocemento, por lo que, se supone, que en cualquier entidad de gestión del servicio de agua ya no existe ningún acopio de este tipo de material y se ejecutarán las sustituciones con otros tipos de materiales, se sigue considerando oportuno plantear las dinámicas de reparación tradicionales, con objeto de ver sus inconvenientes y riesgos, para no perder un conocimiento de nuestro desarrollo en este campo. Así podríamos indicar:

A) Sustitución de una junta de unión de tubos

Aunque en algunos casos se han detectado fugas en uniones de manguito de fibrocemento (tipo RK, por ejemplo), en base a que por montaje defectuoso o por cuestiones posteriores se tiene una salida puntual (incluso un poro) que comienza a erosionar la pared exterior del tubo sobre la que asienta, engrandeciéndose la fuga progresivamente, lo más habitual es que los problemas se generen en las uniones de tipo Gibault (metálicas) bien por corrosión o por rotura, dada la fragilidad del material de primera generación, que era de fundición gris. Como son sistemas de unión de tipo manguito en piezas cerradas, insertadas en (montaje en línea) podían quitarse de modo individual (la averiada) sin operar sobre el tubo (cortándolas, por ejemplo.) pero, como ya hemos indicado anteriormente, no podían sustituirse por piezas idénticas (las que disponían entonces que, normalmente, eran las de tipo Gibault las que se usaban por los mantenedores).

Para poder reparar, se les planteaban dos alternativas: o soltar/cortar la unión averiada y cortar el tubo al otro lado para extraer un trozo parcial, o descubrir todo el tubo para poder acceder también a la unión del otro extremo y soltando ambas uniones poder extraerlo. La finalidad en ambos casos era poder volver a colocar nuevas uniones (como se indica en el esquema de abajo) y volver a reponer la continuidad de la tubería para ponerla en servicio de nuevo.

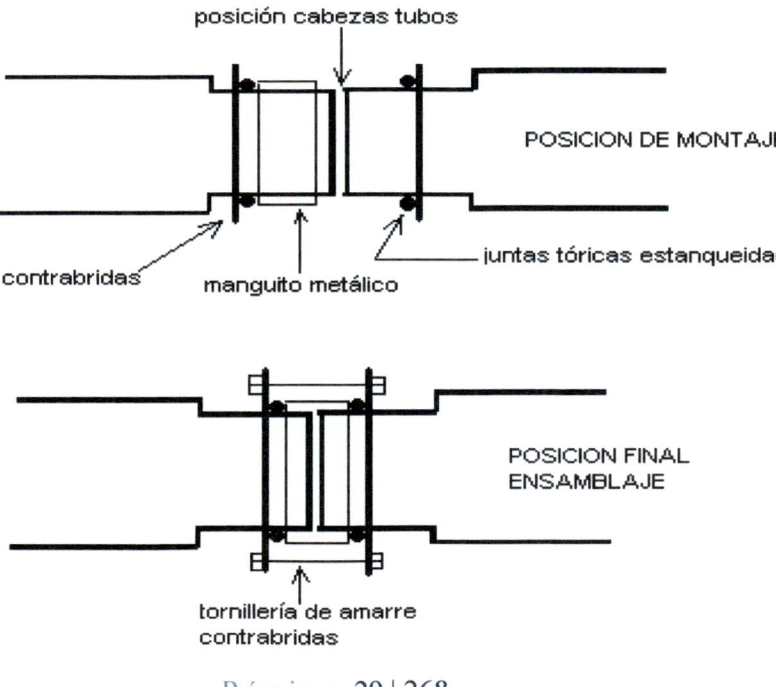

La dinámica respecto a la instalación era colocar las partes de la nueva unión en cada lado (extremo del tubo existente sin extraer y extremo del tubo extraído, bien si era completo o parcial -*-), volver a colocar/enfrentar el tubo/trozo con los extremos fijos existentes en la zanja -*-, y desplazar las piezas para unir las partes de modo estanco.

(-*-) En el caso de parcial, quedaba un dimensionamiento mayor (exterior del tubo) que el correspondiente a la zona de rebaje de los extremos del tubo donde se instalaban las uniones, por lo que se podía dar el tener que actuar en operaciones de rebaje para que entrasen correctamente las nuevas uniones.

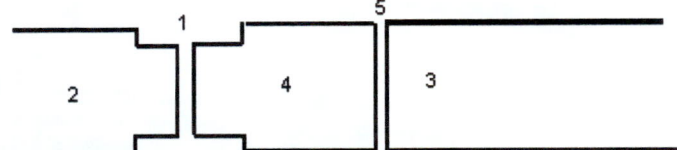

Esquema básico de replanteo de reparación de unión tipo Gibault cortando trozo de tubo para incorporar las nuevas uniones

1.-Lugar de la unión deteriorada a sustituir
2.-Tubo existente que se deja como está
3.-Tubo existente al cual se le corta un tramo (por ejm. el 4) para no descubrirlo entero y poder introducir las nuevas uniones gibault
4.-Trozo de tubo del existente que se quita para poder introducir las nuevas uniones. El lado correspondiente a donde se situaba la unión deteriorada, sirve para el nuevo ensamblaje sin operacion de rebaje
5.-Extremos correspondientes al tubo cortado existente que, según el método tradicional, necesitarán ser rebajados para poder acoplar la unión gibault correspondiente

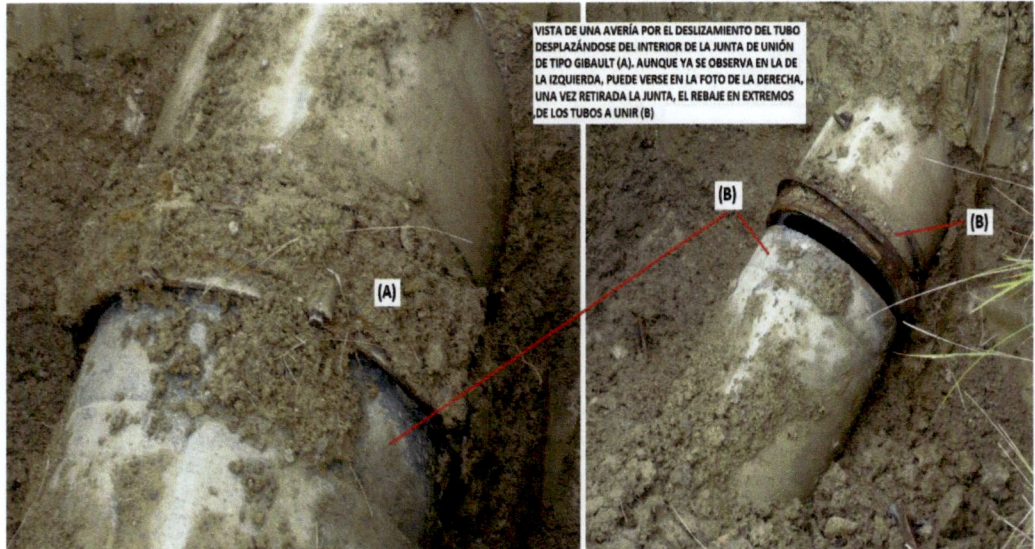

La alternativa de extracción total del tubo tenía la ventaja (seguridad operadores directos) de no tener que realizar ninguna manipulación de acondicionamiento sobre él, frente a un mayor incremento de obra con sus afecciones sociales y medioambientales, tiempos y costes (labores de excavación, rellenos y cierres en superficie de mayor amplitud).

Otra ventaja añadida (sobre todo si la avería se centraba en corrosiones que podían hacer temer ataques en las zonas próximas) era que se sustituía la unión del extremo opuesto, como medida preventiva, a la vez que de la observación de su estado se podía inferir si podría tenerse una corrosión más general que pudiese hacer plantearse medidas preventivas ante nuevas averías.

La alternativa de corte parcial era mucho más factible desde el punto de vista económico y social, pero no desde el punto de vista de seguridad de los operadores por cuanto conllevaba operaciones de corte del tubo y posibles rebajes, que con los medios que se usaban (los veremos más adelante) originaban la pulverización de partículas de polvo del fibrocemento en la zona interna de operación y su entorno exterior.

La obra en sí se reduce ostensiblemente, salvo estado del tubo que precise sustitución

Unión averiada a retirar y puntos alternativos de corte para la solución de evitar mayor obra

B) Cambio o inclusión de elementos entre tubos

La inclusión de un elemento nuevo en la tubería (por ejemplo, una nueva válvula de seccionamiento, una te de derivación para colocar un desagüe de red, una ventosa u otro tipo de acometida) conllevaba directamente a operaciones de corte sobre el tubo para crear el espacio necesario y permitir el montaje, en el cual podían ser necesarias también las labores de rebaje de los tubos.

(A) (B)

HUECO CREADO EN UNA TUBERÍA DE FIBROCEMENTO PARA LA INSERCIÓN DE UN NUEVO NUDO DE OPERACIÓN Y PROTECCIÓN (VÁLVULA SECCIONAMIENTO Y VENTOSA TRIFUNCIONAL). RETIRADA DE LA UNIÓN (A) PARA APROVECHAR EXTREMO SIN TENER QUE CORTAR, Y CORTE EN EL OTRO LADO (B)

En lo que respecta a la sustitución de un elemento dañado (por ejemplo, una válvula) no eran necesarias estas operaciones si se recurría a piezas a medida en calderería para lograr la medida de montaje necesaria y poder volver a ensamblar al extremo del tubo existente (donde se situaba la correspondiente junta que era sustituida). De lo contrario podían ser necesarias para adecuar el sistema.

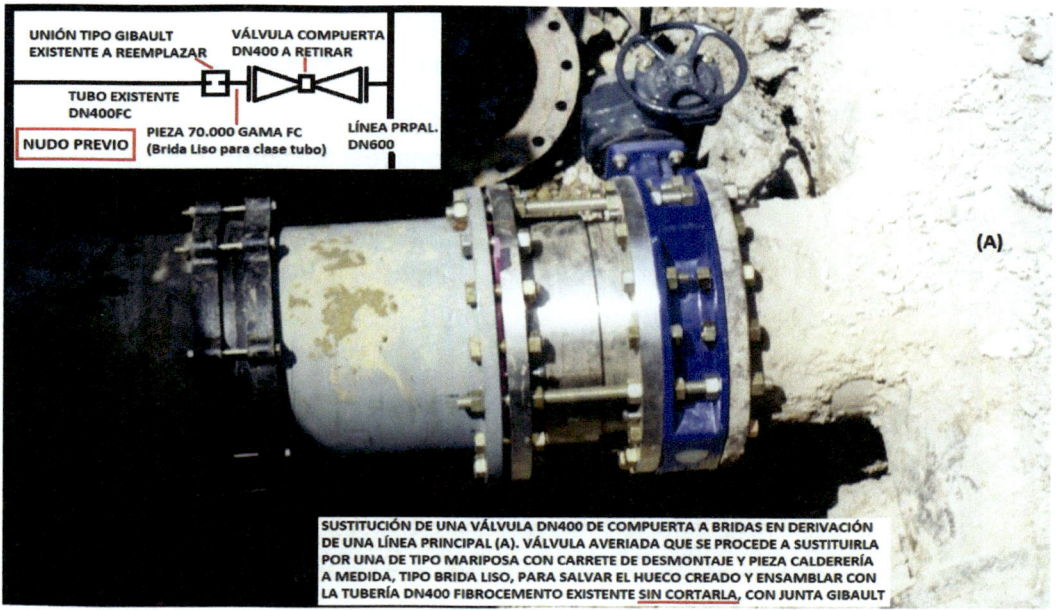

SUSTITUCIÓN DE UNA VÁLVULA DN400 DE COMPUERTA A BRIDAS EN DERIVACIÓN DE UNA LÍNEA PRINCIPAL (A). VÁLVULA AVERIADA QUE SE PROCEDE A SUSTITUIRLA POR UNA DE TIPO MARIPOSA CON CARRETE DE DESMONTAJE Y PIEZA CALDERERÍA A MEDIDA, TIPO BRIDA LISO, PARA SALVAR EL HUECO CREADO Y ENSAMBLAR CON LA TUBERÍA DN400 FIBROCEMENTO EXISTENTE SIN CORTARLA, CON JUNTA GIBAULT

En general, de tener que realizarse, las operaciones vendrían a ser las mismas que las indicadas en el epígrafe

C) Fisuras longitudinales, roturas transversales o agujeros en el tubo

En general, se refiere a situaciones de deterioro puntual con salida de agua, por cualquier circunstancia, tanto inherentes al propio material como por afección externa.

ROTURA TOTAL TRAS PROCESO DE EROSIÓN POR FUGA

AFECCIÓN A TUBERÍA DE FC POR HINCADO TOMA TIERRA

AFECCIÓN A TUBERÍA DE FC POR HINCADO DE POSTE BIONDA CARRETERA

Normalmente, y salvo que fuese un agujero de una dimensión tal que pudiese ser taponado con un collarín (con tapón ciego), se recurría al corte del tubo en una anchura proporcional a la zona dañada, para ser reparado por inclusión de un trozo de tubo nuevo, unido por dos uniones de tipo Gibault.

Al margen de las operaciones de corte del tubo, eran necesarias normalmente, operaciones de rebaje de los tubos para poder acoplar las uniones.

D) Sustitución del tubo, parcial o total, por rotura

En el caso de una rotura longitudinal afectando a un tramo del tubo, la reparación se realizaba mediante el corte de la zona del tubo afectada (observando claramente la zona de fisura para quitar en su totalidad la zona real dañada).

Prevención: la fisura observada en exterior no significa que internamente el tubo no tenga una mayor longitud dañada, por lo que el tramo a retirar debe cortarse en una longitud extra a cada lado de la zona fisurada visible

Se sustituía por un trozo nuevo de tubería similar, uniéndola a los extremos del tubo cortado. Sistema similar, con sus pros y sus contras, al comentado anteriormente.

En el caso de que la rotura longitudinal afectase al total del tubo, o se viese necesaria su sustitución completa, se descubría el tubo en toda su longitud, desmontando las uniones con el tubo anterior y posterior, y volviendo a colocar el nuevo tubo (sistema similar, con sus pros y sus contras, al comentado en A).

En este caso, y dada la existencia de los rebajes en los tubos existentes y en el nuevo colocado, la operación no exigía labores de corte del fibrocemento ni torneados (rebajes).

En líneas generales, y salvo la coincidencia de poder ajustar otras uniones de tipo Gibault a los tubos (*) sin tener que hacer rebajes en los extremos, las operaciones de corte del tubo exigían operaciones de rebaje.

> (*) en algunos casos, contando con empresas competentes para ello, lo que se realizaba era el rebaje interior del manguito y de las contrabridas de las uniones, para evitar las costosas intervenciones en obra y el incremento de tiempos de parada del servicio (los riesgos por manipulación del fibrocemento todavía no se valoraban, por desconocimiento), si bien se trataba generalmente de rebajes mínimos para no debilitar en gran medida el material. Lo mismo podía aplicarse en cuanto al rebaje de los extremos del trozo de tubo nuevo a interponer, el cual podía ser trasladado, pero no así en cuanto a los extremos del tubo cortado existente en la zanja.

En operaciones de mantenimiento, hablamos siempre de uniones Gibault y no de juntas RK (por ejemplo) por cuanto éstas últimas necesitaban longitudes de la zona rebajada mayores, por lo que eran poco operativas para esas funciones.

En cualquier caso, hemos estado hablando de reparaciones con uso de tubos de fibrocemento que, dentro del marco legal implantado, desde el 15 de diciembre del año 2002 no se podían utilizar, dada la prohibición establecida. Por tanto, se tuvieron que cambiar todos los conceptos de reparación comentados, por la gran diferencia entre diámetros exteriores de los tubos de fibrocemento a reparar con respecto a otros de uso más habitual y reglamentados (como la fundición nodular, por ejemplo), llevando a que, en líneas generales, se fabricasen particularmente piezas de adaptación de calderería para poder seguir ensamblando con las uniones de tipo Gibault, mientras se desarrollaban e implementaban en el mercado otro tipo de gamas de piezas que resolvían las distintas necesidades, y que veremos posteriormente.

En la misma línea del análisis realizado para observar la dinámica de actuaciones con los métodos tradicionales, y antes de entrar en el ámbito de las opciones para anular o evitar al máximo las manipulaciones directas sobre el material de fibrocemento (es fundamental manipular lo minimo, para obtener el mínimo riesgo), tenemos que hacer un análisis de los distintos métodos que se aplicaban en las operaciones de cortes y rebajes sobre los tubos de fibrocemento, para observar sus distintas problemáticas de operación y seguridad, junto con el desarrollo paulatino hacia sistemas que eviten la generación de polvo al ambiente, como premisa básica (al margen de los aspectos de protecciones individuales y zonales que también comentaremos) para anular la posibilidad de afecciones.

OPERACIONES SOBRE LOS TUBOS DE FIBROCEMENTO

Dada su constitución, el corte de tubos de un material como el fibrocemento se puede realizar, en principio, con cualquier elemento de corte, tanto manual como mecánico.

Hasta que salieron al mercado sistemas como las radiales y caladoras, el personal de mantenimiento actuaba sobre los tubos con sistemas manuales que iban desde sierras hasta los cortadores por giro perimetral con apoyo por exterior del tubo.

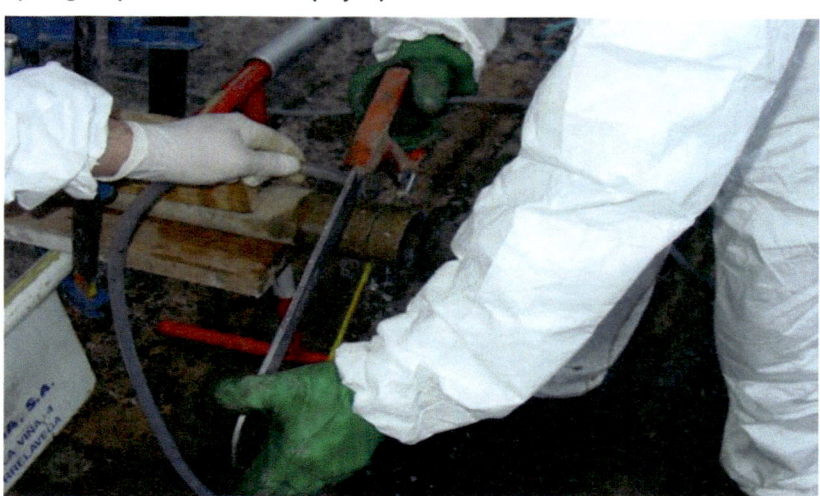

Los cortadores indicados, se acoplan al tubo exteriormente mediante un encaje de sectores con ruedas de apoyo, que se unen hasta conseguir el perímetro exterior del tubo y que puedan rotar sobre él. El corte se llevaba a cabo con cuchillas de carburo acopladas, que movidas por el sistema para el giro iban provocando la profundización en el material a través de su ajuste progresivo.

1: Ajuste perimetral de las ruedas de apoyo; 2: Ruedas de apoyo para giro
3: Palanca para giro manual; 4: Ajuste profundidad de la cuchilla (5) de corte

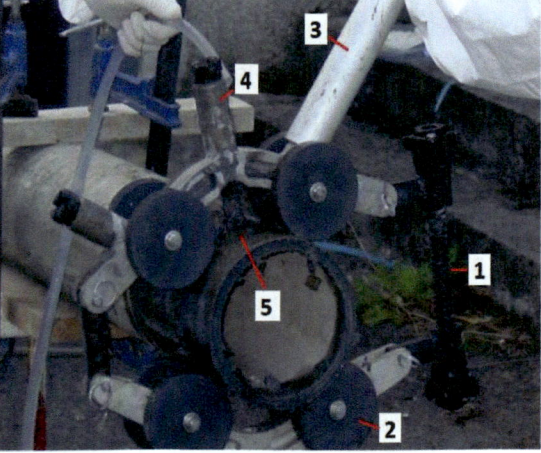

Para los rebajes perimetrales, de cara a que fuesen homogéneos para que las uniones pudieran insertarse y realizar sus funciones de estanquidad de modo seguro y permanente, se ejecutaban con máquinas manuales, denominadas "Tornos de campo", que centraban el giro de la cuchilla de desbaste, apoyando el eje de rotación en el propio interior del tubo: una vez cortado este, para hacer frente a la reparación, se introducía y ajustaban los soportes, para pasar a regular la profundidad de trabajo de la cuchilla y se procedía a la carrera correspondiente en la longitud precisada por la necesidad de ensamblaje de la junta; para no forzar la cuchilla y poder realizar el trabajo sin excesivos esfuerzos, el desbaste se realizaba en varias pasadas

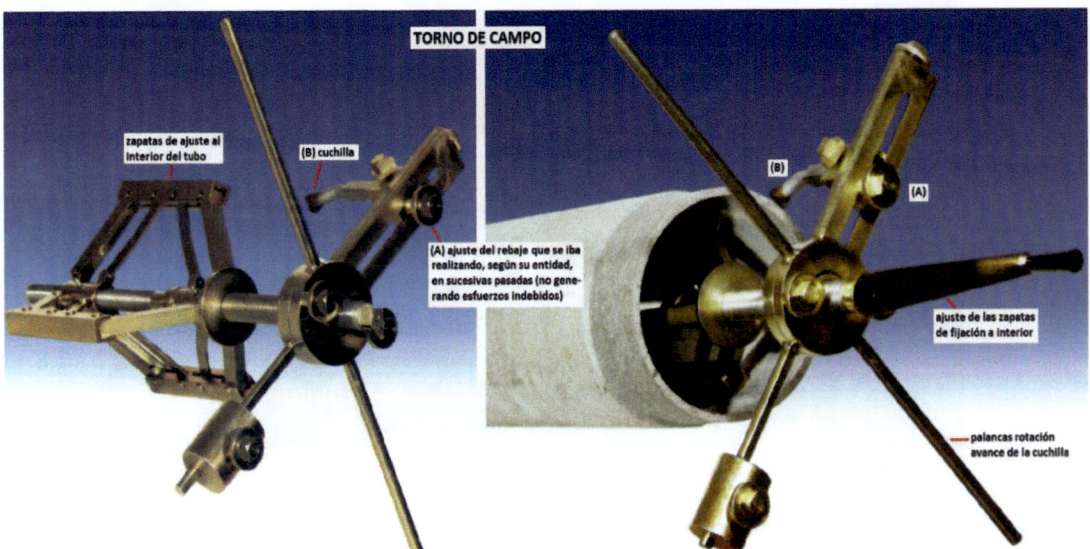

Los sistemas de corte y rebaje por apoyo (externo e interno respectivamente) eran perfectamente válidos desde el aspecto de resultado como desde el aspecto de que no generaban prácticamente emisiones de polvo derivadas de la operación (*). Pero su mayor inconveniente se centraba en las operaciones de montaje y el tiempo de ejecución, y en la necesidad de distintos modelos según la gama de actuación (en el caso de los tornos de campo, se sumaban sus elevados pesos).

(*) Para mantener refrigerados los elementos de corte/rebaje, se realizaba la humectación continua de las cuchillas por lo que, además, se evitaba que se esparciese al aire cualquier polvo generado (si bien, como ya se ha dicho, en aquellos tiempos no se tenía constancia del riesgo).

En cualquier caso, las zanjas en los puntos de operación debían ser de las dimensiones necesarias para poder operar debidamente, tanto por las anchuras propias para el giro de las máquinas (o carrera de las sierras) como por el espacio para el personal operador.

En el momento en que aparecieron los sistemas de corte mecánico, propulsado, como las radiales y las caladoras, se optó por estos de modo generalizado, dado que, en comparación, se realizaban las operaciones de corte en tiempo mínimo, y esa era la premisa principal que se manejaba en aquellos momentos, donde los aspectos de prevención y seguridad solían dejarse en planos secundarios.

Iniciados los planteamientos de prevención y seguridad, se dio paso a las consideraciones de riesgos con las máquinas y necesidad de anular el polvo desprendido (en un primer momento, por molestias generales a los operadores, y entorno, por las "nubes" creadas con el corte, ya que el conocimiento del riesgo sanitario por inhalación del asbesto no se había generado todavía), para pasar a regularizarse, con ese conocimiento, la protección individual de los operadores, del entorno anexo a la obra y del medioambiente en general a través de la gestión adecuada del residuo. Todo ello a través de los oportunos procedimientos reglados y controles continuos que, dado el objetivo de este manual y la amplia información existente al respecto, a la cual puede acudirse de necesitarse, no se van a tratar aquí.

Así tenemos la implantación de los EPI,s de un solo uso (una vez acabada la operación, todo se retira al correspondiente saco homologado para su oportuna gestión con el material de fibrocemento retirado de obra) y los sistemas de recogida de fibras generadas al ambiente para los controles por el Servicio de Salud correspondiente, así como todo lo relativo a la información necesaria en la zona de ejecución.

EQUIPACIÓN GENERAL OPERADORES EN CUALQUIER ACTUACIÓN SOBRE LAS TUBERÍAS DE FIBROCEMENTO, CIERRE DE ACCESOS E INFORMACIÓN PRECEPTIVA PÚBLICA GENERAL

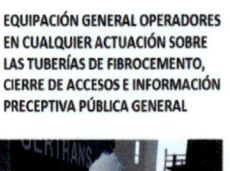

MATERIAL TUBO ELIMINADO, VESTIMENTAS AL COMPLETO, PLÁSTICOS DE FONDO, ETC. RECOGIDOS EN SACOS PRECEPTIVOS Y TRASLADADOS PARA ACOPIO DE CARA A GESTIÓN DIRECTA POR EMPRESA EXTERNA HOMOLOGADA CON SU DEBIDA CERTIFICACIÓN

Y para cualquier obra, en general, que no sea regulada por los propios operadores de las empresas de servicio (o que estas no dispongan de los medios oportunos) se subcontrata la gestión completa por parte de empresas acreditadas que tendrán que operar de acuerdo a todos los requerimientos, tanto en obra como en la constatación del seguimiento de todo el proceso posterior hasta su punto final.

OPERACIÓN DE CORTE Y EXTRACCIÓN FIBROCEMENTO, ACOPIO SEGURO Y UNIDAD DE DESCONTAMINACIÓN

Con las radiales (*) se generaba un grave riesgo directo, como era el tipo de máquina con disco de corte a altas revoluciones de giro, operada individualmente. El personal se protegía frente al polvo proyectado, y luego trabajaba, incluso en equilibrio, con un riesgo máximo de accidente por alcance del disco. Incluso se generaban situaciones en las que, para poder acceder mejor a realizar el corte, se retraía la carcasa de protección.

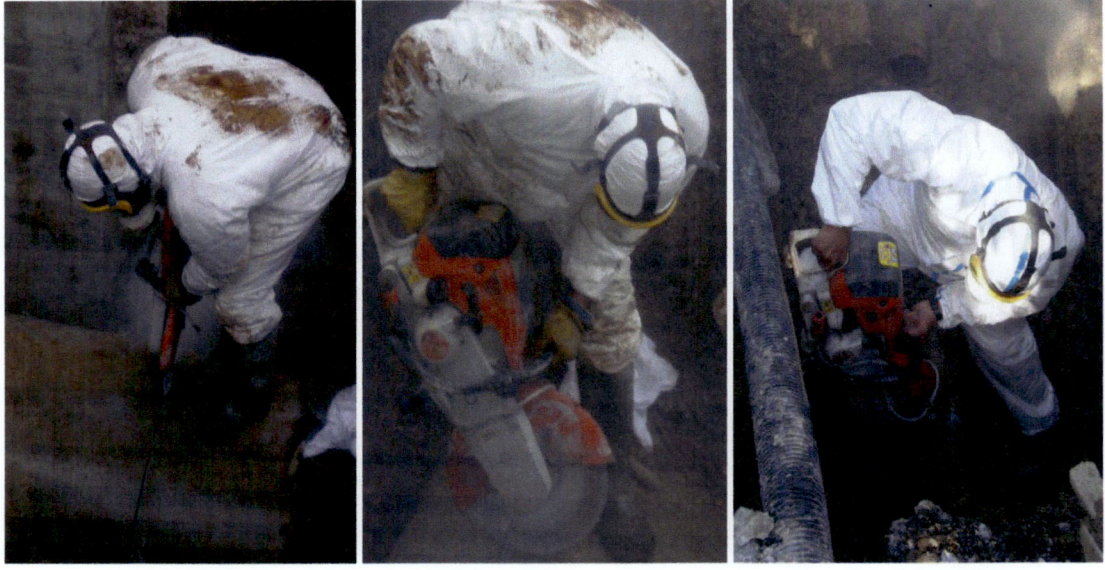

Por otro lado, el operador quedaba protegido directamente del polvo proyectado (en cuanto a que no le impregnaba directamente el cuerpo), pero la "nube" generada se expandía al exterior, por lo que en ningún caso se protegía a cualesquiera personas del entorno (vecinos, paseantes y otros compañeros).

De ahí que se conformaran las radiales con sistemas de proyección de agua sobre el disco de corte, para evitar esa proyección de polvo. Mediante un pequeño depósito anexo se presurizaba el agua de modo manual, y esta salía proyectada a ambos lados del disco, a través de la conexión del depósito con la máquina.

*Depósito de agua (1a) con el émbolo para la presurización manual (1b)
*Manguera de conexión (2a) al conector en la radial (2b)
*Carcasa de protección del operador (3)
*Puntos de entrada del agua al disco, en ambos lados (4)

Las radiales, a pesar del riesgo, eran usadas para todo tipo de cortes, no solo en cuanto al tipo de material sino en cuanto a cualquier dimensión del tubo. Y todavía lo son, por lo que vamos a exponer distintas herramientas disponibles en el mercado, con el fin de que se dejen de utilizar las radiales de manipulación directa (*), potenciando la seguridad del operador y manteniendo las mejores condiciones respecto a evitar la proyección del polvo originado con el corte.

(*) Existen modelos de corte por disco que pueden ser montados sobre el tubo mediante un soporte adaptado al perímetro exterior, que se va haciendo desplazar por el con un corte homogéneo.

CORTE DE TUBO POR DISCO DIRIGIDO A TRAVÉS DE SOPORTE ADAPTADO A SU PERÍMETRO EXTERIOR

También sin ser directamente controlados por el operador, que puede estar fuera de la zona de operación, con total seguridad.

CORTADOR AUTÓNOMO DE TUBOS POR DESPLAZAMIENTO PERIMETRAL DISCO DE CORTE SOBRE LÍNEA DE CADENAS

Los sistemas más seguros para el operador son los que realizan el corte por presión perimetral de una línea de discos montada y ajustada al perímetro exterior del tubo. No solo por no ser herramientas con discos girando, sino porque no se produce, en la práctica, proyección de polvo (lo que no significa que se eludan las protecciones personales debidas)

Para dimensiones exteriores pequeñas de los tubos de fibrocemento, y por tanto bajos espesores, tenemos los sistemas de accionamiento manual por método "tijera".

O también por método "tuerca", que puede utilizarse también para diámetros y espesores mayores (hasta un límite aproximado de 250mm, por cuanto sigue siendo un accionamiento manual).

CORTE DE TUBOS DE FIBROCEMENTO POR PRESIÓN PERIMETRAL DE LÍNEA DE DISCOS METÁLICOS AJUSTADOS POR EL EXTERIOR, CON ACCIONAMIENTO MANUAL MECÁNICO A TRAVÉS DE CARRERA DE CIERRE POR TENSOR/TUERCA. VÁLIDO PARA PEQUEÑOS Y MEDIOS DIÁMETROS (APROX. 250)

Para diámetros medios y grandes (espesores que pueden llegar hasta los 72mm) el sistema de corte tiene la misma base de línea de discos metálicos que hemos visto antes, pero su accionamiento pasa a ser hidráulico para generar la fuerza de compresión suficiente que haga que el tubo "se parta" de modo homogéneo por la presión de los discos.

CORTE DE TUBOS DE FIBROCEMENTO DE MEDIO Y GRAN DIÁMETRO (DESDE 250/300 A FINAL GAMA)POR PRESIÓN LÍNEA DE DISCOS METÁLICOS AJUSTADOS AL PERÍMETRO EXTERIOR DEL TUBO, POR ACCIONAMIENTO HIDRÁULICO

Comentar, como información añadida, que con este tipo de sistema de corte se puede actuar directamente, y con éxito, sobre tuberías de fundición gris. No así sobre las de fundición nodular por su característica de ductilidad/flexibilidad (el sistema aplastaría el tubo sin que este quebrase transversalmente).

CORTE DE TUBERÍA DE FUNDICIÓN GRIS DE DN450 CON EL SISTEMA DE COMPRESIÓN PERIMETRAL POR AJUSTE LÍNEA DISCOS METÁLICOS (ACCIONAM. HIDRÁULICO)

Una vez montada y ajustada la línea de discos, la trasmisión del aceite al sistema de cierre, se puede hacer desde la unidad de bombeo situada en el exterior, tal y como puede verse en el montaje de actuación en una ejecución real sobre una tubería de fibrocemento de DN600 clase D. Los operadores podrían haber estado fuera de la zanja, lo que siempre es un aumento de sus condiciones de seguridad.

CORTE TUBOS DE FIBROCEMENTO CON SISTEMA POR COMPRESIÓN HIDRÁULICA PERIMETRAL
Ejemplo actuación Mantenimiento MCP/SCPSA

1 Accionamiento hidráulico herramienta corte
2 Herramienta corte compresión perimetral
3 Protección integral operadores
4 Control Sanidad (verificación fibras)
5 Vista máquina y corte tras ejecución
6 Plástico para recoger cualquier fragmento desprendido. Se recoge todo junto con todas las ropas, etc. a sacos específicos para su traslado a sistema gestión residuos

Dependiendo del estado del material a cortar por estos sistemas, y sobre todo en diámetros pequeños, se puede dar el caso de que los discos se claven sin lograr que el tubo se "parta" perimetralmente.

EJECUCIÓN DE CORTE EN TUBERÍA DE FIBROCEMENTO DE DN150,
DONDE LA LÍNEA DE LOS DISCOS SE CLAVAN, PERO NO SE GENERA
EL "COLAPSO" PERIMETRAL, POR EL PROPIO ESTADO DEL MATERIAL

En estos casos, es muy útil el ejecutar con sierra o con caladora, manteniendo las mismas premisas de protecciones individuales y de humectación del corte, así como cualesquiera disposiciones que eviten la proyección de polvo al entorno.

CORTE FIBROCEMENTO CON CALADORA CON ASPIRACIÓN Y CON SISTEMA HÚMEDO

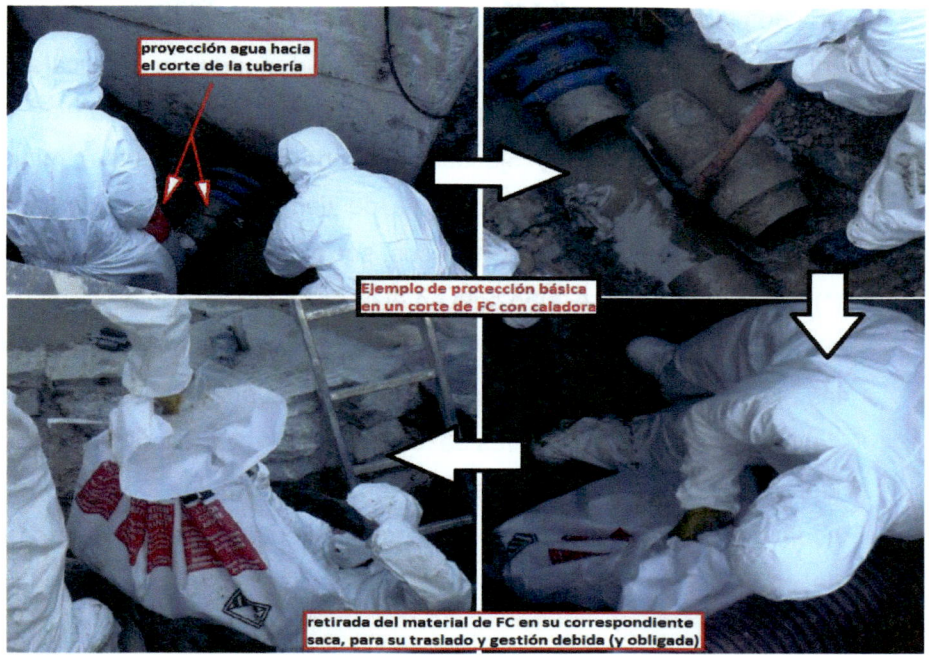

Consideraciones

Los operadores de Mantenimiento, en su momento, se encontraron con que los repuestos para sustituir los tubos (totales y parciales) no podían ser del mismo material -fibrocemento- ya que estaba prohibido. Había que utilizar otros homologados (ya había empresas de servicio que se habían pasado a ellos por criterios propios de mejora constructiva) que, por sus características físicas, tenían dimensiones exteriores muy diferentes (en su mayoría, menores). Por tanto, no podían utilizar los stocks de uniones tipo Gibault para fibrocemento salvo que intercalasen, para igualar exteriores, piezas de calderería fabricadas a medida. Se propagó la utilización de algunas piezas con tolerancia (rango de medida posible) que venían usándose para el gas, y el mercado se empezó a expandir con toda suerte de familias de piezas que solventaban todas las posibles casuísticas.

Son estas familias de piezas, junto con otras, las que se van a proponer aquí, indicándose los tipos a utilizar para cada necesidad, con el objetivo de conseguir la práctica anulación del riesgo por práctica anulación de la manipulación del fibrocemento (*), con las mejores prestaciones (calidad/fiabilidad de las ejecuciones con piezas solventes, mínimas, y mínimas excavaciones, con reducción ostensible de tiempos de ejecución/parada del servicio y, obviamente, menores costes económicos, sociales y medioambientales).

> (*) Se actuará sobre el tubo solo en el caso de sustitución de tramo dañado, o retirada parcial para integrar cualquier tipo de nudo, con el fin de reducir las excavaciones (tiempos y costes) que conllevaría la sustitución completa del tubo. Y se actuará a través de los sistemas de corte indicados como más idóneos, para evitar cualquier tipo de proyección de polvo conteniendo asbesto y preservar la seguridad personal directa de los operarios, así como del entorno.

Una vez indicado cada caso, se trasladará al lector a los anexos correspondientes de cada tipo de pieza, donde se expondrán con todas sus características y modos de utilización, con una completa información visual.

METODOS DE ACTUACIÓN MAS CONVENIENTES

Dentro de una comparativa de actuación en el mismo tipo de operaciones sobre las tuberías, seguiremos el orden desarrollado para los métodos tradicionales.

Dado que las piezas de reparación que se exponen, pueden ser aplicables en distintos casos, se hará una descripción puntual, y, como hemos dicho anteriormente, se remitirá al anexo específico de cada pieza que se desarrolla más adelante.

A) Sustitución de una junta de unión de tubos

Las distintas formas de actuación en función de las características de la reparación a realizar, pueden enumerarse en:

1) Rotura o fuga de una junta de unión tipo Gibault

Avería más típica que puede solucionarse con actuación concreta sobre ella, reduciendo la excavación a su entorno zonal. Salvo que sea una situación crítica en la que no se pueda paralizar el suministro por cualquier causa, el modo de operación más factible es retirar la unión afectada y colocar en su lugar una **"abrazadera de reparación de tipo hidráulico"** (ver constitución, fundamento y especificaciones en su anexo del mismo nombre).

ROTURA DE UNIÓN TIPO GIBAULT EN TUBERÍA DN600FC
REPARACIÓN ELIMINANDOLA DIRECTAMENTE Y SUSTITUYÉNDOLA
POR UNA ABRAZADERA DE TIPO HIDRÁULICO DE 2 SECTORES

2) Rotura o fuga en una junta de tipo Supersimplex, RK o RKT

Si es una *afección que obligue a su sustitución*, se ejecutará como lo indicado antes para la unión Gibault. Dado que son juntas del mismo material que los tubos de fibrocemento se tendrá que operar de acuerdo a todos los requerimientos de seguridad y gestión del material que hemos venido observando.

Sustitución de una junta de FC (fibrocemento) rota, por una abrazadera de tipo hidráulico.

Si es una *fuga originada en sus laterales*, se puede ejecutar la reparación sin necesidad de retirar la junta de unión y, por tanto, sin cortar el suministro (en todo caso, sin necesidad de vaciado de tubería). Se procede a instalar, superpuesta, una **abrazadera antifuga para piezas de fibrocemento** (ver constitución, fundamento y especificaciones en subapartado de "abrazaderas antifuga" del anexo de "abrazaderas de reparación por contacto directo").

Junta de unión tubos a reparar por fuga lateral

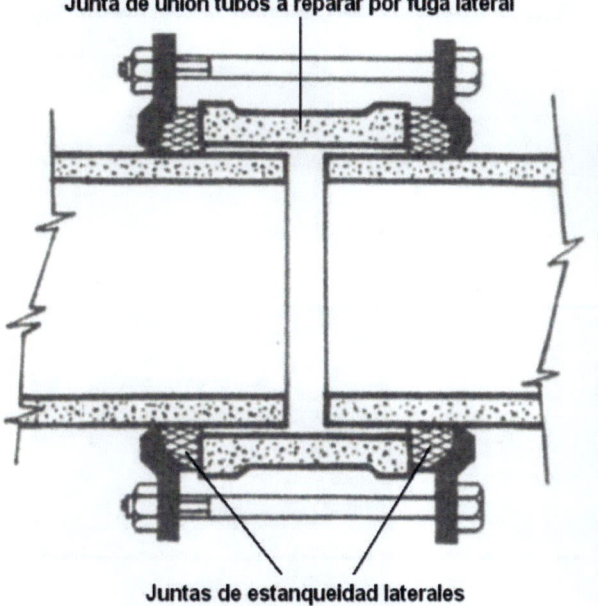

Juntas de estanqueidad laterales

ABRAZADERA ANTIFUGA PARA UNIONES DE FIBROCEMENTO

3) Caso de rotura o fuga en cualquier tipo de unión, con situación crítica

Si la junta de unión afectada, a sustituir, correspondiese a una tubería que por su importancia o función en el suministro hiciese que fuese crítica su paralización, se puede optar por el empleo de una **abrazadera contenedora de la pieza**, de modo que esta quede embebida en su interior (la pieza sigue dañada, pero la abrazadera superpuesta es la que realiza la estanqueidad respecto a la salida de agua al exterior).

Ver constitución, fundamento y especificaciones en subapartado de "Abrazaderas contenedoras de la pieza a reparar" del anexo de "abrazaderas de reparación por contacto directo".

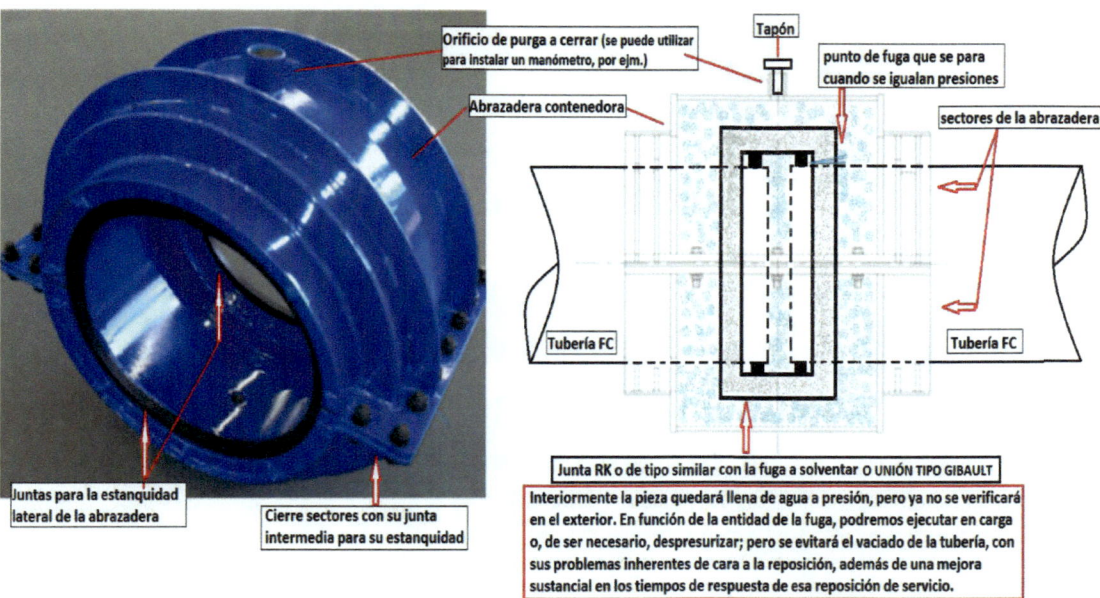

4) Zona crítica que hiciese inviable el excavar para llegar a ella y descubrirla

(por afectar a viales de alta intensidad de tráfico, puntos neurálgicos en ciudades, etc.)

Se puede optar, siempre y cuando el diámetro interior de la tubería sea como mínimo de 600 mm (dimensión denominada "paso de hombre", aunque en catálogos se observa también la medida de 500 mm) por introducirse por ella, con todas las medidas de seguridad, y situar en el punto afectado una junta de elastómero, anclada con aros de acero inoxidable, que asegura la estanquidad de la unión de los tubos interiormente.

También puede ejecutarse una operación similar (ajuste de manguito de elastómero al perímetro interior, por expansión por corredera de un cilindro metálico) de modo robotizado, sin presencia de personal en el interior, que puede hacerse en diámetros donde no pueden introducirse los operadores. Este tipo de sistema está considerado dentro de las "Tecnologías Sin Zanja -TSZ,s-" que veremos algunas de ellas como muy útiles, también, para sus aplicaciones en las rehabilitaciones de tuberías de fibrocemento

Ver constitución de ambos sistemas, fundamento y especificaciones en subapartado de "Juntas para reparación interior de tuberías" del anexo de "abrazaderas de reparación por contacto directo".

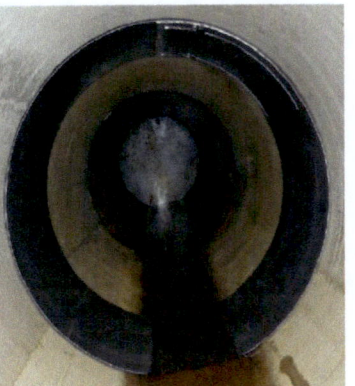

En cualquiera de los 4 casos comentados, se observa que no es necesaria ninguna operación sobre el material de los tubos, evitando totalmente operaciones de corte y rebaje, y eliminando, por lo tanto, todos los inconvenientes comentados en los métodos tradicionales.

B) Cambio o inclusión de elementos entre tubos

Las distintas formas de actuación, en función de las distintas variantes que podamos tener como opción, se podrían enmarcar en:

1.- Si se tiene que efectuar el cambio de un elemento existente, como por ejemplo una válvula en derivación de una línea principal, cuya **"Te", que está unida a la tubería** mediante **juntas de tipo Gibault, está en perfectas condiciones**, se procedería a retirar esas juntas y sustituirlas directamente por **abrazaderas de reparación de tipo hidráulico** (ver su anexo ya indicado). De este modo, eliminamos unas juntas antiguas que nos podrían presentar problemas más adelante (evitar averías a futuro en elementos que puedan presentarlas, para no tener que volver a intervenir), pero **sin tener que modificar nada en la tubería principal.**

2.- Si por considerarlo necesario **queremos cambiar también la "Te"**, la nueva, de tipo estándar, será de diferentes dimensiones, y nos va a obligar a modificaciones en longitud para poder ensamblar con las distintas piezas que necesitaremos en función del tipo de la "Te" elegida para ese cambio. Si queremos evitarlo (reducción de costes) podemos recurrir a la **construcción de una "Te" a medida (calderería) con la misma longitud, y extremos del mismo diámetro exterior que el tubo de fibrocemento existente.** De este modo, una

vez retiradas las uniones viejas existentes, realizaremos el **ensamblaje de modo directo
con el mismo tipo de abrazaderas de reparación de tipo hidráulico** que hemos
comentado anteriormente.

3.- Si se necesita **renovar un nudo ya existente en una red de fibrocemento**,
introduciendo nuevos materiales, lo que tenemos que hacer es descubrir los puntos de
unión para retirar las uniones existentes (la premisa básica será siempre el evitar manipular
el fibrocemento con cortes del material) y **nos encontraremos con que, en esos puntos
de reconexión, el diámetro exterior de los correspondientes al fibrocemento será
mayor que el del nuevo material.** Lo que se tiene que hacer es **realizar las conexiones
con las llamadas "Piezas Universales", que son piezas de unión de tipo multidiámetro
(con amplio rango de tolerancia),** eligiendo el modelo adecuado para cada necesidad de
conexión, bien en brida o en línea (ver su constitución, fundamento, tipos y especificaciones
de todas estas clases de piezas, en el anexo de "Sistemas de piezas de unión tipo
multidiámetro").

SUSTITUCIÓN COMPLETA DE NUDO EN RED DE FIBROCEMENTO, UNIENDO EL NUEVO
MONTAJE A LOS TUBOS EXISTENTES, CON PIEZAS "UNIVERSALES" DE LA TOLERANCIA
ADECUADA PARA UN ENSAMBLAJE DIRECTO AL EXTERIOR DEL FC SIN MANIPULACIÓN

4.-Si se necesita hacer una **nueva derivación del tipo que sea** (por ejemplo, un nuevo suministro o vaciado o protección aire) desde una tubería de fibrocemento existente **podremos ejecutar cortando el tubo e intercalando la correspondiente "Te" de derivación, uniendo los extremos con las piezas de tipo multidiámetro que hemos comentado,** _pero estaremos actuando en manipulaciones del material que debemos intentar evitar._

Lo más práctico en estos casos es **ejecutar en carga -con presión-** (sin paralizar el suministro ni vaciar la tubería) **a través de tomas directas** (ver anexo **"Sistemas para derivaciones de gran diámetro en carga"**) que nos van a permitir el no tener que afectar al servicio ni realizar cortes en el fibrocemento y, además, obtener una reducción muy ostensible de costes. Estamos hablando de tomas de dimensiones superiores a las 2", pues para rangos inferiores se han estado utilizando históricamente los denominados "collarines de toma".

DERIVACIONES DESDE LAS TUBERÍAS DE FIBROCEMENTO DE CUALQUIER DIMENSIÓN, Y PARA CUALQUIER TIPO DE NECESIDAD, EJECUTADAS DIRECTAMENTE SIN TENER QUE MANIPULAR EL MATERIAL NI PARALIZAR EL SERVICIO.

5.- Si se necesita ejecutar un desvío de tubería de fibrocemento existente, así como incluir un nuevo nudo, no tendremos otro modo de hacerlo que cortando esa tubería para reconectarla a la nueva ejecutada en el desvío, o ensamblarla al nuevo nudo. Nos encontraremos con las correspondientes diferencias de dimensiones exteriores, por lo que **ejecutaremos con las piezas de tipo multidiámetro ya comentadas,** para no tener que construir piezas de calderería de cara a igualar exteriores y ensamblar con abrazaderas de tipo hidráulico (aunque podemos hacerlo, siempre nos resultará un sistema más robusto -y probablemente más económico- con piezas estándar ensambladas con las piezas multidiámetro, como se aprecia en la foto de abajo, pues la constitución de las abrazaderas de tipo hidráulico conlleva a tener un especial cuidado en que no se puedan generar flexiones, por pesos, en ellas tal y como se verá en su correspondiente anexo).

CONEXIÓN DE FN A FC (DESVÍO POR NUEVA URBANIZACIÓN)

TRANSICIÓN DESDE TUBERÍA FIBROCEMENTO DN400 A DN250 PARA LA INSTALACIÓN DE UN CAUDALÍMETRO PARA CONTROL DE SECTOR, INTERCALANDO LA REDUCCIÓN A BRIDAS POR NO DISPONER DE GAMA DE PIEZA PARA UN ENSAMBLAJE DIRECTO

NUEVA OBRA DE DESVÍO DE TUBERÍA DN400FC CON UNA TUBERÍA DN400FN REFORMANDO NUDO EXISTENTE Y ENSAMBLANDOLO AL FIBROCEMENTO CON PIEZA TIPO BRIDA UNIVERSAL

Como podemos ver en todo lo desarrollado, **hay casos en los que no va a quedar otro remedio que efectuar cortes en la tubería de fibrocemento, pero, en ningún caso, se ejecutará ninguna manipulación respecto a rebajes en el material**. En cuanto a los cortes, ya hemos definido los sistemas más adecuados evitando no solo la proyección de polvo al entorno, sino creando las mejores condiciones de seguridad para los operadores.

C) **Fisuras longitudinales, roturas transversales o agujeros en el tubo**

Se actuará de modo directo, sin operar sobre el tubo salvo las correspondientes limpiezas exteriores perimetrales de la zona de instalación, mediante la utilización de abrazaderas de reparación, bien del tipo de contacto directo (las cuales "taponan" la fuga por ajuste directo de la junta de elastómero sobre la zona afectada- ver su constitución, fundamento, tipos y especificaciones en el anexo de "Abrazaderas de reparación por contacto directo – Sistemas habituales") **o bien del tipo hidráulico** (a las cuales ya hemos hecho referencia anteriormente, y que crean estanquidad a ambos lados de la zona de fuga, quedando la zona afectada embebida dentro de la pieza y, por tanto, sin posibilidad de seguir perdiendo agua).

TAPONAMIENTO DIRECTO DE FUGA EN TUBERÍA DE FIBROCEMENTO DN350 BAJO PRESIÓN DE SERVICIO, CON ABRAZADERA DE TIPO CONTACTO DIRECTO

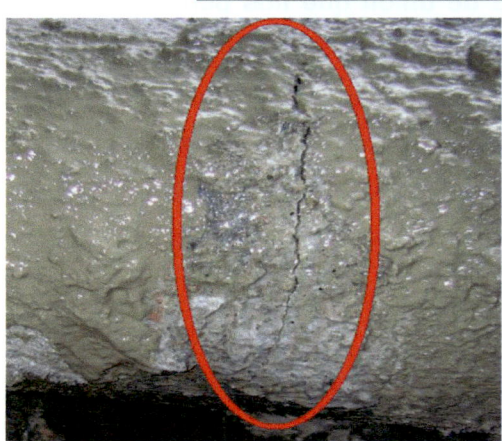

REPARACIÓN DIRECTA DE UNA FISURA TRANSVERSAL CON ABRAZADERA DE TIPO HIDRÁULICO, TRAS LA ADECUADA LIMPIEZA PERIMETRAL DE LA ZONA DE INTERVENCIÓN

Al ser piezas constituidas por sectores que se montan sobre el perímetro del tubo y se van uniendo por los correspondientes amarres mecánicos, no es necesaria ninguna operación de corte ni rebaje sobre el tubo, e incluso puede no ser necesario el corte de suministro (en función del volumen de agua que salga y su presión, por inconvenientes para el operador) o, al menos, no será necesario en muchos casos el vaciado de la tubería si no una simple despresurización del sistema para que los operadores puedan trabajar sin mayores impedimentos..

Estas reparaciones, frente a las convencionales que se practicaban (y practican, seguramente), ofrecen una alta reducción de costes en todos los aspectos, así como una mayor seguridad de los operadores al evitarse, tanto las manipulaciones sobre el fibrocemento, como el manejo de cargas pesadas.

Para los casos especiales en que no se pueda actuar exteriormente sin crear graves afecciones al entorno siempre podremos actuar con las consideraciones apuntadas en el punto 4 del apartado A, mediante la aplicación de las tecnologías de instalación de juntas de estanquidad por el interior.

D) Sustitución del tubo, parcial o total, por rotura

Al estar hablando de fibrocemento, tenemos que tener en cuenta, como ya se ha indicado anteriormente, que no podemos realizar una sustitución por un tubo del mismo material, por lo que debemos usar otro material permitido, en cualquier caso.

Puestos en esta tesitura, nos vamos a encontrar con que los diámetros exteriores de la tubería existente y del nuevo tubo a insertar, nunca van a coincidir. Como la premisa básica va a ser siempre el no realizar en todo lo posible operaciones de corte y/o rebaje en los tubos de fibrocemento, **siempre ejecutaremos la unión directa del nuevo tubo con el de fibrocemento existente a través de sistemas de unión que nos permitan absorber directamente las diferencias de diámetros exteriores.**

Las piezas que nos van a permitir poder absorber con total garantía esas diferencias de exteriores serán las denominadas "Piezas Universales" (que aquí denominamos en su apartado como "Piezas de unión de tipo multidiámetro", bien en su tipo de **"unión universal"** o de **"unión reducida universal"** en función de la diferencia de exteriores que se barajen.

Si coincidiese que tuviésemos que conectar a una brida (bien por existir o por querer aprovechar la avería para montar un nuevo nudo con extremos en bridas) también haríamos uso, donde lo necesitásemos, de la **"unión brida universal".** Ver el anexo indicado en el apartado B de "Cambio o inclusión de elementos entre tubos".

SUSTITUCIÓN PARCIAL O TOTAL DE TUBO DAÑADO DE FIBROCEMENTO, CON OTROS MATERIALES DISTINTOS MEDIANTE LAS PIEZAS DE TIPO MULTIDIÁMETRO

Las "abrazaderas de reparación de tipo hidráulico" pueden también ser aplicadas a este tipo de actuación, dentro de ciertos rangos de diferencia de exteriores, como se especifica en su anexo informativo (nunca pueden llegar a competir en los rangos que cubren las uniones reducidas universales). Tendremos la ventaja de menores pesos para su manipulación y montaje, pero obtendremos, como hemos apuntado anteriormente, un sistema "menos robusto" por lo que se hace imprescindible el tener especial cuidado en el montaje y compactaciones posteriores, para evitar que por pesos diferenciales pueda llegar a flejar la parte media de la abrazadera y fugar.

E) Tecnologías sin zanja para sustituciones o rehabilitaciones generales

Lo que hemos visto hasta ahora son las posibilidades de reparación, inclusión de nuevos sistemas o sustitución puntual (parcial o total) de tubo, en las redes y otras infraestructuras con tuberías de fibrocemento. Situaciones en las que se van a ver implicados los operadores de mantenimiento. Pero **existen otras situaciones que hay que tener en cuenta, como son los planteamientos de renovaciones de esas redes de fibrocemento, desde el punto de vista de constituirse como los principales focos de generación y gestión de residuos de ese material, con el riesgo general de fragmentaciones sin control en las tareas de excavación y su pulverización al entorno, al ejecutarse a cielo abierto.** Dado que, como ya se ha indicado, citando a organismos oficiales nacionales e internacionales, el fibrocemento en si no representa ningún riesgo para la salud por el contacto del agua potable con ese material, lo que hace que pueda ser mantenido hasta el final de su vida útil, cuando llega esta o se plantea una renovación por oportunidad, **no es ninguna contraindicación el que pueda quedar fuera de uso en cuanto a su condición de tubería de servicio, pero no en cuanto a la necesidad de extraerlo físicamente, como tal, de donde se sitúa,** evitando un altísimo porcentaje de esa generación y gestión de residuo, así como mejorando ostensiblemente las condiciones de seguridad. Y si, de paso, conseguimos reducir los costes sociales, medioambientales y económicos, habremos conseguido una eficiente renovación y/o rehabilitación de esas tuberías, **ocupando el mismo espacio donde se sitúan** (en unos casos fragmentándolas in situ y en otros usándolas como tuberías huésped -albergan la nueva tubería de servicio-, tal y como podemos ver en el anexo "Tecnologías Sin Zanja. Información básica"

Consideraciones respecto de las tuberías de FC a sustituir/rehabilitar con TSZ
*Previa observación de su estado interior y la ejecución de limpiezas y escariados, de ser necesarios, podrán recibir la **nueva tubería en su interior con formatos simples o ajustados** (ver el anexo indicado antes). De cara a los ajustados (bien con tubo o con formato flexible a desarrollar) la pared interior de la tubería de fibrocemento a dejar fuera de servicio, será totalmente viable de cara a la superposición del nuevo material insertado, incluso en condiciones de degradación de la propia tubería de fibrocemento, pues es la nueva tubería la que tendrá la capacidad resistente.

*Como el interior de los tubos de fibrocemento no varía para el mismo diámetro** en toda su gama de presiones (aunque pueden darse hasta 6 clases diferentes según la presión de servicio) **no nos va a presentar ningún problema de cambios dimensionales interiores a la hora de plantear cualquier tipo de rehabilitación con entubados de cualquier formato, para la misma tubería**

*El material que conforma la tubería, **no representa ningún problema para cualquier aplicación de sustituciones por rotura** (ver el anexo indicado antes)**, de precisarse este tipo de ejecución**, al ser fácilmente quebrado y expandido por los elementos del sistema. Del mismo modo cualquier elemento de unión de tipo metálico como las uniones de tipo Gibault de primera generación (fundición gris).

El inconveniente, para tecnologías de sustitución por rotura, siempre va a radicar en la presencia de elementos de fundición nodular intercalados en la red con motivo de resolución de averías. Hay que **plantear siempre inspecciones previas con sistemas CCTV para determinar la existencia de estos elementos** (así como de cualquier otro posible inconveniente para afrontar la obra con pleno conocimiento de la constitución real de la obra a encarar, evitando imprevistos y problemas).

Una vez determinado, **el problema se reduce a hacer catas concretas para su retirada previa. En cualquier caso, siempre son catas parciales** frente a lo que sería una zanja continua convencional.

En estas sustituciones por rotura (al igual que en las entubaciones), las acometidas siempre van a necesitar de una intervención con excavación convencional, puntual, para realizar su conexión a la nueva tubería instalada.

Excavaciones que, junto con los pozos de ataque y entrada de la nueva tubería, **constituirán el total de excavaciones a cielo abierto en estos tipos de tecnología**, frente a la ejecución por sistema convencional de zanja abierta en toda la longitud del trazado de obra. Máxime **teniendo en cuenta que podemos ejecutar las propias acometidas sin tener que recurrir a excavaciones en toda su longitud, a través de sistemas "topo"** (ver anexo indicado)

En cualquier caso, **la generación de catas por presencia de acometidas tiene su punto crítico (en cuanto a número) en zonas urbanas.** La suma de catas en estos casos, sumados –como se ha dicho antes- los pozos de ataque y entrada, o salida, de la nueva tubería, **representan una longitud mínima con respecto a zanja abierta convencional. De idéntico modo, será mínima, en comparación, <u>la generación de residuos de fibrocemento a retirar y lo que conlleva de prevención y gestión.</u>**

Añadiendo que **la prevención se limitará a las actuaciones en puntos concretos y no en toda la obra.**

Debemos tener en cuenta que el que quede enterrado material de fibrocemento quebrado, en el contexto de la aplicación de un sistema de sustitución por rotura, no representa ningún riesgo medioambiental ni de seguridad (ver <u>nota</u> abajo). **Del mismo modo, el que quede la tubería de fibrocemento sin retirar en las aplicaciones de entubados** (ver <u>nota</u> abajo), ya que lo realmente importante, de cara a cumplir con las recomendaciones de los organismos internacionales, es que se tienda a sustituir la tubería existente de fibrocemento, lo cual se hace ya que, con la aplicación de las tecnologías TSZ, siempre quedará una tubería nueva, bien de tipo estándar o no, o bien una manga polimerizada, de calidad alimentaria, interpuesta. **En los entubados, sea cual sea el sistema aplicado, la tubería de fibrocemento quedará como estructura externa, sin más.**

(Nota) Por supuesto, **como NO retiramos la tubería de fibrocemento**, el día de mañana **los operarios de mantenimiento se van a encontrar con ella en los casos puntuales en los que pueda generarse una avería y tengan que descubrir.** Sobre esta cuestión tenemos que tener muy claras las cosas, para evitar planteamientos rígidos respecto a aplicar exclusivamente las obras convencionales que lleven a gastos inconsecuentes y exposiciones (y posibles daños) incomparablemente mayores.

1. En el caso de soluciones por entubación, si en un momento dado se necesita hacer cualquier actuación puntual por cualquier necesidad (por ejemplo, una nueva derivación o acometida) se tendrá que actuar sobre la tubería externa de fibrocemento para poder llegar a la interna, que es la de servicio. Obviamente llevará a una manipulación del material (a ejecutar con las protecciones y protocolos correspondientes), pero siempre será despreciable la generación de residuo y exposición, comparado con haber quitado de modo total, en su momento, la tubería.

2. Si la tubería sobre la que vamos a actuar corresponde a una red sustituida en su momento, por sistemas de rotura, lo que nos aparecerá en la excavación puntual para llegar a la tubería de servicio y poder ejecutar lo que corresponda, serán "trozos" de la tubería de fibrocemento. El "problema" se centrará en recogerlos con los protocolos de prevención al uso.

Por supuesto, **habrá que tener pleno conocimiento de lo que nos vamos a encontrar**, pues una gestión adecuada de la explotación de una red de abastecimiento conlleva mantener, sobre ella, la información actualizada. En esa información, que debiera haber quedado debidamente plasmada en el momento de la ejecución, constará, además de los datos de la tubería de servicio y la sustituida, la tecnología aplicada para su sustitución, así como la información visual correspondiente para que no exista la menor duda y se prevea el modo de actuación, con carácter previo a iniciar la excavación.

De cualquier modo, cualesquiera actuaciones a desarrollar, en estos casos, siempre supondrán inconvenientes mínimos frente a lo que hubiera supuesto actuar en la retirada real total de inicio.

Cabe decir, por importante, que se han visto realizar actuaciones globales dejando fuera de uso tuberías de fibrocemento sustituyendo su servicio por otras nuevas con obra convencional (zanja abierta general), instaladas por espacios públicos distintos a la ubicación de las existentes con el fin de no tener que tocarlas y gestionar sus residuos. Este planteamiento es totalmente improcedente en todos los aspectos, pues se está ocupando más espacio público (que no sobra en absoluto), y con las tecnologías indicadas podemos ejecutar por la misma ubicación y con todas las ventajas comentadas.

Sí que hay que indicar que, para las tecnologías de entubación, la tubería huésped (en nuestro caso la de fibrocemento correspondiente que alberga la nueva) supondrá un posible hándicap respecto a la transmisión del ruido de una posible fuga en la tubería de servicio, para poder ser detectada desde el exterior con los medios acústicos tradicionales al uso. Incluso puede dar lugar a la traslación del agua a su través, saliendo por puntos ajenos a los que se verifica la fuga. Al margen de la evolución constante de los sistemas de auscultación (incluidos los que se generan por el interior de las tuberías) la presunción de fugas es muy reducida, ya que las nuevas tuberías entubadas son de alta calidad con previsión de una larga vida útil (en el caso de ser de material plástico, como suele ser normalmente, no se van a ver afectadas por factores de corrosión), de ser construidas y probadas adecuadamente.

Consideraciones técnicas de la aplicación de las TSZ

Respecto a dejar la tubería existente como tubería sin servicio que aloja a la nueva, que es introducida por entubación (y que sirve también como solución para eliminar el contacto del agua con las tuberías de FC, en base a cualquier duda que pudiera existir en cualquier gestor, a pesar de todas las evidencias contrastadas de no tener ninguna incidencia en la salud), o respecto a su sustitución física real por una nueva introducida a la vez que es fracturada.

1. Utilizando la propia tubería existente, obtenemos las mínimas reducciones de las secciones hidráulicas de origen, con la aplicación de **entubaciones con mangas flexibles, impregnadas con resinas de calidad alimentaria**, a desarrollar y polimerizar (CIPP). Reducciones de sección hidráulica que suelen quedar contrarrestadas, respecto al posible caudal efectivo circulante, con la mejora del coeficiente de rugosidad interno de la nueva tubería constituida.

Con la ventaja de que, dadas las características físicas de los tubos de fibrocemento fabricados en un solo cuerpo, no parece necesaria, en principio, la interposición en los extremos de la ejecución de juntas internas entre la manga y el tubo, para crear una estanquidad total, como se tiene que hacer con tuberías con revestimientos añadidos a la propia constitución del tubo en sí (como, por ejemplo, en los de fundición nodular).Si bien, ante cualquier duda, siempre se pueden instalar.

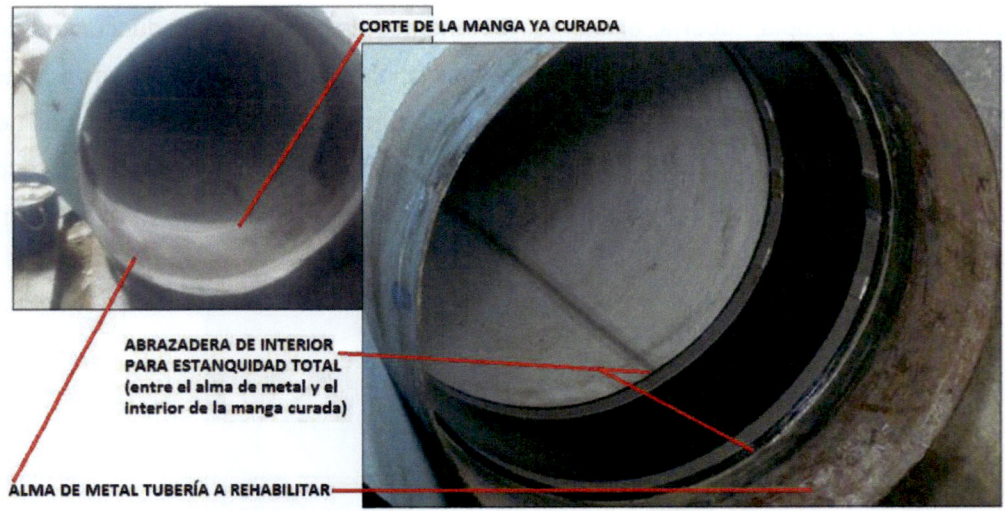

Las posibles longitudes de entubación con este tipo de sistema vendrán en función de los diámetros (que será siempre el diámetro consecuente al del interior de la tubería a rehabilitar, pues la manga flexible necesita un soporte físico sobre el cual adherirse) y, según estos (y otros condicionantes propios de la obra en sí) se elegirá el sistema más conveniente para su ejecución, tanto en desarrollo como en proceso de curado.

SISTEMAS DE INTRODUCCIÓN Y DE CURADO DE LOS "ENMANGADOS"

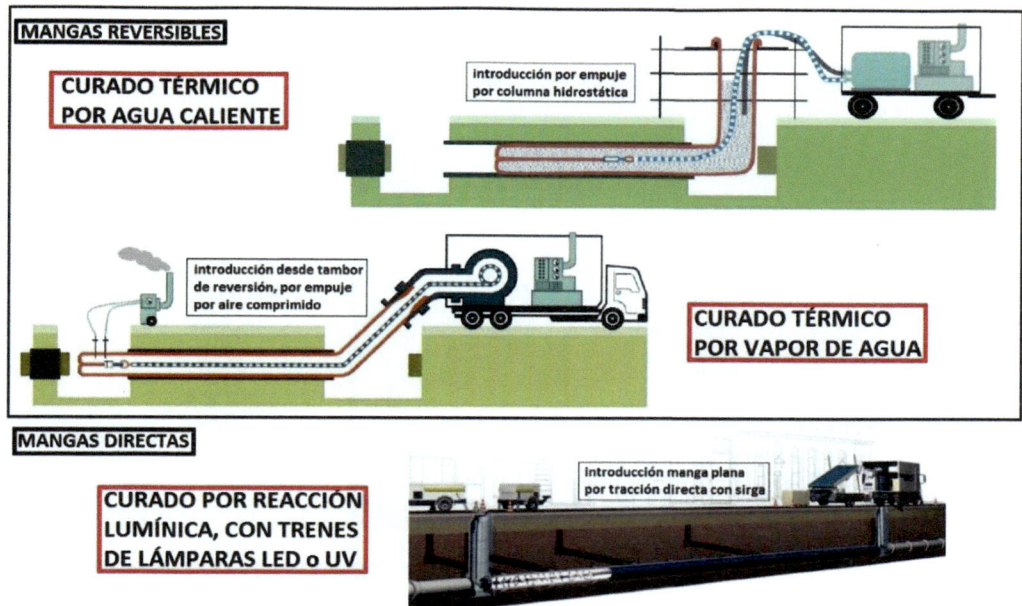

2. Del mismo modo, aunque con reducciones mayores (espesores mayores de las tuberías de polietileno para los requerimientos del servicio) con los sistemas de **entubación ajustada** (introducción plegada para desarrollo posterior, o introducción reduciendo diámetro para su conformación posterior por recuperación del propio material por sí mismo).

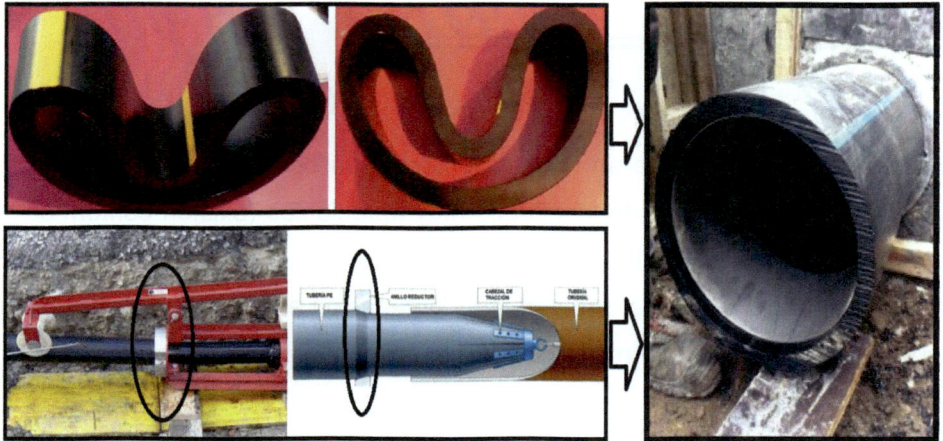

Teniendo en cuenta todo lo relacionado con las posibilidades de suministros en bobinas que comentaremos después.

3. Si pudiésemos permitirnos una pérdida de sección hidráulica aparente, una **entubación simple convencional** (introducción de una tubería de menor tamaño por el interior de la existente) nos llevará al menor coste económico posible, siempre y cuando recurramos a tuberías convencionales de polietileno, pues la ejecución con otros tipos puede conllevar

a notables incrementos tanto por material como por necesidades varias de puesta en obra y complementos.

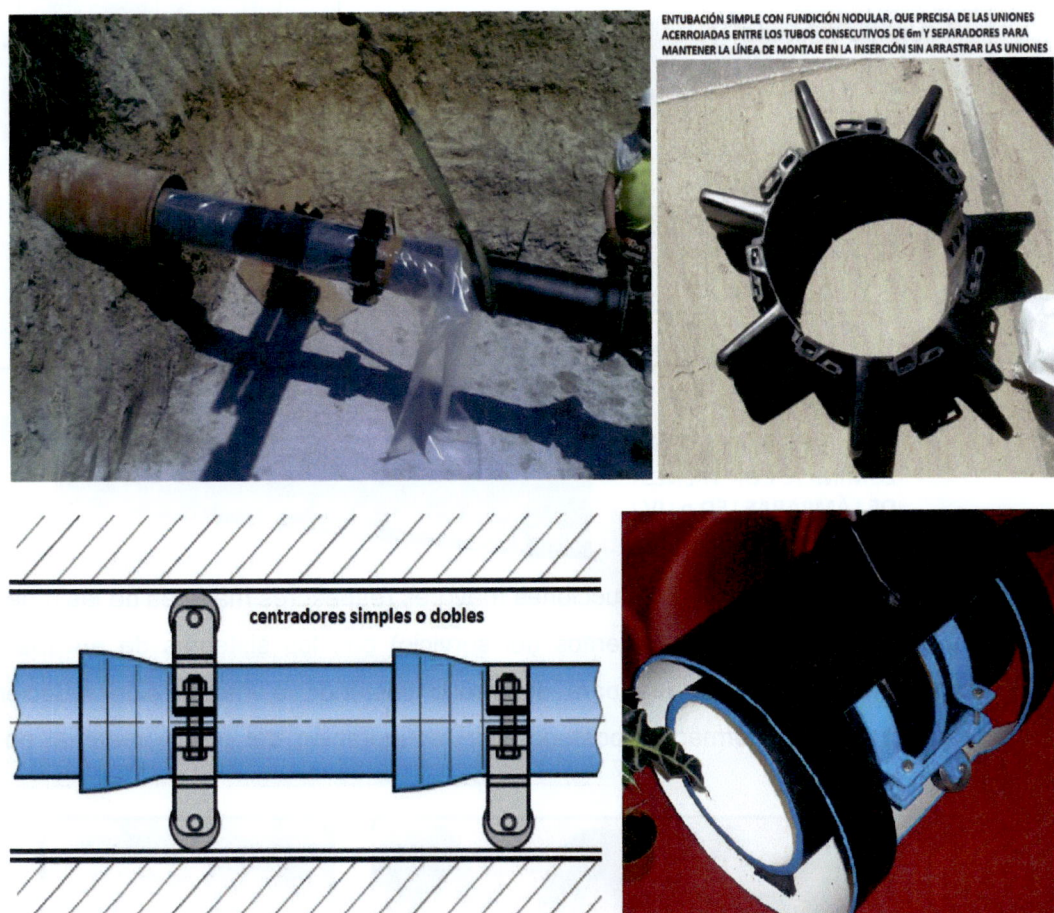

ENTUBACIÓN SIMPLE CON FUNDICIÓN NODULAR, QUE PRECISA DE LAS UNIONES ACERROJADAS ENTRE LOS TUBOS CONSECUTIVOS DE 6m Y SEPARADORES PARA MANTENER LA LÍNEA DE MONTAJE EN LA INSERCIÓN SIN ARRASTRAR LAS UNIONES

centradores simples o dobles

Tuberías de polietileno que en diámetros pequeños podemos conformar a través de rollos continuos sin juntas, de longitudes muy apreciables (existen conformaciones de entrega en bobinas de hasta 200m en DN225, por lo que conforme los diámetros son menores, la longitud posible que podemos obtener en el suministro de las bobinas de tubería sin juntas puede ser muy elevada, conformando tiradas de gran longitud sin una sola junta, con todas las ventajas que ello conlleva).

Según el diámetro, en unos casos se podrán unir los extremos de los rollos de modo consecutivo con elementos mecánicos convencionales o, según el tipo de polietileno (PE80 o PE100), con manguitos "electrosoldables" (teniendo en cuenta que sea cual sea el tipo de unión debe poder pasar por el interior, por lo que la reducción de sección útil será apreciable) y con juntas soldadas "a tope" en otros (a las cuales se les quitará la rebaba exterior que se produce con la unión termosoldada por ese sistema).

Las longitudes que se podrán obtener se perfilarán con el único límite que impongan las necesidades de tracción del conjunto que se quiera introducir.

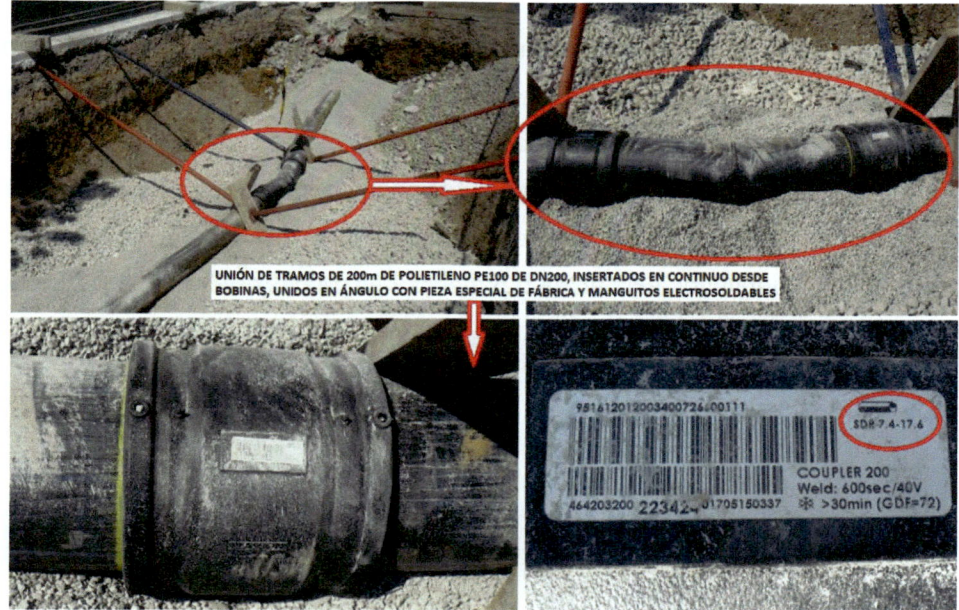

UNIÓN DE TRAMOS DE 200m DE POLIETILENO PE100 DE DN200, INSERTADOS EN CONTINUO DESDE BOBINAS, UNIDOS EN ÁNGULO CON PIEZA ESPECIAL DE FÁBRICA Y MANGUITOS ELECTROSOLDABLES

En el caso de **tuberías especiales de formato plano**, a expandir una vez insertadas por tracción (ver características y proceso de montaje en el anexo de las TSZ,s), aunque su coste en material es más elevado, actualmente presenta la posibilidad de suministros en bobinas de gran longitud desde DN150 hasta DN500 con espesores de 6 a 8mm, sin juntas intermedias (e igual que se ha comentado antes, a diámetros menores, posibilidad de mayores longitudes en la bobina, observándose indicaciones de ejecuciones, en su información, de hasta 2.500m por tramo) lo que conlleva la posibilidad de ejecuciones en grandes longitudes, sin juntas, sin grandes necesidades de medios auxiliares en la puesta en obra, por lo que las hacen también muy factibles en el planteamiento global que se pudiera hacer para rehabilitar tuberías de fibrocemento que no tengan funciones de distribución con numerosas acometidas, pues es necesaria la interposición de conectores especiales para cada derivación y puede resultar en un alto coste, en la comparativa con los otros tipos de materiales a entubar. Por ello, son más aconsejables para líneas de suministro principal, reduciendo las implantaciones de los conectores a los extremos de interconexión, a nudos nuevos que se quieran ejecutar o a las derivaciones necesarias por suministros derivados existentes o protecciones de cualquier índole y vaciados.

TUBERÍA DE ALTA RESISTENCIA SUMINISTRADA EN BOBINAS EN FORMATO PLEGADO: VISTA EN SECCIÓN (1), PUESTA EN OBRA (2), INTRODUCCIÓN EN LA TUBERÍA (3), Y EXPANSIÓN DEL TUBO FINAL DE SERVICIO CON AIRE COMPRIMIDO (4).

Respecto a la necesidad de ampliar el diámetro interior de la tubería de fibrocemento existente, para conseguir mejorar su capacidad hidráulica:

4. **podemos hacerlo a través de sustituciones por rotura** (estática –Bursting- o dinámica –Cracking-), **incorporando tuberías de mayor diámetro exterior** (hasta cierto porcentaje, que sitúan aproximadamente sobre un 15% superior a la existente, aunque se observan informaciones de poder llegar sin problemas al 25%), teniendo en cuenta que en función del tipo de la nueva tubería tenemos que barajar cual es realmente el diámetro interior, para conseguir el fin pretendido de incremento hidráulico real. Por ejemplo, en el caso del Polietileno (que suele ser el más utilizado normalmente) su diámetro interior no corresponde al nominal –que es el exterior-, por lo que su interior será el exterior menos dos veces su espesor, y este espesor dependerá del tipo de polietileno y de la presión a soportar –SDR-. Por ejemplo, una tubería de DN150FC (el DN es el interior => 150mm de paso), que queremos sustituir por una nueva tubería de polietileno PE100 DN200 SDR11(PN-16), nos llevará a un diámetro interior de unos 162mm, por lo que la ampliación real del diámetro interior útil, es de 12mm (no 50mm).

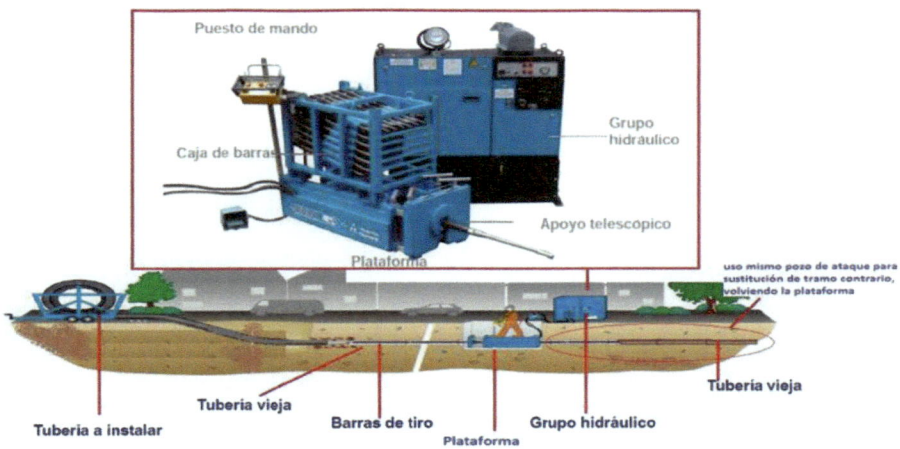

5. **De querer obtener diámetros interiores mayores al sustituir el fibrocemento existente, de lo que nos es posible con el sistema anterior, podemos recurrir a las perforaciones horizontales dirigidas (PHD),** donde la tubería existente nos sirve de conducto de paso para la incorporación rápida de las barras guía, y procedemos a su demolición directa y ensanchamiento a través del escariador (perforador ensanchador), incorporando la nueva tubería del diámetro deseado (según el diámetro, podremos necesitar ejecutar aumentos de paso consecutivos con distintos escariadores).

Esta tipología de ejecución, nos permite múltiples ventajas:

a) La demolición del fibrocemento existente es total, y sus restos salen al exterior –al foso de recogida preparado al efecto-, mezclados con los lodos de perforación

(bentonita y terreno perforado) sin posibilidad de expandir al aire ningún tipo de fibra, al salir todo anegado. Estos lodos, como es habitual, se bombean a contenedores donde se dejan decantar totalmente y, tras retirar el agua limpia, dejar secar, convirtiéndose en un producto que –con las medidas habituales- puede ser retirado a los sacos específicos de la gestión de este tipo de residuo (aunque lo que supone en porcentaje, en la mezcla global del lodo de perforación, es mínimo y podría verse como un residuo global inerte (cuestión que, en todo caso, debe comentarse con la autoridad sanitaria correspondiente para acordarlo).

Contenedores para la decantación de los lodos de perforación en una ejecución con PHD y su retirada

b) En caso de planteamientos a largo plazo, respecto a dimensionamientos que pueden provocar problemas (áreas de futura expansión, en la que instalar una tubería de diámetro inferior supone tener que hacer obra futura para ampliar o complementar dimensionamiento, y que, por el contrario, instalar en principio la tubería necesaria a futuro, va a dar lugar a velocidades mínimas con sus condicionantes – pérdida de cloro residual y decantaciones-) **se puede optar a ejecutar con sistemas dobles en una sola operación,** de modo que se deje conectada la de menor diámetro en inicio para hacer el servicio, y la de mayor diámetro también instalada, pero en reserva, para poder ser conectada a futuro con la mínima obra (mínimo coste y afecciones) retirando la interior de menor diámetro, la cual puede volver a ser reutilizada. Por supuesto, se puede ejecutar de modo directo con la de mayor dimensión y, una vez instalada, proceder a entubar por ella la de menor dimensión. En cualquier caso, ambas tuberías deben quedar probadas a la presión correspondiente. Actuaciones de este tipo (doble tubería), en cuanto a la sustitución de tuberías de fibrocemento en zonas habitadas (o polígonos) donde se tiene prevista una expansión futura que va a requerir una dotación de caudal mucho mayor que el actual y, por tanto, un dimensionamiento de tubería que de instalarla en principio va a dar los problemas indicados, por bajo consumo, puede dar lugar a un ahorro económico muy importante al eliminar la necesidad de la futura obra, además de a evitar nuevos costes sociales y medioambientales. Lógicamente este sistema será más factible para redes sin proliferación de acometidas pues, cada derivación que deba ejecutarse, llevará a actuar sobre la exterior para llegar a la interior y realizar la conexión correspondiente, lo que representa un hándicap para este tipo de sistema que hay que tener en cuenta para prever soluciones más coherentes (por ejemplo, derivaciones que a su vez concentren el suministro de varias acometidas consecutivas). En cualquier caso, donde se actúe en corte de la exterior para actuar desde la interior, debe tenerse muy en cuenta la protección del espacio entre tuberías para evitar la entrada de tierras, etc. en él, que nos puedan provocar problemas a futuro.

Todo lo comentado respecto a sistemas de rotura y perforación dirigida puede ejecutarse con tuberías estándar (estructurales) de otros tipos de materiales, pero no cabe la menor duda de que **en la comparativa de cualquier aspecto es el polietileno el material más idóneo para las ejecuciones con estos tipos de tecnologías,** ya que en pequeños diámetros nos va a permitir grandes longitudes sin juntas a través de las bobinas indicadas anteriormente (solo con las juntas correspondientes a las uniones de las distintas bobinas), y en medios-grandes diámetros nos va a permitir, también, obtener las longitudes requeridas a través de unir tubos de 12m (no de 6m como en otro tipo de material) con soldaduras a tope las cuales, hoy por hoy y con las herramientas disponibles y los controles que se llevan a cabo, presentan una alta calidad/fiabilidad de estanquidad y resistencia para una muy larga vida útil (por las pruebas que se realizan por los fabricantes, una vez realizada la soldadura, presenta incluso mayor resistencia que el propio tubo en sí).

Si se quiere poner como inconveniente el que para conseguir el mismo diámetro interior que el que se tiene con una tubería estándar el diámetro exterior del tubo de polietileno será mayor y, por tanto, requerirá de mayor dimensión de la ejecución (expansión o perforación), téngase en cuenta que en los estándar la dimensión exterior a considerar no es la de la espiga sino la de la cabeza y unión acerrojada correspondiente, por lo que, incluso, necesitarán más espacio que el polietileno, pues para este, sus juntas de unión no sobresalen de los tubos al quitarle la rebaba correspondiente a la soldadura a tope (en el caso de utilizar uniones electrosoldables, sí que existirá, aunque pequeño en comparación, el recrecimiento correspondiente al cuerpo de la unión).

Lo que sí hay que tener muy en cuenta a la hora de querer ejecutar expansiones por cualquiera de los sistemas de rotura o perforación comentados es verificar previamente la situación real de los distintos servicios que pueden estar en la zona para que no puedan verse afectados por esa expansión, siendo muy útil (se podría decir que imprescindible para no vernos en situaciones críticas en la ejecución de la obra) el sistema denominado Georradar, que aporta datos fidedignos para poder plantear la obra sin problemas, teniendo en cuenta que, en ningún caso -y menos en redes de fibrocemento que posiblemente se instalaron sin las preceptivas tomas de datos y traslado a las informaciones de gestión, así como las redes de otros servicios- nos podemos fiar de los datos aportados por las distintas empresas de servicio que puedan tener sus instalaciones en la zona.. Sistema que, junto con los habituales de detección y marcaje como apoyo, debiera utilizarse en la fase de anteproyecto para conseguir la máxima fiabilidad a la hora de la ejecución, eliminando imprevistos y costes.

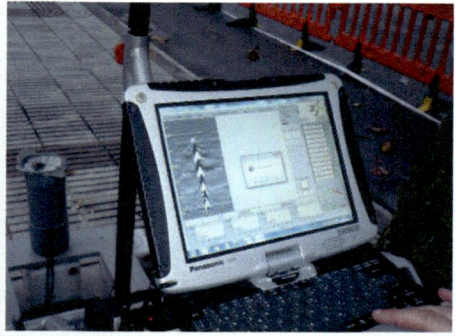

CONCLUSIÓN

Con las propuestas enmarcadas en este apartado de "Métodos de actuación más convenientes", se puede actuar sobre cualesquiera situaciones que se nos puedan presentar en el ámbito de cualquier red/infraestructura con tuberías de fibrocemento, reduciendo las intervenciones sobre el material exclusivamente para los casos en los que sea ineludible evitar el corte, y eliminando completamente cualquier operación sobre el material en concepto de rebajes para adecuaciones de los diámetros exteriores de los tubos. Y cuando sea ineludible la ejecución de corte de material, hacerlo con los sistemas indicados para evitar al máximo cualquier proyección de polvo con asbesto que ponga en riesgo la salud de operadores y personal ajeno presente en la zona de intervención.

Obviamente, para ello hay que realizar un estudio completo de los diferentes tubos de fibrocemento que se puedan tener en las redes y otras infraestructuras, para establecer los correspondientes diámetros exteriores y confrontarlos con los de los tubos de los materiales (FN, PE, PVC-O, PRFV,...) que se empleen en cada empresa de gestión del servicio, para pasar a considerar las distintas intervenciones y adquirir las piezas correspondientes que definan el adecuado stock que permita cualquier tipo de intervenciones a tiempo, y en tiempo, sin olvidar la necesaria y precisa formación de los operadores en cualesquiera de ellas. Así mismo en lo relativo a las herramientas necesarias. En definitiva, obtener ejecuciones totalmente fiables y de contrastada calidad, tanto en el plano económico como en el técnico, como, sobre todo, en el de seguridad (que, si es fundamental tenerlo siempre en cuenta, más todavía cuando se trata de operar sobre tubos de fibrocemento).

En lo relativo a las actuaciones más generales, como puedan ser los planteamientos de renovaciones de las tuberías de fibrocemento existentes, hay que decidirse por fijar el criterio de que los proyectos se estudien bajo la premisa básica de su resolución a través de las rehabilitaciones o sustituciones mediante las Tecnologías Sin Zanja que puedan ser más adecuadas, y que la zanja abierta como obra general (siempre existirá una parte de zanja abierta en los pozos de ataque/salida, así como donde sea necesario descubrir acometidas, verificar puntos críticos, etc.) se concrete cuando sea imposible la ejecución con esas tecnologías.

ANEXOS TÉCNICOS

ABRAZADERAS DE REPARACIÓN POR CONTACTO DIRECTO

-Sistemas habituales

-Sistemas especiales

*Abrazaderas antifuga para piezas de fibrocemento

*Abrazaderas contenedoras de la pieza a reparar

*Juntas para reparación interior de tuberías

ABRAZADERAS DE REPARACIÓN DE TIPO HIDRÁULICO

SISTEMAS DE PIEZAS DE UNIÓN TIPO MULTIDIÁMETRO

SISTEMAS PARA DERIVACIONES DE GRAN DIÁMETRO EN CARGA

TECNOLOGÍAS SIN ZANJA (TSZ,s). INFORMACIÓN BÁSICA.

ABRAZADERAS DE REPARACION POR CONTACTO DIRECTO

ABRAZADERAS DE REPARACIÓN POR CONTACTO DIRECTO

Denominaremos así a aquellas abrazaderas que **ejecutan la estanqueidad sobre la zona de fuga, por contacto directo sobre ella mediante presión de una junta de caucho a través del apriete diferido por una carcasa exterior** con su correspondiente tornillería, adaptándose el sistema de forma perimetral sobre el tubo. Con un rango de tolerancia de mínimo-máximo marcado por los fabricantes.

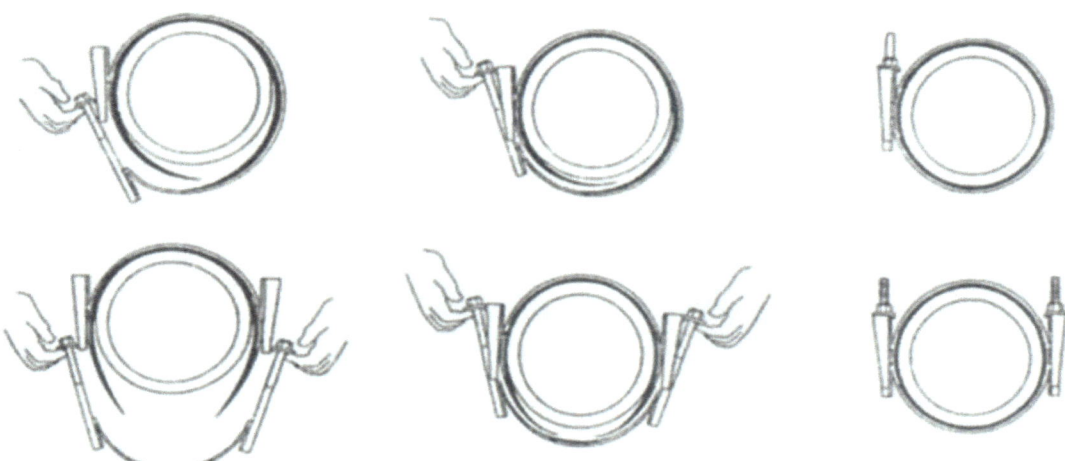

Constan de **uno o varios sectores** que permiten "abrazar" una tubería con fuga, **sin tener que cortarla**, y mediante el apriete de las tornillerías que unen los sectores, comprimir de forma perimetral la junta de caucho interior contra la zona dañada, taponando por presión la salida de agua.

Las longitudes de los sectores, de acuerdo con lo existente en el mercado, pueden variar, siendo las **longitudes de 200 y 400mm las más usuales (existen en mercado de hasta 600mm)**, eligiendo en función de la longitud de la zona afectada y los requerimientos que se tienen que contemplar, que se comentan más adelante.

La **junta de caucho**, cuya función es hacer la estanqueidad por presión directa sobre la zona dañada, normalmente es de una sola pieza (salvo en las de sectores múltiples que indicaremos) con sus extremos biselados y presentará un dibujo de relieve cuyas funciones serán las de crear la máxima dificultad al paso del agua y la de crear puntos resistentes al desplazamiento (normalmente se presenta en forma estriada o de cuadrículas). Sus extremos biselados suelen ser lisos, con objeto de desplazarse sin dificultad, uno sobre el otro, para absorber las tolerancias de apriete sobre el exterior del tubo a reparar.

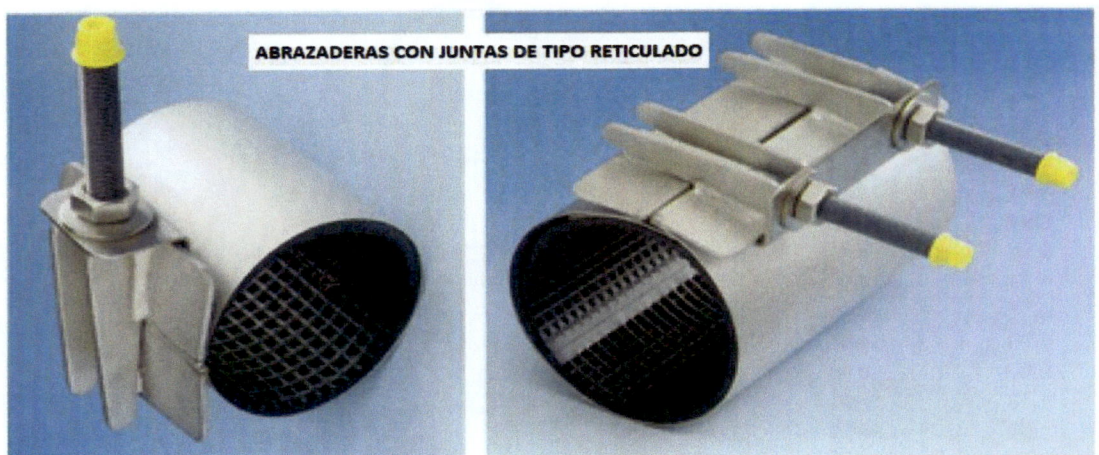

ABRAZADERAS CON JUNTAS DE TIPO RETICULADO

En algunos casos nos encontraremos disposiciones diferentes como, por ejemplo, en algunas abrazaderas de fundición nodular con las juntas sin bisel y a tope, normalmente para aplicación sobre tuberías de polietileno, y con tolerancias menores.

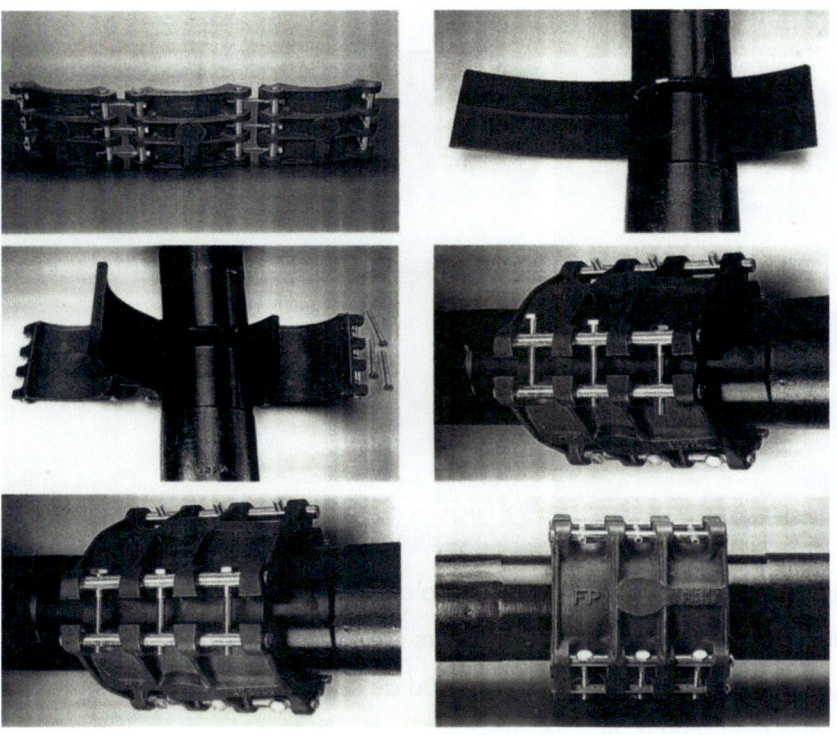

La junta de caucho puede ser de distinto material, como por ejem.: - N.B.R., S.B.R., E.P.D.M.- en función de los fluidos sobre los que puede actuar y del rango de temperaturas máximo y mínimo:

> N.B.R. aplicable para agua, óleo, gas y aceites con un rango de -30ºC hasta 110ºC.
>
> S.B.R. para agua desde - 40ºC hasta 85ºC.
>
> E.P.D.M. para agua, agua caliente, vapor, ácidos y líquidos agresivos de – 50ºC hasta 150ºC.

Para los usos principales de estos sistemas, la carcasa será metálica, siendo su material, principalmente, **de acero inoxidable (el más usado y económico) o de fundición nodular**.

Las de **fundición nodular**, aunque pueden ser usadas en todo tipo de tuberías, son **indicadas para tuberías como el polietileno**, con el fin de evitar cualquier tipo de "estrangulación" del tubo por el apriete de los sectores.

Sus juntas de estanqueidad son de mayor grosor y sus pesos elevados, en comparación con las de acero inoxidable. Además, presentan una menor tolerancia de apriete (cuando se utilicen en tuberías como el fibrocemento y según su espesor, habrá que tener especial cuidado en la sujeción de la carga que significará la instalación de la pieza, no dé lugar a la fractura del propio tubo).

Algunos de los modelos de mercado, presentan sistemas que añaden a la estanqueidad perimetral, una estanqueidad lateral mediante el ajuste de sectores con su correspondiente junta, tal y como puede verse en el detalle de distintas piezas expuesto a continuación. Estas juntas laterales, permiten reforzar la estanqueidad para seguridad de la reparación, frente a la estanqueidad perimetral única.

La disposición en mercado de este tipo de piezas (las cuales obviamente parten de 2 sectores como mínimo), normalmente abarca hasta tres sectores.

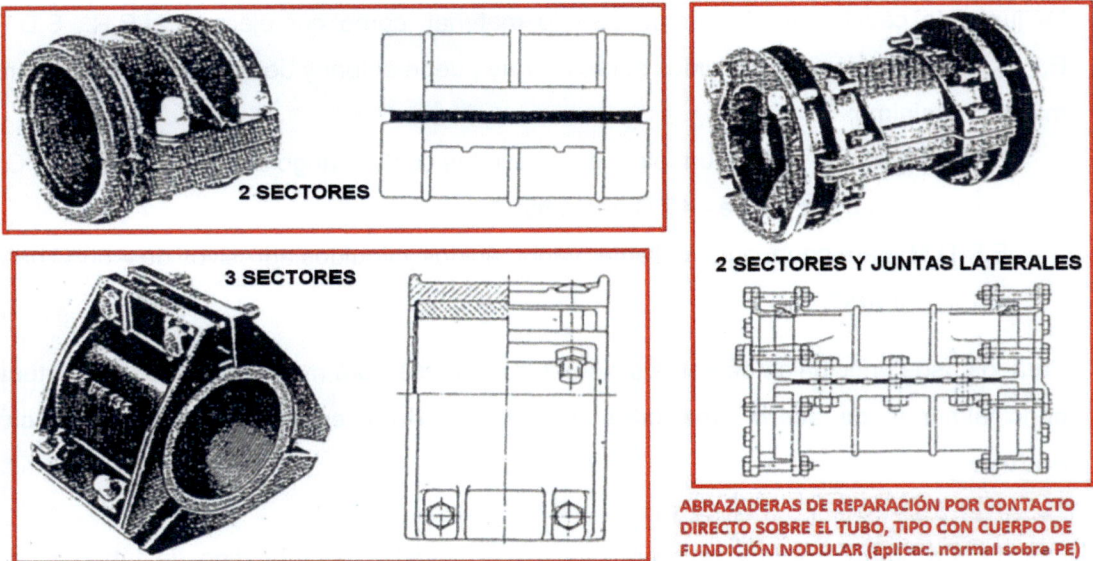

Aunque realmente no serían abrazaderas para reparación por contacto directo, por cuanto realizan la estanqueidad de forma lateral y frontal, y no por superposición directa sobre el punto a reparar, se indican aquí.

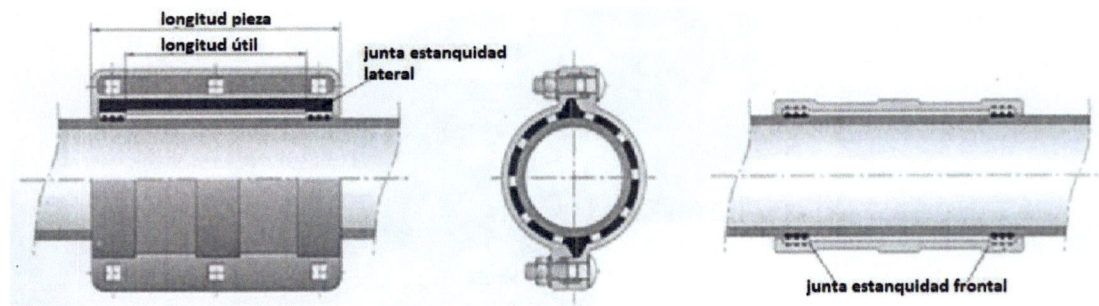

Las **abrazaderas de acero inoxidable** permiten actuaciones en grandes diámetros con gran facilidad de manipulación dado su bajo peso, ya que la constitución en acero, permite su implantación en tuberías sometidas a elevadas presiones con espesores mínimos. El acero inoxidable le confiere una total garantía frente a los fenómenos de corrosión (la calidad del inoxidable, AISI 304, 316 u otros, vendrá en función de la agresividad del terreno), pudiendo observarse en distintas piezas del mercado la inclusión de tapones de tipo plástico para los extremos de las tornillerías de los sectores de apriete con objeto de evitar puntos de polarización que favorezcan la creación de fenómenos de corrosión por corrientes parásitas, o el revestimiento de teflón.

Su junta de elastómero es más delgada, presentando el biselado de sus extremos normalmente lisos para su desplazamiento, uno sobre otro, en el ajuste. El biselado permite que el grosor final de los extremos sea similar al del resto de la junta, para una perfecta homogeneización del apriete.

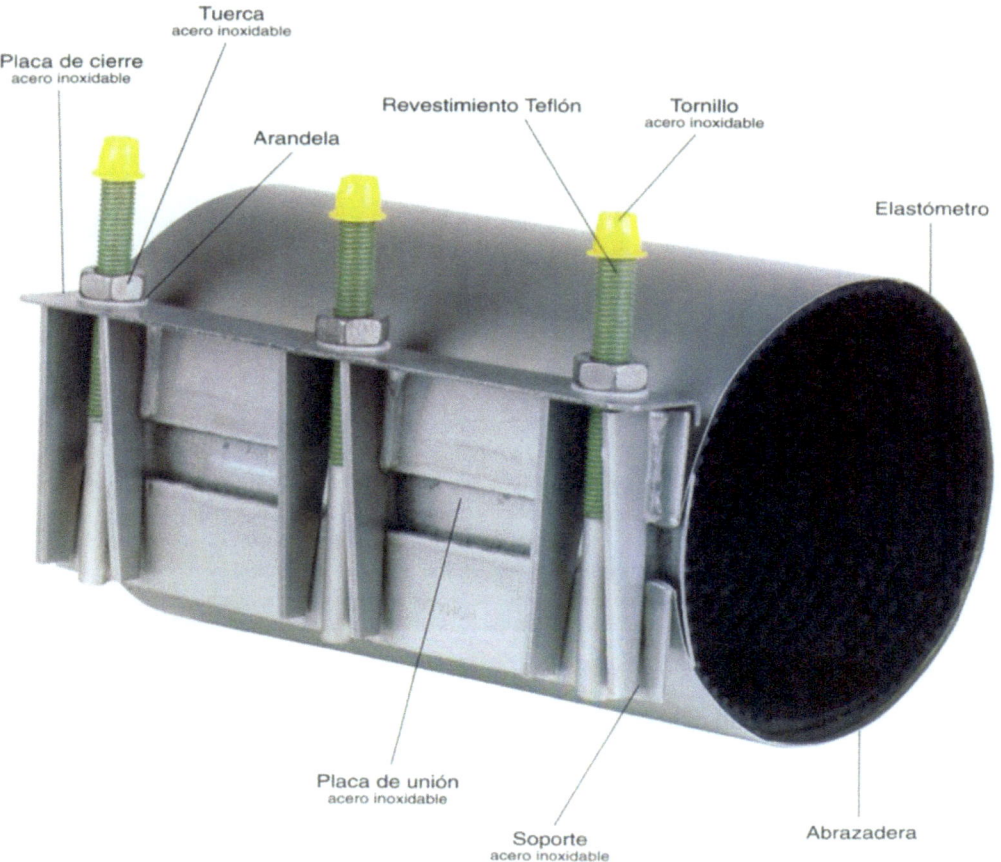

La disposición en mercado de este tipo de piezas, abarca desde 1 sólo sector hasta tres sectores, en régimen de pieza única, y multisectorial (más de tres sectores), para los tipos de montaje mediante combinación de distintos sectores diseñados al efecto y que constituyen normalmente un kit de reparación. Cada sector lleva su identificación (por ejemplo A – B – C – D y E) y el fabricante indica los distintos sectores a unir para conseguir el rango donde poder integrar el diámetro exterior requerido.

La unión de los distintos sectores indicados (que normalmente son de 400mm de longitud, aunque se observan en mercado de 600mm), cada uno de los cuales llevará su correspondiente junta de estanqueidad biselada para su unión a los otros, conformará la pieza necesaria, de hasta 4 sectores, permitiendo reparaciones desde diámetros cercanos a los 200mm hasta por encima de los 1000mm (según disposiciones en mercado).

Para reponer el kit de reparación basta pedir al fabricante los sectores utilizados, por lo que este sistema permite minimizar los stocks en gran medida, ya que, (por ejemplo, con la tabla comercial que se indica después), con 4 sectores permite abarcar un rango que haría necesaria la disposición de múltiples piezas específicas.

SISTEMA DE SECTORES INDIVIDUALES PARA CONFORMACIÓN DE EXTERIORES POR MONTAJE ENTRE ELLOS (EL FABRICANTE MARCA LAS COMBINACIONES)

Como ejemplo podemos ver la disposición de diámetros exteriores en función de la unión de sectores, según un catálogo comercial (en el se marca la disposición de hasta 4 sectores abarcando solo por debajo de 700mm, pero se indica para entender la disposición comentada).

Diámetro del tubo	Sectores a usar
213-233	A+B
233-253	A+C
253-273	B+C
264-284	A+D
284-304	B+D
294-314	A+E
304-324	C+D
314-334	B+E
335-355	C+E
354-384	A+B+C
386-416	A+B+D
406-436	A+C+D
416-446	A+B+E
426-456	B+C+D

436-466	A+C+E
456-486	B+C+E
467-497	A+D+E
487-517	B+D+E
508-538	C+D+E
527-567	A+B+C+D
558-598	A+B+C+E
589-629	A+B+D+E
609- 649	A+C+D+E
629-669	B+C+D+E

REPARACIÓN DE FUGA EN TUBO DN350FC CON ABRAZADERA DE CONTACTO DIRECTO DE CUERPO DE ACERO INOXIDABLE CON 3 SECTORES INDEPENDIENTES, COMBINADOS PARA EL DIÁMETRO EXTERIOR NECESARIO.

EJECUCIÓN SIN CORTE SUMINISTRO LÍNEA PRINCIPAL (Y DE ALTA PRESIÓN) EN TIEMPO MÍNIMO (TRAS EXCAVACIÓN Y LIMPIEZA)

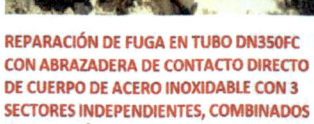

Existe este tipo de piezas de reparación conformadas también con salidas derivadas, de cara a poder ejecutar acometidas directas para todo tipo de usos, mediante taladrado previo (si se quiere ejecutar sin carga) o posterior (sistema de ejecución con carga – en presión- para evitar la paralización del suministro).

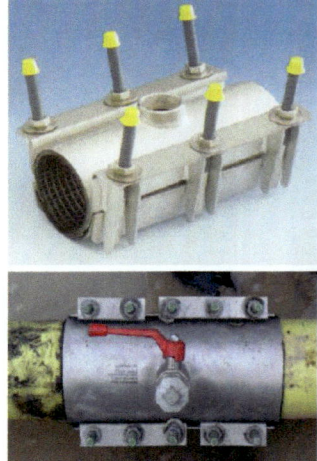

ABRAZADERAS DE REPARACIÓN DE CONTACTO DIRECTO CON SALIDAS DERIVADAS (ROSCAS O BRIDAS). AL MARGEN DE SU USO EN OBRA DE IMPLANTACIÓN DE ACOMETIDA/DERIVACIÓN, NOS PERMITEN APROVECHAR LA AVERÍA PARA PODER SITUAR ELEMENTOS DE PROTECCIÓN O DE CONTROL (purgadores, ventosas, manómetros, etc.)

Ante cualesquiera dudas que un mantenedor pueda tener de la fiabilidad de este tipo de abrazaderas para su uso en cualquiera de los planteamientos indicados, puede realizar sus propias pruebas para disiparlas, pues su uso le supondrá una reducción de costes muy alta, así como a no tener que cortar el suministro,

EJEMPLO DE PRUEBAS REALES PARA LA ACEPTACIÓN DE ABRAZADERAS (EN ESTE CASO DE DERIVACIÓN A BRIDA) SOMETIÉNDOLA A ALTA PRESIÓN CON AGUA (EN CAMPO, A LA HORA DE EJECUTAR UNA ACOMETIDA/DERIVACIÓN, UNA VEZ PREMONTADA, Y ANTES DE EJECUTAR EL TALADRADO, SE SOMETE A TRAVÉS DE LA TOMA DE LA PROPIA MÁQUINA DE PERFORACIÓN A UNA PRUEBA DE PRESIÓN CON AIRE, DE MODO QUE SE CONFIRME LA TOTAL ESTANQUIDAD DE MODO PREVIO) CUANDO SON ABRAZADERAS NORMALES DE REPARACIÓN (SIN DERIVACIÓN) LA PRUEBA SE EJECUTA SOBRE UN CORTE LONGITUDINAL y TRANSVERSAL DEL TUBO

Como ejemplo, véase su utilidad en una obra real donde se precisó sustituir un purgador averiado en una línea en alta de DN450FG. En este caso, el corte de suministro fue necesario, pero no hubo que intervenir en la tubería salvo para limpieza y mejora del hueco, con todo lo que hubiera supuesto en cortes de la tubería e implantación de "Te" y conexiones.

SUSTITUCIÓN DE PURGADOR POR VENTOSA TRIFUNCIONAL MEDIANTE CORTE, ENSANCHE y LIMPIEZA AGUJERO, Y ACOPLE DE ABRAZADERA, PARA NO ACTUAR SOBRE LA TUBERÍA

ECONOMÍA GLOBAL FRENTE A UNA EJECUCIÓN TRADICIONAL

En lo relativo a su uso para acometidas/derivaciones en carga (bajo presión, sin cortar el suministro) pueden observarse múltiples ejemplos en el apartado de acometidas.

En líneas generales tendremos que tener en cuenta:

1.- Son **piezas de tolerancia**, es decir, siempre contemplan un mínimo y un máximo de diámetro exterior, para cuyo rango total, el fabricante asegura las condiciones de estanqueidad. Por lo tanto, y <u>**como criterio principal**</u>, **la elección de la pieza adecuada se basará siempre en el conocimiento expreso del diámetro exterior del tubo que va a ser reparado, eligiéndose la pieza de reparación que integre dentro de su rango (mínimo- máximo) ese diámetro exterior, preferentemente en su parte más equidistante;** es decir, <u>que quede lo más aproximado posible a la parte central del rango de la pieza elegida</u> (hará estanqueidad, tal y como hemos indicado, en cualquier valor dentro del rango de la pieza, pero de esta forma aseguramos mucho más las condiciones de tolerancia de cara a un mayor rango de ajuste posible que pueda absorber cualquier imperfección en el perímetro del tubo).

Por ejemplo (en relación a la tabla anterior):

Tubería con diámetro exterior de 415mm

Piezas posibles: **A** Rango desde 386 hasta 416mm

B Rango desde 406 hasta 436mm

Con cualquiera de ellas abarcamos el diámetro de 415mm necesario, asegurando en principio la estanqueidad, pero sería más prudente y objetivo elegir la pieza **B**, aun cuando resulte menos económica, por cuanto permite una mayor distancia de los extremos del rango de estanquidad.

La toma de diámetro exterior del tubo a reparar debe ser cuidadosa cuando se trata de tuberías de fibrocemento, por cuanto el conocimiento de su diámetro interior no conlleva al conocimiento del diámetro exterior a través de la tabla de valores que podamos disponer (ya que varía en función de la clase del tubo para el mismo diámetro interior). Cuando descubrimos para hacer la reparación, nos encontramos con el cuerpo del tubo, pudiendo existir dudas respecto al diámetro exterior real. Podemos tomarlo con cinta métrica especial que rodeando el tubo nos da directamente la medida o, también de modo práctico y fiable, con el uso de los denominados "compases de gruesos" (se toma el diámetro exterior con un compás al uso, ajustando sus extremos sobre la parte central del tubo, y se mide posteriormente la distancia entre los extremos con un metro); o con una cinta métrica estándar (rodeando el tubo tendríamos el perímetro, que correspondiendo a $2\pi r$, es decir, a πD, nos permite saber el diámetro exterior dividiendo la longitud conseguida por el número π, -3'14 redondeando-).

2.- Se elegirá la pieza con la longitud adecuada respecto a la longitud de la fisura- grieta o poro- agujero.

Suele ser normal que el fabricante indique el **factor de "longitud máxima de reparación",** con el cual está indicando que asegura que la pieza efectuará una estanqueidad adecuada siempre y cuando su longitud total no supere la indicada (por supuesto, esta indicación siempre conlleva una reserva lógica por parte del fabricante, es decir, que posiblemente podamos obturar, sin mayores problemas, longitudes un poco mayores de las indicadas por aquél, si bien, siempre que sea posible, conviene ajustarse a ellas).

Normalmente, como criterio, la longitud de la abrazadera, para la reparación de una zona dañada, será como mínimo 150mm superior a la longitud real de la zona dañada (indicando incluso un 50% más para las tuberías de plástico). Esto nos lleva, por ejemplo, a que con una abrazadera de longitud de 400mm podríamos reparar zonas de grietas o fisuras de hasta, como máximo, 250 mm de longitud en tuberías no plásticas.

En cualquier caso, si la longitud de la avería tiene una longitud muy cercana o mayor a la longitud de la pieza de reparación, habrá que cortar el trozo dañado para su sustitución por un tramo nuevo de tubo mediante las piezas correspondientes, ya que, **en ningún caso, se deben poner 2 piezas de reparación seguidas, pues nunca existirá estanqueidad entre ellas.**

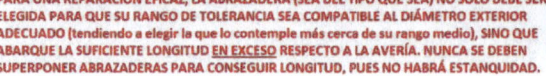

PARA UNA REPARACIÓN EFICAZ, LA ABRAZADERA (SEA DEL TIPO QUE SEA) NO SOLO DEBE SER ELEGIDA PARA QUE SU RANGO DE TOLERANCIA SEA COMPATIBLE AL DIÁMETRO EXTERIOR ADECUADO (tendiendo a elegir la que lo contemple más cerca de su rango medio), SINO QUE ABARQUE LA SUFICIENTE LONGITUD EN EXCESO RESPECTO A LA AVERÍA. NUNCA SE DEBEN SUPERPONER ABRAZADERAS PARA CONSEGUIR LONGITUD, PUES NO HABRÁ ESTANQUIDAD.

Es muy aconsejable que en el caso de averías por fisuras longitudinales se revise perfectamente la incidencia total en longitud, ya que en determinadas tuberías (por ejem. fibrocemento) puede existir una parte visible exterior y otra prácticamente oculta (que si pudiéramos ver la tubería interiormente sí que la observaríamos sin mayores problemas) que puede llevarnos a reparar y encontrarnos con una mala obturación de la fisura. Por ello es prudente que se observe la salida de agua a tubería descubierta antes de quitar presión.

3.- Aunque existen otro tipo de piezas (que veremos más adelante) que pueden ser más adecuadas, por concepto, para la **reparación de grietas y roturas totales transversales** del tubo, pueden ser resueltas de forma óptima, también, con este tipo de piezas, si bien **es conveniente revisar el estado de la alineación de las 2 partes del tubo provocadas por la rotura.**

Estamos refiriéndonos a roturas transversales que no generan una distancia excesiva entre las 2 partes del tubo, ya que de lo contrario (también para el caso de hacerla servir como unión entre tubos) es conveniente el uso de otro tipo de piezas comentadas después.

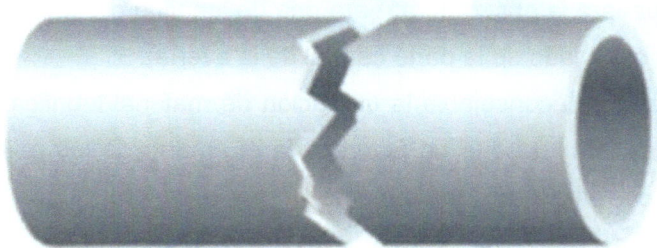

En cualquier caso, si se tuviese que realizar con este tipo de piezas, es necesario que se tenga en cuenta la **constitución de apoyos firmes**, para evitar que el peso recaiga sobre la pieza si es de acero inoxidable, para evitar flexiones por la sencillez de la chapa que la constituye (en este caso, por ejemplo, sí que podría funcionar bien una pieza de fundición nodular, si bien, para determinadas tuberías, convendría efectuar un apoyo de la propia pieza para evitar la carga sobre los extremos del tubo que puedan afectarlo en la zona asentada existente; en cualquier caso, se insiste en la existencia de otras piezas más adecuadas para este tipo de reparación).

En ningún caso deben ser usadas para unión de tuberías que no coincidan en sus diámetros exteriores, por muy próximos que sean, ya que la tolerancia de la pieza en un sistema de ajuste por contacto directo es para un sistema homogéneo.

En cuanto a cuestiones a tener en cuenta de cara a la instalación (una vez se ha observado la avería, medida su longitud, tomado el diámetro exterior del tubo adecuadamente y elegida la abrazadera de reparación adecuada):

1.- **Sanear la zona de la avería.** Teniendo en cuenta la longitud de la abrazadera a colocar, tendrá que estar al descubierto el tubo, como mínimo, la longitud de la abrazadera a colocar a partir de uno de los lados de la avería (para poder montarla allí en caso necesario –por ejem. sin quitar la presión- y desplazarla posteriormente, sin arrastrarla, sobre la avería) y más de la mitad de la longitud de la abrazadera por el otro lado (ya que tendremos que situarla centrada en la avería).

Por ejemplo, para una abrazadera de L=400mm, se trataría de dejar más de 40cm (por ejemplo, 50cm) a partir del lateral de la avería, por un lado, y más de 20cm (por ejemplo, 30cms) por el otro.

2.- **Limpiar perfectamente todo el perímetro de la tubería** en ese espacio para evitar cualquier daño a la junta o arrastre de material no deseado en los movimientos de montaje de la abrazadera. Especial incidencia en la zona de asentamiento donde finalmente quedará la abrazadera (para una de longitud de 400mm nos referiríamos a unos 25cm a cada lado de la parte central de la avería).

En ningún caso es aconsejable la utilización de material lubrificante para la limpieza (como jabones, etc.) ya que no favorecería el amarre de los relieves de la junta de caucho, sino se retirase adecuadamente.

REPARACIÓN DIRECTA SIN ACTUACIÓN SOBRE EL TUBO (SALVO LIMPIEZA EXHAUSTIVA DE LA ZONA DE CONTACTO) DE ROTURA EN TUBERÍA DN450FC CON ABRAZADERA DE ACERO INOXIDABLE DE 3 SECTORES

3.- **Marcar la posición en que va a quedar la pieza:** partiendo del centro de la avería, marcar a cada lado la distancia correspondiente a la mitad de la longitud de la abrazadera que se va a colocar. De esta forma aseguramos que la avería quede en la parte central de la abrazadera.

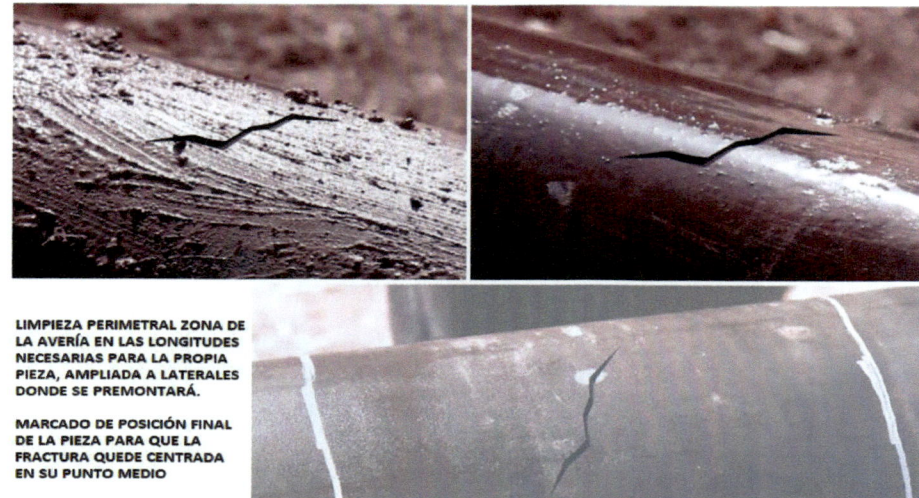

LIMPIEZA PERIMETRAL ZONA DE LA AVERÍA EN LAS LONGITUDES NECESARIAS PARA LA PROPIA PIEZA, AMPLIADA A LATERALES DONDE SE PREMONTARÁ.

MARCADO DE POSICIÓN FINAL DE LA PIEZA PARA QUE LA FRACTURA QUEDE CENTRADA EN SU PUNTO MEDIO

4.- **Colocar la abrazadera** teniendo especial cuidado en el montaje de la junta de caucho para asegurar la alineación y el desplazamiento del biselado. **La parte de la superposición de los extremos biselados, nunca debe quedar en las zonas de apriete correspondientes de los sectores.**

5.- Comenzar el **ajuste de la abrazadera al tubo, empezando siempre "del centro hacia los lados de la tornillería de cada sector" y "ajustando por igual, progresiva y alternativamente, todos los sectores que compongan la abrazadera".** Nunca se debe apretar un sector individual y luego seguir con los siguientes, ya que no se podrá efectuar un ajuste perimetral consecuente, al establecerse una situación de "pinza". Al final, todos los sectores de la abrazadera deben quedar homogéneos en las separaciones de sus zonas de cierre.

Es muy conveniente, en los ajustes finales, el **uso de llaves dinamométricas** para aplicar convenientemente los pares de apriete indicados por el fabricante.

6.- **Verificar que la estanqueidad es completa**, procediendo a la carga de la tubería (puesta en presión normal, si se hubiese reducido o vaciado para ejecutar la reparación).

Si no existen inconvenientes que condicionen el tapar la avería de inmediato, es conveniente dejarla a la vista durante un tiempo, para verificar su estado y efectuar aprietes de ajuste si se observase cualquier salida de agua por pequeña que pueda ser. La reparación debe quedar totalmente estanca y fiable en el tiempo.

7.- Volver a colocar los tapones plásticos de **protección a las tornillerías.**

En cualquier caso, puede ser una buena práctica de cara a protección anticorrosiva, el proteger los cierres y tornillerías en su totalidad con cintas de tipo graso o plástico que se adhieran al material (pero que pueden ser retiradas sin problema, ante cualquier circunstancia).

8.- Efectuar el **rellenado de la zanja con material de canto redondeado** (gravillín 9 - 12, por ejemplo) **o arena, y retacar convenientemente** (recordar que si la abrazadera se usa para una fractura completa o unión de tubos, debe verificarse que no trabaje a flexión, poniendo los apoyos necesarios para evitarlo, en el caso de que así fuese).

Dentro del campo de las abrazaderas de reparación por contacto directo, pueden englobarse los siguientes tipos de piezas, que podríamos denominar **"especiales"**, por cuanto se salen del concepto genérico indicado:

A.- ABRAZADERAS ANTIFUGA PARA PIEZAS DE FIBROCEMENTO

Como ya indicamos anteriormente, en las piezas de unión de tubos de fibrocemento constituidas por el mismo tipo de material (juntas RK, RKT...) se pueden llegar a generar fugas, por salida de agua entre la pieza y el tubo.

Su reparación puede ejecutarse por eliminación de la pieza completa, colocando en su lugar una abrazadera, tal y como puede observarse en el fotomontaje posterior (en el ejemplo, corresponde a una de tipo hidráulico que veremos más adelante) para lo cual se hace necesario efectuar el corte de suministro y vaciado completo de la tubería (con su posterior carga, reposición, etc.), con todos los costes y tiempo que ello supone…

FUGA EN JUNTA DE FIBROCEMENTO DE TIPO RK. AVERÍA SOLUCIONADA RETIRANDO COMPLETAMENTE LA PIEZA E INSTALANDO UNA ABRAZADERA DE TIPO HIDRÁULICO

… o bien puede hacerse a través de este tipo de piezas evitando el corte de suministro y vaciado (en todo caso, si la salida de agua molestase a la operación, bastaría con efectuar una disminución de la presión mediante una descarga parcial).

FUGA EN PIEZA DE FIBROCEMENTO DE TIPO RK, TAPONADA SIN TENER QUE RETIRAR LA PIEZA NI INTERVENIR EN CORTE DE SUMINISTRO, ETC.

La pieza, tal y como puede observarse en el dibujo posterior, consta de 2 contrabridas formadas por sectores de fundición nodular independientes que se montan por ensamblaje a cada lado de la pieza con fuga (es decir, por unión de los sectores se constituye una contrabrida perimetral completa a cada lado del tubo, sin tener que efectuar ninguna operación en él). Entre cada contrabrida y el lateral de la pieza a reparar, se coloca la junta de caucho perimetral correspondiente, la cual quedará montada contra el lateral, presionando en todo el perímetro, a través del esfuerzo de ajuste de las contrabridas unidas entre sí con tornillería pasante (tirantes).

Junta de unión tubos a reparar por fuga lateral

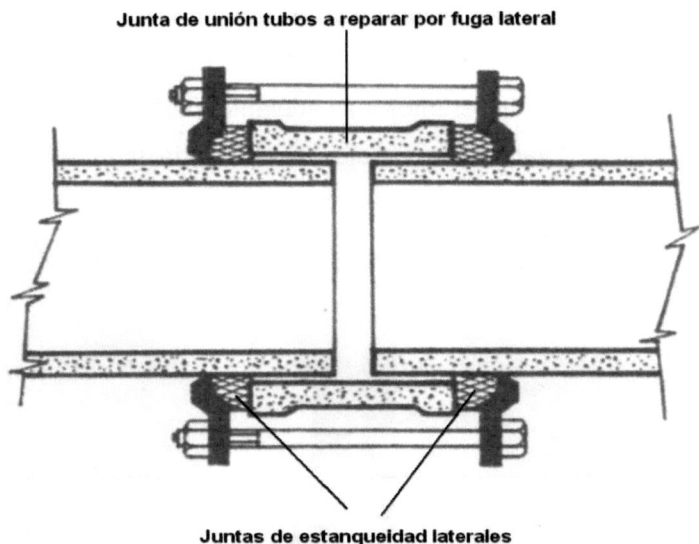

Juntas de estanqueidad laterales

De este modo, quedan obturados los laterales de la pieza existente en todo su perímetro, quedando el sistema fijo y estanco sin tener que retirar la pieza ejecutando el proceso convencional, con la consiguiente economía de la reparación en general y sin afectar al suministro (si la fuga entorpece la labor se procederá a despresurizar, pero no será necesario el vaciado de toda la línea, con lo que la reposición del suministro será mucho más rápida una vez ejecutada la intervención).

Las cuestiones básicas a tener en cuenta en el montaje es que los solapes dentados de los sectores se ensamblen correctamente para evitar asientos diferenciales que puedan provocar roturas, y que el apriete de las contrabridas se ejecute con el sistema convencional paulatino en "aspa" para que el desplazamiento sea homogéneo en todo el perímetro. Es conveniente, una vez montada y revisada la estanquidad, el dejar el sistema (al menos las tornillerías) totalmente protegidas con cintas de tipo graso o plástico, de cara a evitar corrosiones.

El proceso completo de una reparación real puede verse en los siguientes fotomontajes:

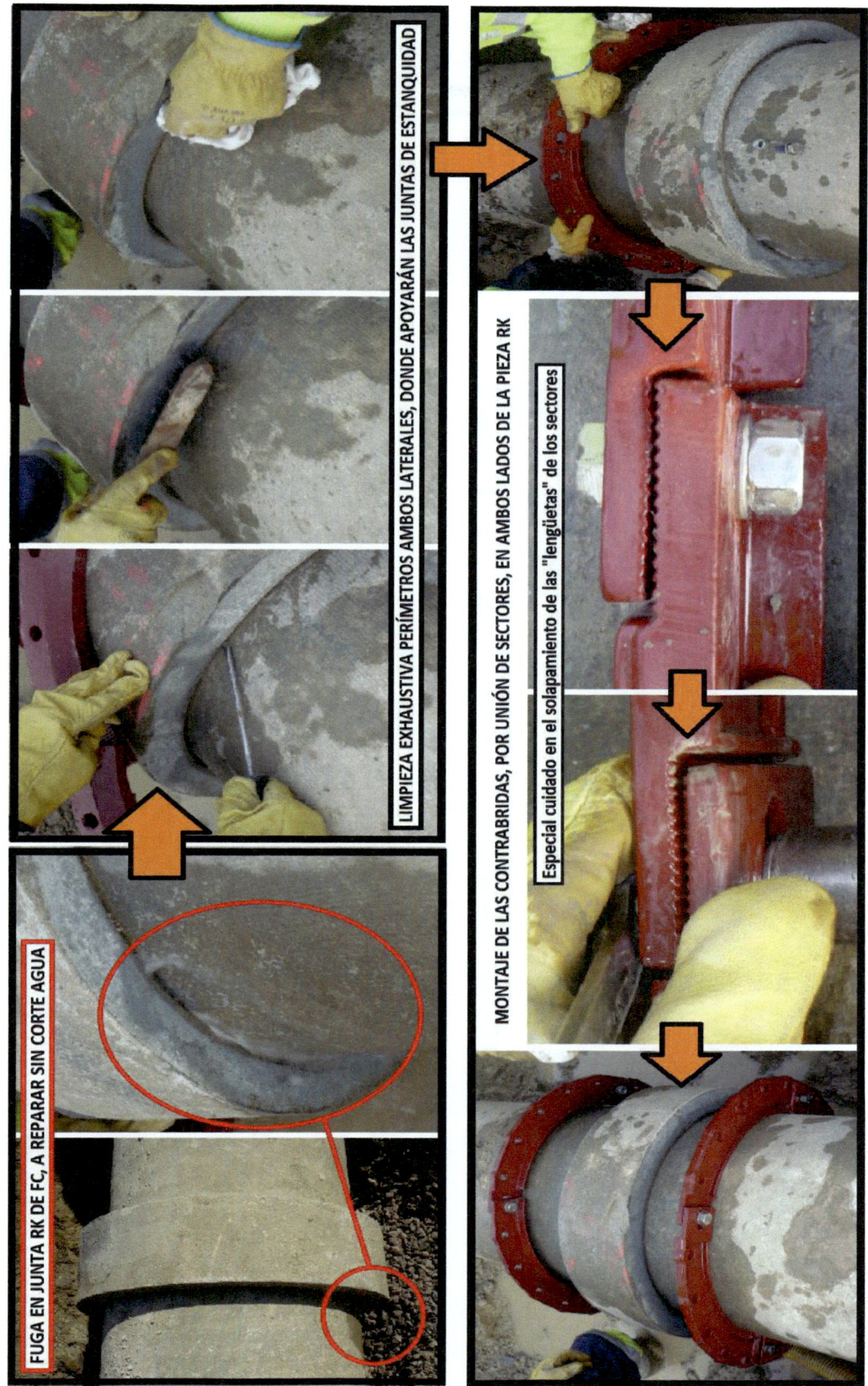

FUGA EN JUNTA RK DE FC, A REPARAR SIN CORTE AGUA

LIMPIEZA EXHAUSTIVA PERÍMETROS AMBOS LATERALES, DONDE APOYARÁN LAS JUNTAS DE ESTANQUIDAD

MONTAJE DE LAS CONTRABRIDAS, POR UNIÓN DE SECTORES, EN AMBOS LADOS DE LA PIEZA RK

Especial cuidado en el solapamiento de las "lengüetas" de los sectores

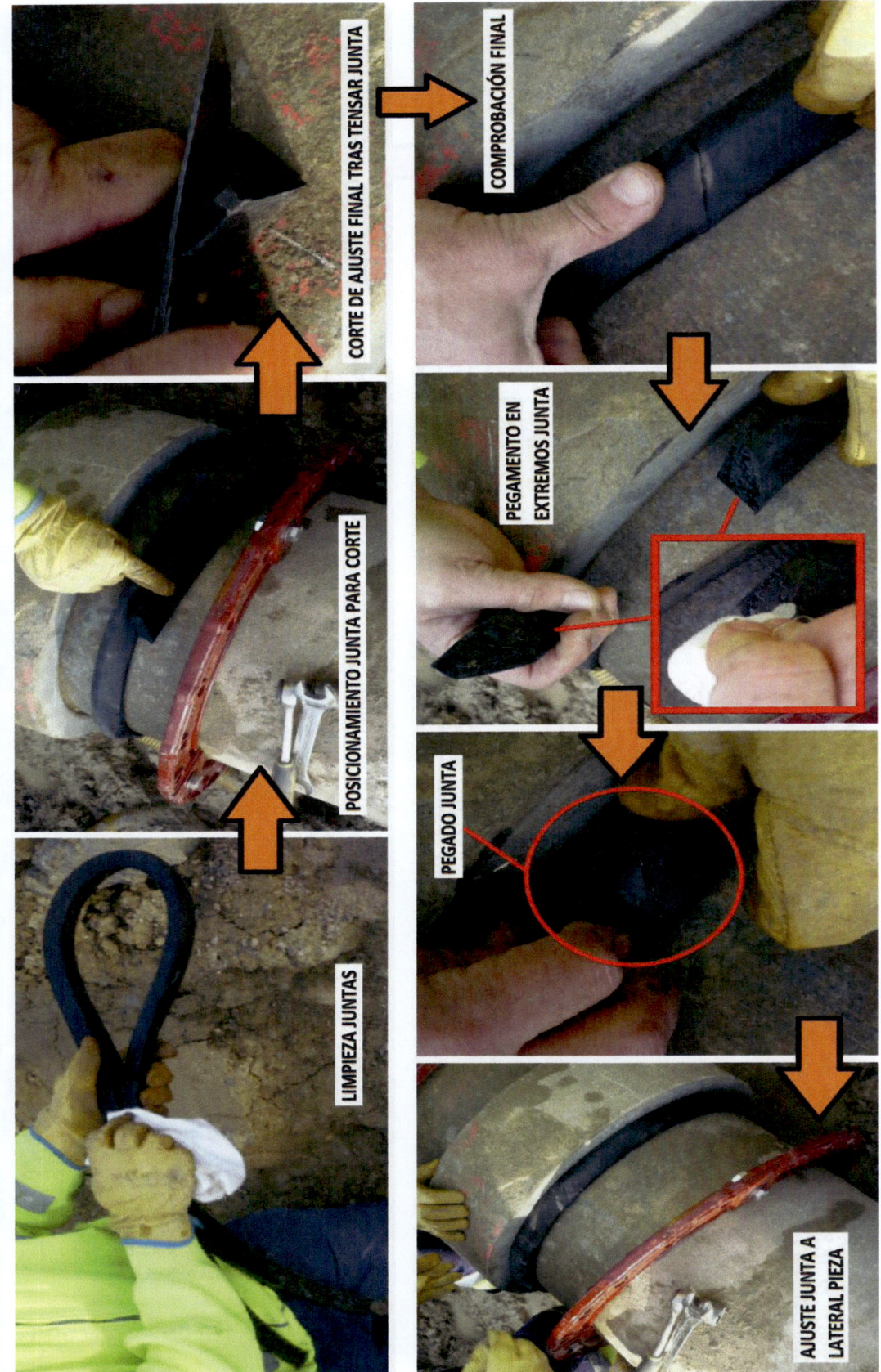

CORTE DE AJUSTE FINAL TRAS TENSAR JUNTA

COMPROBACIÓN FINAL

POSICIONAMIENTO JUNTA PARA CORTE

PEGAMENTO EN EXTREMOS JUNTA

PEGADO JUNTA

LIMPIEZA JUNTAS

AJUSTE JUNTA A LATERAL PIEZA

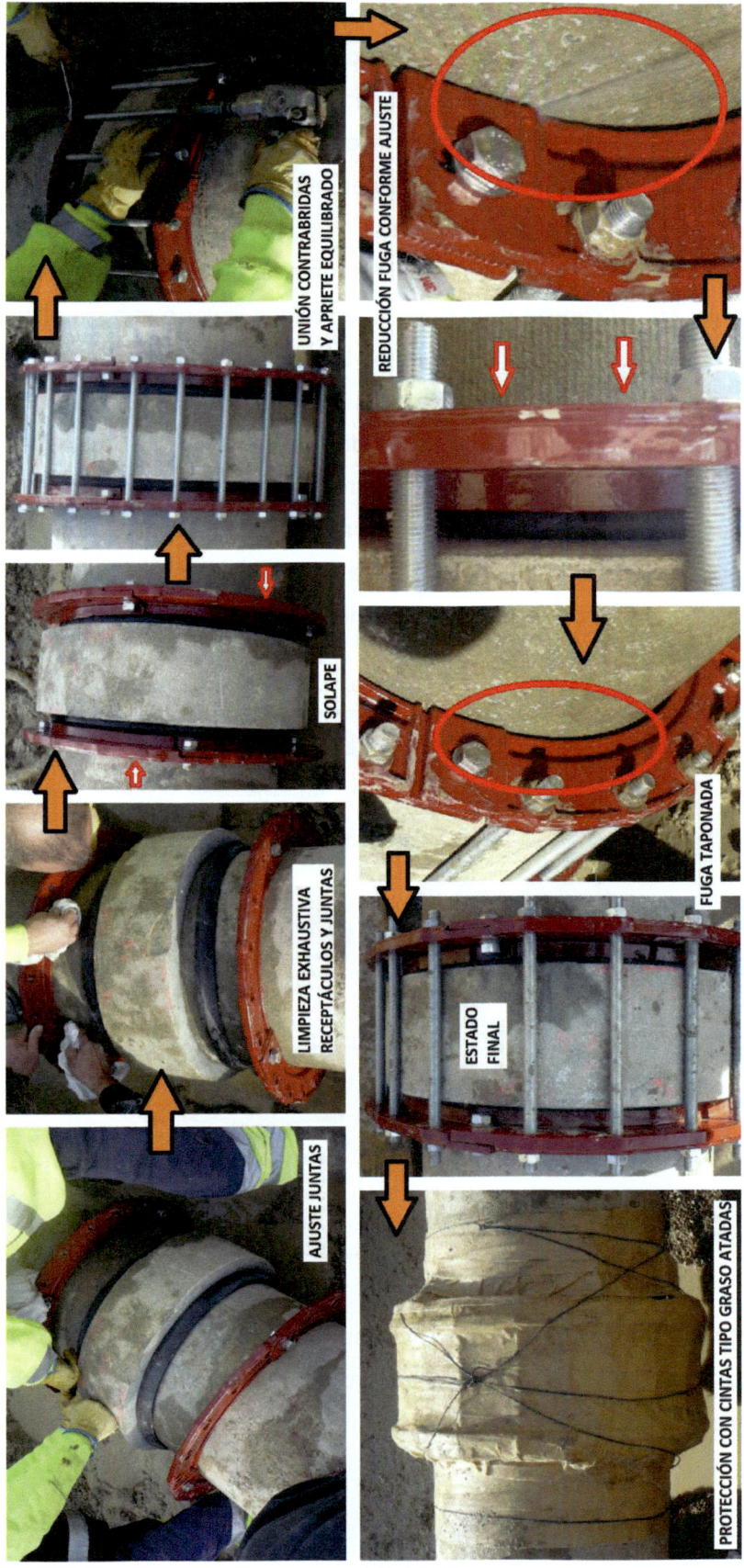

Como información añadida, comentar otros **tipos similares de piezas, pero para taponamiento de fugas en cabezas de tubo**. La diferencia estriba en que este tipo de piezas solo cuenta con una junta (ya que solo tiene que actuar sobre la fuga en la cabeza del tubo) y que las contrabridas, también conformadas por sectores independientes de fundición nodular, no son iguales, pues una tiene que adaptarse al perímetro exterior del tubo acerrojándose con la conformada sobre la zona de la propia cabeza.

Este tipo de pieza permitirá que, ante un fallo de la junta de unión del extremo liso de un tubo de fundición nodular con la cabeza del siguiente, podamos llevar a cabo la eliminación de la fuga sin tener que actuar en cortes físicos de los tubos para ejecutar la incorporación de un trozo del mismo tipo de tubo unido por las piezas correspondientes (bien con manguitos EE estándar u otras piezas como las que iremos viendo). En definitiva, y al igual que lo visto para la pieza anterior, eliminamos toda la obra civil correspondiente a la reparación convencional, además de no tener que cortar el suministro, con todo lo que conlleva (o, al igual que lo comentado antes para el caso de que la fuga estorbe a los operadores, limitarnos a despresurizar sin tener que vaciar el tramo de tubería, logrando una puesta en servicio posterior mucho más rápida).

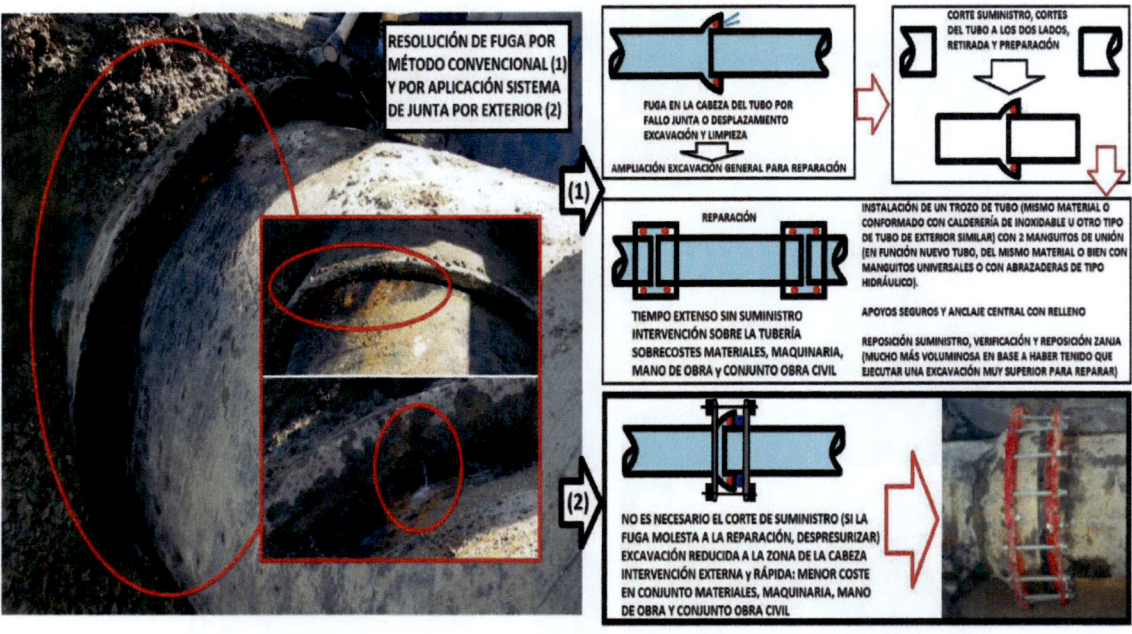

Al ejecutar este tipo de reparación, lo que se hace es introducir a presión, en la propia campana del tubo, una junta muy competente de elastómero que presionará perimetralmente sobre la propia junta interior existente con fuga, logrando una estanquidad permanente para una larga vida útil.

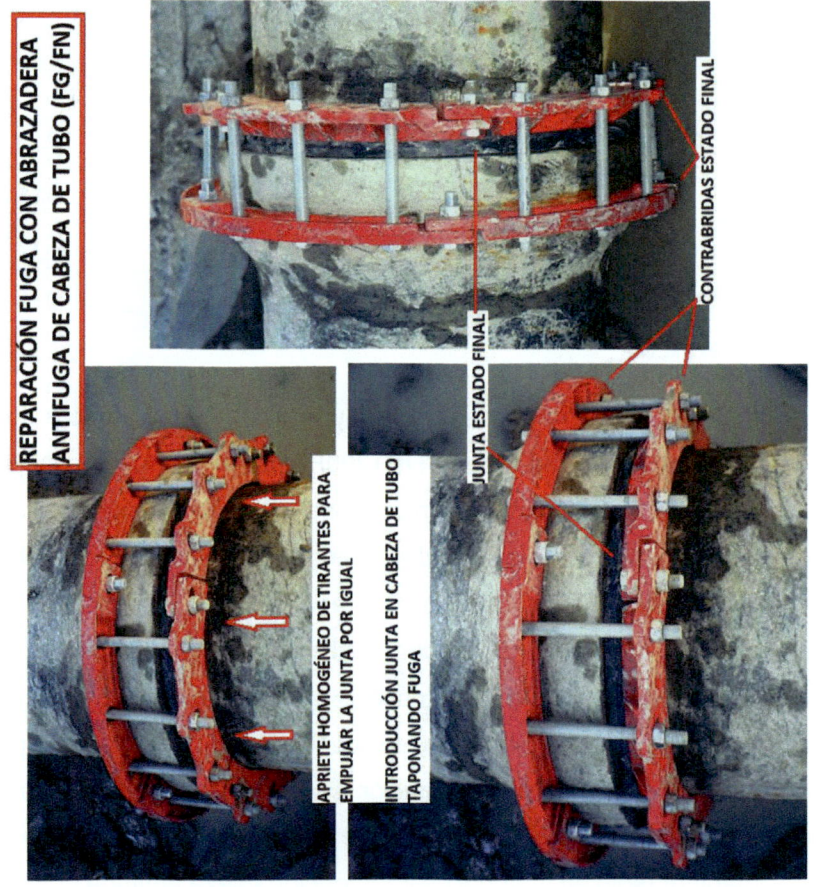

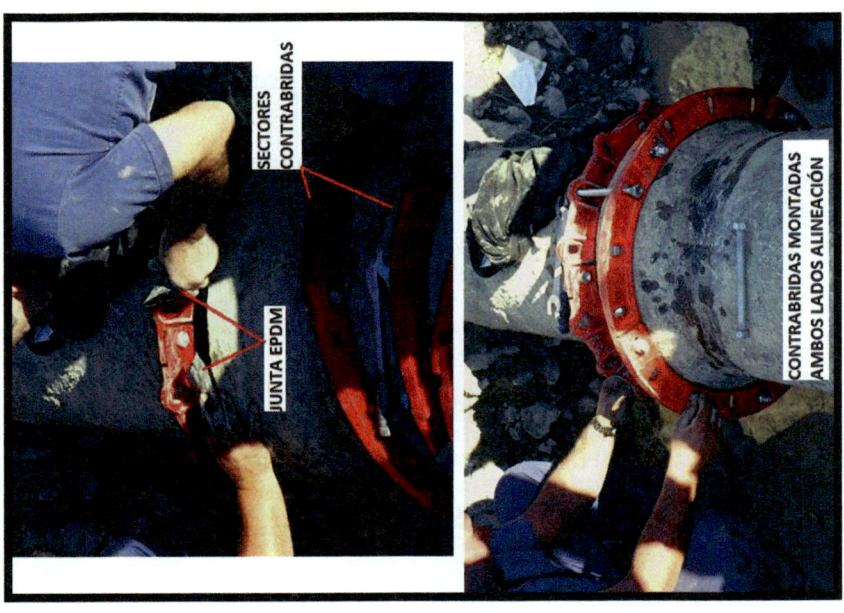

Las consideraciones al montaje, en cuanto a limpiezas, formas de ejecución en el montaje de los sectores de las contrabridas, aprietes y protecciones, son las mismas que las apuntadas para la pieza vista para las uniones del fibrocemento.

ABRAZADERA ANTIFUGA DE CABEZA DE TUBO: LIMPIEZA, INSTALACIÓN Y PROTECCIÓN (CINTA GRASA ATADA)

El rango de aplicación de este tipo de pieza es muy amplio. Puede verse a continuación un ejemplo de ejecución real sobre una tubería DN1200FN, cuyo problema consistía en que se habían generado fugas por desplazamiento (inicio desenchufado del extremo liso) ocasionado porque los contrarrestos en la obra inicial (dada la pendiente existente) no estaban anclados a suelo competente. A la vista de la situación presentada, solo hay que pararse a pensar en la obra convencional que hubiese que haber realizado, con elevadas excavaciones y demoliciones por la presencia del contrarresto anexo a la cabeza con fuga, vaciado de tubería en una longitud importante, el corte de tubería, colocación de gatos hidráulicos para conformar el perímetro de cada extremo del corte (ovalización en esas dimensiones) para poder insertar sin problemas los manguitos de unión, y todo el nuevo proceso de reposiciones. El ahorro en costes es fácil de imaginar (solo en material de intervención -pieza antifuga en relación al nuevo trozo de tubo y los 2 manguitos de unión EE estándar- ya era prácticamente el triple), además de los costes sociales y medioambientales, así como la gran importancia de la seguridad de los operadores.

SITUACIÓN DE FUGA EN CABEZA TUBO POR DESPLAZAMIENTO, JUNTO A ANCLAJE EXISTENTE LA REPARACIÓN CONVENCIONAL HUBIESE LLEVADO A PICAR EL ANCLAJE PARA GANAR EL ESPACIO NECESARIO PARA CORTAR EL TUBO FUERA DE LA ZONA DE MAYOR DIÁMETRO EXT. PARA PODER INSERTAR LOS MANGUITOS DE REPARACIÓN SIN MAYORES PROBLEMAS

CABEZA TUBO

DETALLE JUNTA

PROTECCIÓN ANTICORROSIÓN

B.- ABRAZADERAS CONTENEDORAS DE LA PIEZA A REPARAR

Aunque no entran directamente dentro de los tipos de piezas de reparación por contacto directo en relación al taponamiento de la fuga, se incluyen aquí por ser piezas especiales que, al instalarlas, quedan abarcando la pieza dañada, de forma que quede totalmente en su interior. La pieza sigue dañada, pero la estanquidad se produce a través de la nueva pieza que la contiene, resolviéndose así la fuga. Puede aplicarse para cualquier fuga (cabezas de tubos, manguitos de unión, uniones de tipo Gibault, RK, etc.) en cualquier tipo de tubería que por distintas circunstancias haya que cortar el suministro para ejecutar su reparación y no sea conveniente hacerlo por las implicaciones que conlleve.

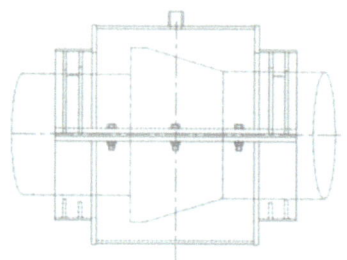

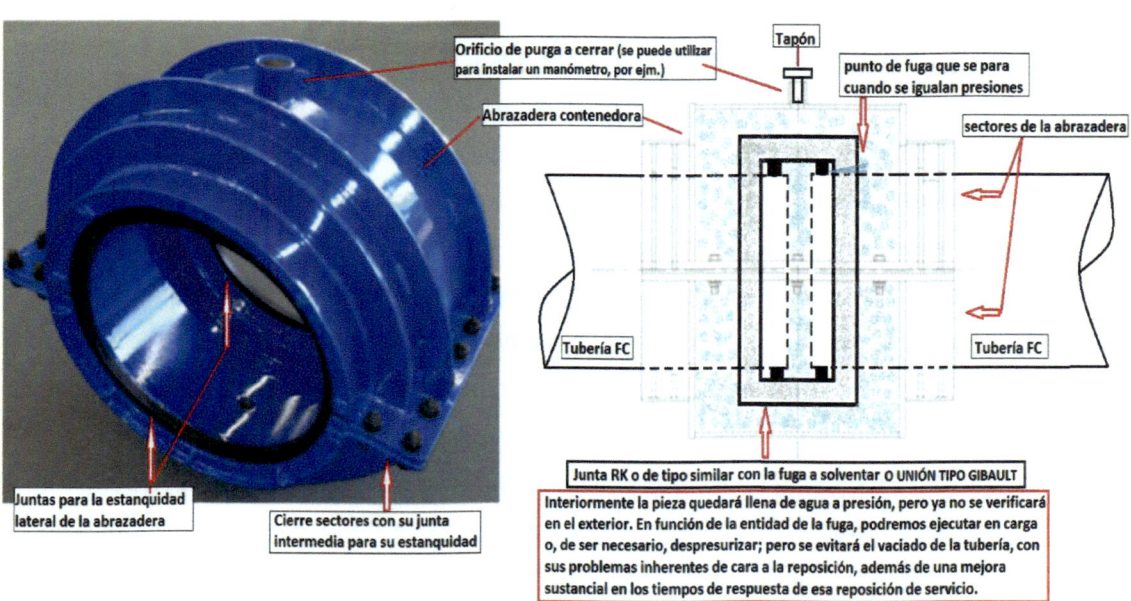

Juntas para la estanquidad lateral de la abrazadera

Cierre sectores con su junta intermedia para su estanquidad

Orificio de purga a cerrar (se puede utilizar para instalar un manómetro, por ejm.)

Abrazadera contenedora

Tapón

punto de fuga que se para cuando se igualan presiones

sectores de la abrazadera

Tubería FC

Tubería FC

Junta RK o de tipo similar con la fuga a solventar O UNIÓN TIPO GIBAULT

Interiormente la pieza quedará llena de agua a presión, pero ya no se verificará en el exterior. En función de la entidad de la fuga, podremos ejecutar en carga o, de ser necesario, despresurizar; pero se evitará el vaciado de la tubería, con sus problemas inherentes de cara a la reposición, además de una mejora sustancial en los tiempos de respuesta de esa reposición de servicio.

Consiste en una abrazadera de 2 sectores (de fundición nodular o acero protegido) con su parte central preparada para abarcar la dimensión exterior de los elementos dañados, que cierran haciendo la estanquidad de los laterales de ambos sectores a través de sus juntas, y creando la estanquidad de los frontales por otras juntas, bien insertadas en el propio cuerpo o por compresión a través de aprietes laterales.

Suelen ser piezas que fuera de rangos bajos de dimensiones, se solicitan bajo encargo, por lo que, aunque sus costes puedan parecer elevados, en comparación con los costes de una intervención (máxime en infraestructuras críticas) son indefectiblemente muy económicos. Ello lleva a estudiar los sistemas críticos y valorar qué suponen las posibles incidencias, para prever y disponer del stock necesario para evitar situaciones críticas en los suministros.

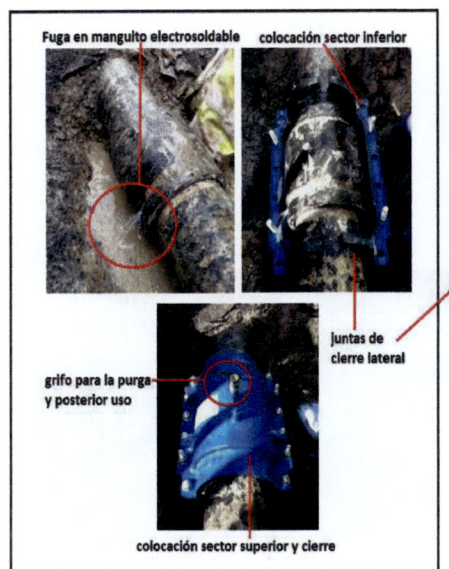

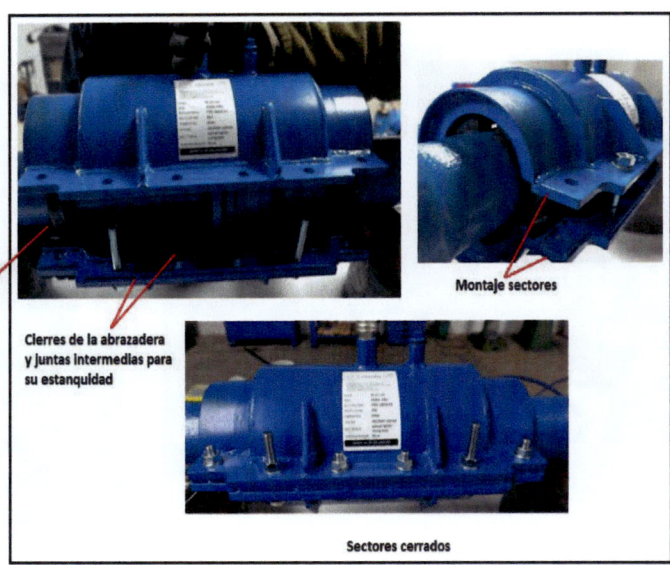

C.- JUNTAS PARA REPARACIÓN INTERIOR DE TUBERÍAS

Consisten en un manguito de caucho EPDM de alta calidad, que se coloca, principalmente, en el interior de las tuberías para eliminar fugas en puntos de unión entre tubos y fisuras transversales. Aplicables tanto en el ámbito del abastecimiento de agua como del saneamiento. Tanto para fugas en sí como para infiltraciones.

La eliminación de la fuga, o infiltración, se efectúa al solapar la junta contra la zona concreta, en todo su perímetro, a través de su sujeción con elementos metálicos de acero inoxidable. En unos casos consistentes en aros que se expanden perimetralmente ayudados por una prensa hidráulica aplicando entre sus extremos pletinas de acero a medida para una completa, y competente, fijación. En otros, a través de sistemas directos de apriete por piezas en cuña. En otros por conformación directa del concepto de abrazadera por exterior con el sistema invertido (cuerpo metálico exterior y junta interior). Y, finalmente, mediante tecnología robotizada, de expansión del manguito a través de la expansión, por sistema de corredera, del cuerpo metálico que lo va a fijar.

MODELO DE JUNTA DE REPARACIÓN POR INTERIOR QUE VIENE A SER UN SISTEMA INVERTIDO DEL TÍPICO MODELO DE ABRAZADERA PARA REPARACIÓN POR EL EXTERIOR

MODELOS DE JUNTA DE REPARACIÓN POR INTERIOR CON JUNTAS PERIMETRALES DE UN CUERPO, FIJADAS POR AROS METÁLICOS DE ACERO INOXIDABLE COMPRIMIDOS POR CUÑAS INSERTADAS EN ELLOS O POR CIERRES DIRECTOS

MODELOS DE SISTEMAS DE REPARACIÓN POR EL INTERIOR DE LAS TUBERÍAS, MEDIANTE JUNTAS Y/O ABRAZADERAS APLICADAS MANUALMENTE, O POR CONFORMACIÓN DIRECTA SIN PRESENCIA DE OPERADORES EN EL INTERIOR (BIEN POR SU DIMENSIONAMIENTO O POR SU SEGURIDAD)

MODELO DE JUNTA INTERIOR DE REPARACIÓN POR MANGUITO AJUSTABLE POR EXPANSIÓN DE CILINDRO METÁLICO DE CORREDERA, SISTEMA TRASLADADO A TRAVÉS DE CARRO CON CCTV.

Los tres primeros, de instalación manual, se aplican en aquellas tuberías y colectores que tengan un dimensionamiento mínimo (paso de hombre: 600mm) para que puedan incorporarse los operadores con los materiales y poder ejecutar la instalación.

El sistema robotizado está ideado, precisamente, para que no tenga que entrar ningún operador, por lo que cubren también el rango por debajo de los 600mm (información detallada de este sistema en el anexo de Tecnologías sin zanja).

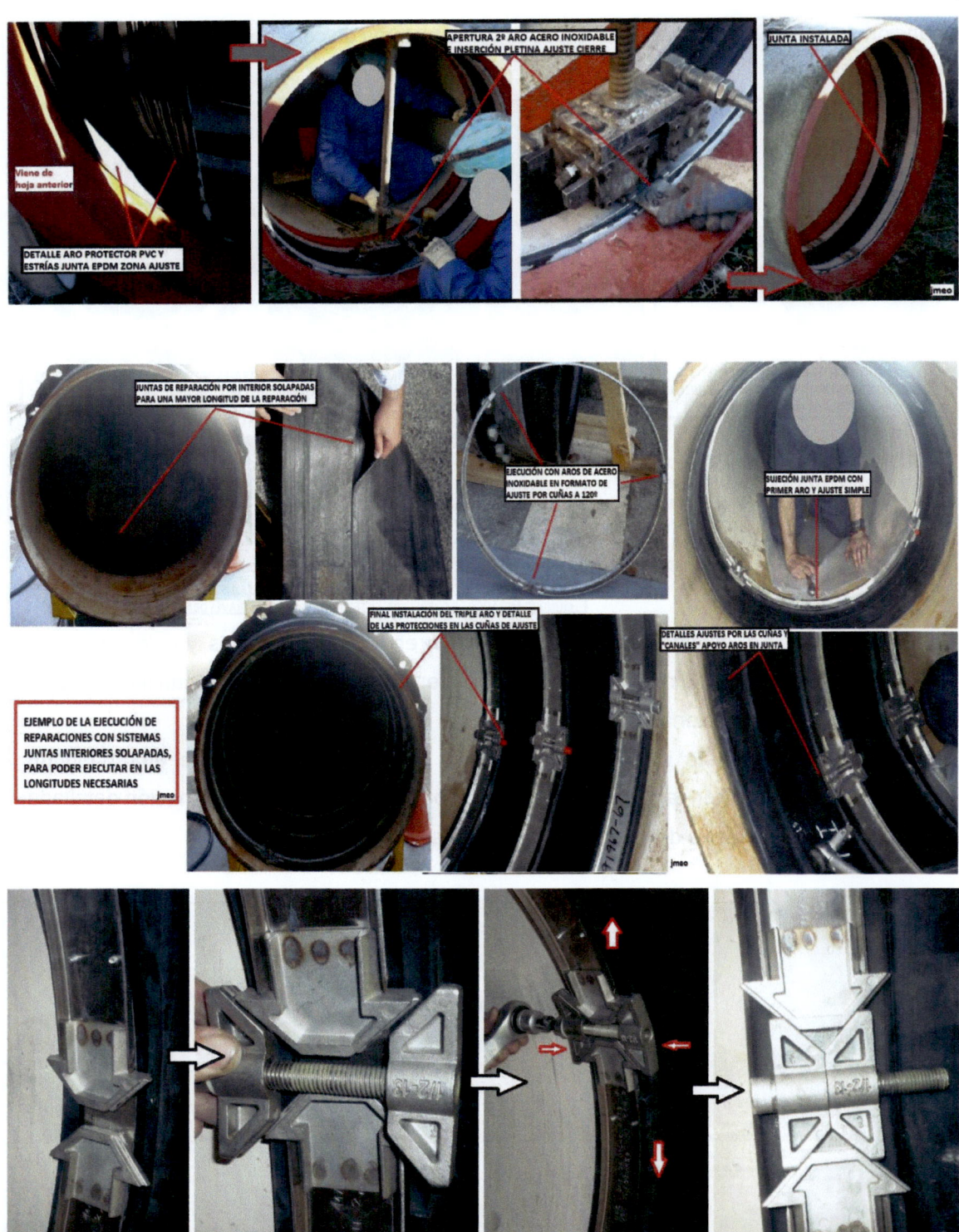

En el caso de las piezas de instalación manual, su límite de fabricación estándar está en torno a los 3.000mm, pudiendo fabricarse mayores bajo demanda, e incluso para formas especiales (ovoides, por ejemplo) y ángulos.

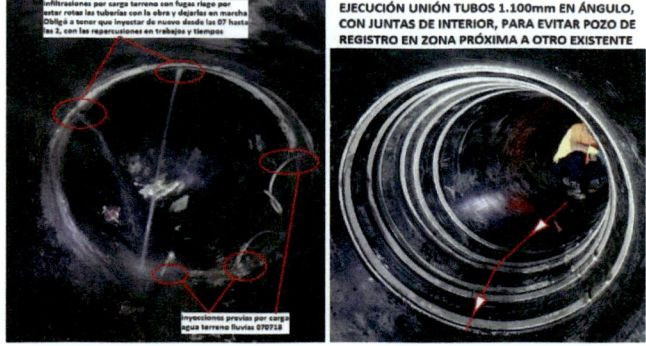

Sus anchuras de fabricación pueden ser variadas, encontrando en catálogos comerciales, valores como 260, 366 y 650 mm, si bien pueden conseguirse las longitudes de reparación necesarias a través de solapamientos continuos.

El uso principal de este sistema se llevará a cabo en todas aquellas circunstancias donde el acceso a la tubería desde el exterior sea complicado, no prudente, muy costoso, con afecciones a vías de tráfico, afecciones a puntos neurálgicos de una ciudad, etc. extremando las precauciones y garantizando todas las condiciones de prevención y seguridad del operador.

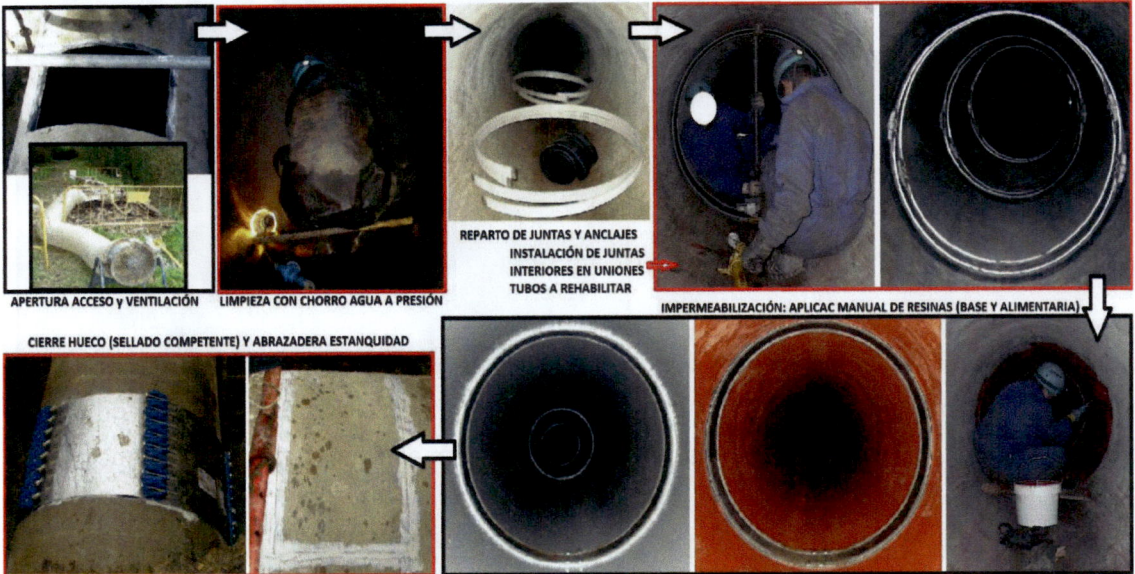

También son usadas para el solapamiento entre la tubería huésped y la nueva tubería creada por sistema CIPP (introducción, expansión y curado de una manga flexible contínua impregnada en resinas -de calidad alimentaria para el caso de agua potable-) para garantizar la estanquidad entre ambas tuberías.

Aunque, para esta función, existen piezas especiales suministradas de fábrica, estas, internamente, contemplan el mismo tipo de abrazaderas.

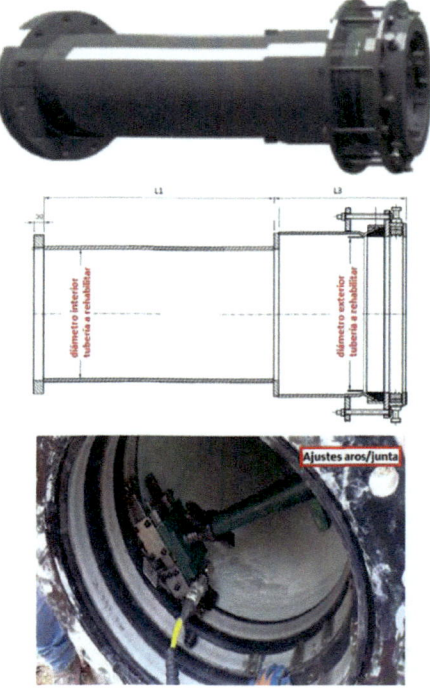

En tuberías como la fundición revestida interiormente y la de Hormigón con camisa de chapa, hay que tener en cuenta que se debe atacar la estanqueidad de la fisura del alma metálica, por lo que habrá que retirar previamente el encamisado interior de cemento en la anchura necesaria para la colocación efectiva de la junta (si se coloca sobre el cemento interior, no se asegura ninguna estanquidad, pues su función es la de crear un mejor coeficiente hidráulico de rozamiento y no la de presentar por sí mismo una estanquidad a la presión interior del agua). Por supuesto, en cualquier caso, la preparación y limpieza debe ser garantizada.

ABRAZADERAS DE REPARACION DE TIPO HIDRÁULICO

ABRAZADERAS DE REPARACIÓN DE TIPO HIDRÁULICO

Denominaremos así a aquellas abrazaderas que, presentando rango de tolerancias de aplicación/ajuste, al ser superpuestas a la zona de fuga **no realizan la obturación por contacto directo de su junta de caucho sobre la zona afectada, sino que realizan la estanquidad a ambos lados de la zona de la avería por presión de los labios laterales que dispone la junta.**

Es decir, la zona de la fuga sigue estando ahí, pero queda confinada en la anchura de la junta interior impidiendo la fuga de agua al exterior, por la compresión perimetral de sus labios.

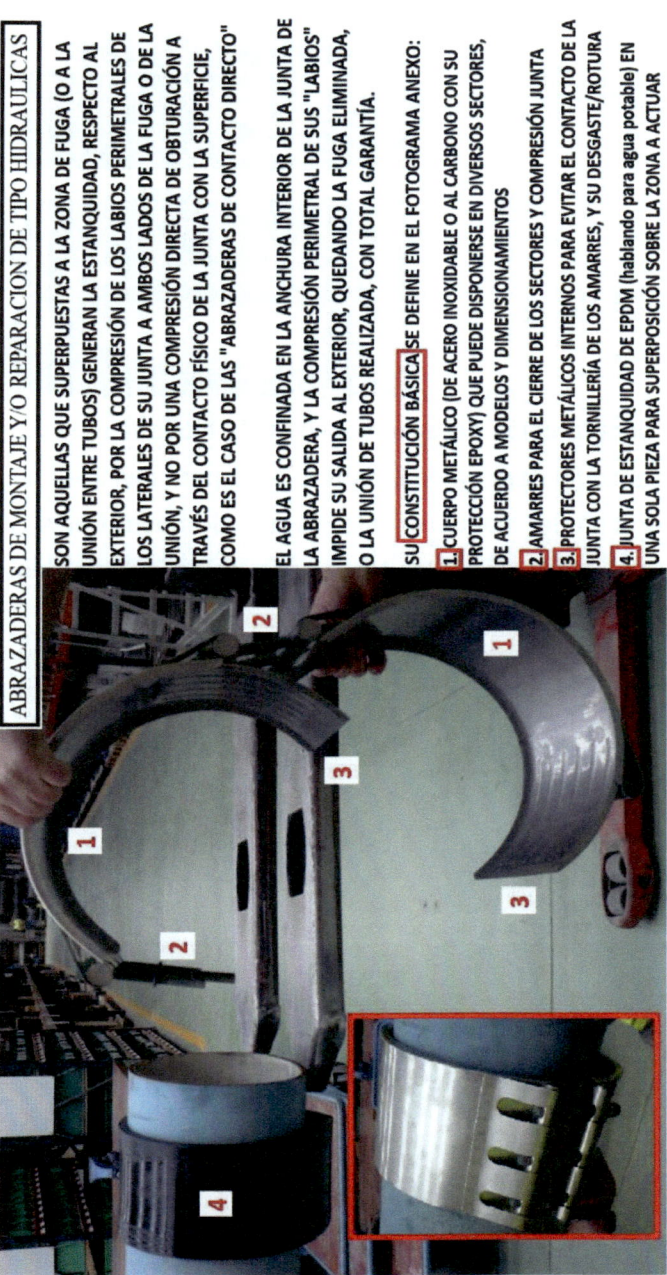

El diseño de esta junta hace que la propia presión hidráulica del agua apoye la presión de contacto del labio, asegurando la estanquidad, por lo que la presión que se ejerce sobre la junta de caucho está muy por debajo de su límite elástico. Por otra parte, si existiese un aumento de la presión interna de la tubería, se produciría paralelamente un incremento de la presión de contacto del labio sobre el tubo, lo que mejora sus condiciones de estanquidad en relación con las de contacto directo.

Sirve perfectamente para la unión de extremos lisos de tubos (con las consideraciones que haremos después), así como para obtener derivaciones para múltiples necesidades, pero su uso principal, en el ámbito del mantenimiento, será el de hacer frente a **reparaciones sin necesidad de cortar el tubo y acoplar las piezas correspondientes, con todo lo que supone en ahorro de costes y tiempos.**

Se constituye por una carcasa metálica (de acero inoxidable o acero al carbono con revestimiento) con sus correspondientes cierres de tornillería, que aloja interiormente la junta de caucho (E.P.D.M., N.B.R....).

Entre la carcasa y la tubería queda un hueco que permite la posible variación en volumen de la junta si se produjesen variaciones de temperatura, pero sobre todo permite pequeñas desviaciones angulares. La carcasa dispone de laterales conformados en la misma chapa (una misma pieza), para impedir el desplazamiento lateral de la junta.

La junta es de una sola pieza con los extremos preparados para la correspondiente inserción y ajuste.

Al estar constituida en acero, presenta unas altas condiciones de resistencia a la presión frente a un peso mínimo, lo cual las hace muy prácticas y adaptables a cualquier circunstancia de obra de reparación, en cualquier diámetro, con una economía muy sustancial en todos los conceptos.

EJEMPLO MUY SINGULAR DE LO QUE PUEDE SUPONER EL OPTAR A REPARACIONES CON ABRAZADERAS DE TIPO HIDRÁULICO

UTILIDAD DE LAS ABRAZADERAS DE REPARACIÓN DE TIPO HIDRÁULICO EN SITUACIONES COMPLICADAS, PARA NO EJECUTAR OBRAS DE GRAN COSTE: REPARACIÓN AVERÍA POR GRIETA PROVOCADA POR EL PESO DE ESTRUCTURA HORMIGONADA DE SERVICIOS APOYADA SOBRE LA TUBERÍA DN300FN DE SUMINISTRO DE AGUA. OBRA LIMITADA AL PICADO DEL HORMIGÓN HASTA DEJAR EL TUBO LIBRE EN EL ESPACIO NECESARIO, LIMPIEZA E INSTALACIÓN DE LA ABRAZADERA DE 2 SECTORES

Sus herrajes de cierre demuestran también una alta resistencia, como puede comprobarse en las pruebas en fábrica.

ABRAZADERAS TIPO HIDRÁULICO PRUEBAS FÁBRICA SOBRE TUBOS DE ACERO Y DE POLIETILENO

En este tipo de abrazaderas, se puede producir una progresiva acción de estanquidad sin necesidad de reapretar los tornillos de cierre. Esto hace que el par de apriete necesario de los tornillos sea muy inferior al de las abrazaderas de contacto directo, ya que en éstas la estanquidad se consigue comprimiendo al máximo posible la junta de caucho.

Existen comercialmente modelos de 1 a 3 sectores. Los de 1 sector están destinados a la aplicación como manguitos en montaje de tubos.

Si bien pueden ser usados en reparación, sin cortar el tubo, en aquellos modelos de laterales abiertos (ranurados) en la carcasa, que permiten su apertura para poder abrazar el tubo, pudiendo volver a su posición de origen con total garantía de estanquidad.

También se observan con sistemas incorporados para funcionar como amarres laterales sobre el tubo, de modo que presenten una oposición a posibles deslizamientos de la pieza.

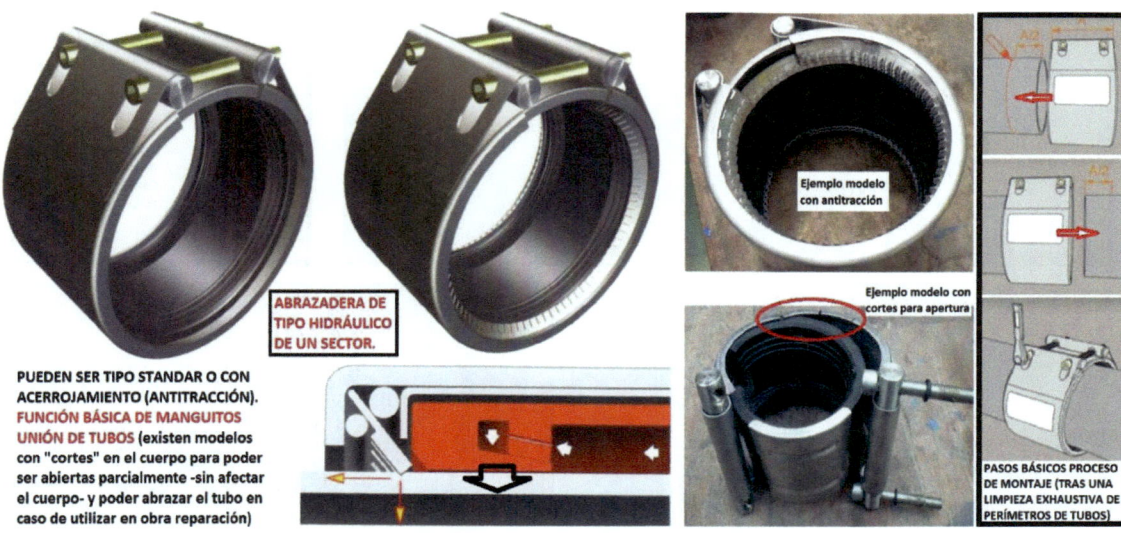

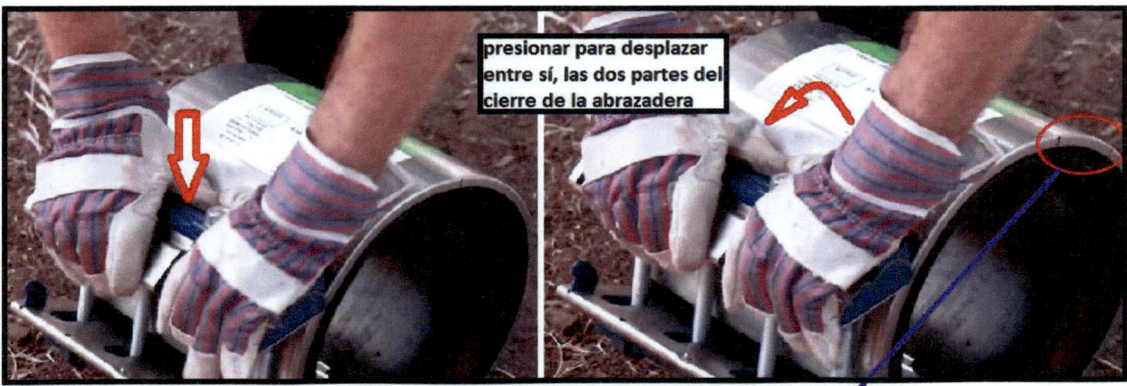

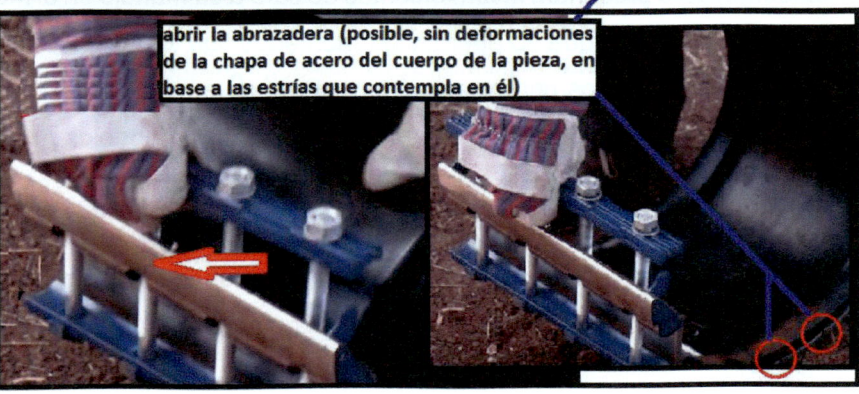

Los de 2 sectores son los más habituales de cara a las reparaciones,

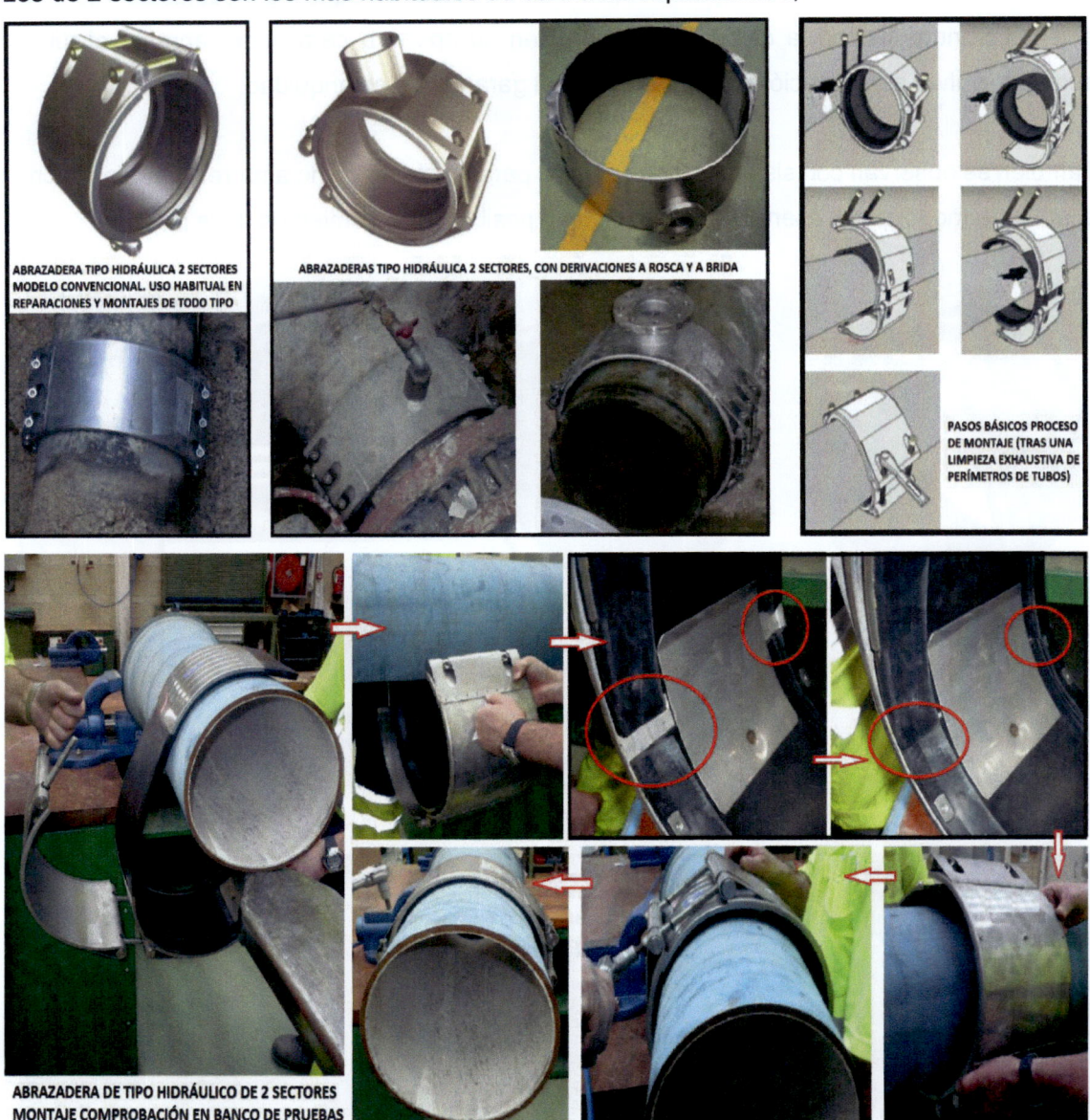

Los de 3 sectores tienen la ventaja de mejorar ostensiblemente el rango de tolerancia de las abrazaderas, pero presentan inconvenientes de cara a su manejo en el montaje de los sectores (lo cual no quiere decir que no puedan ser montados con total seguridad de estanquidad).

Existen también modelos con bisagra, de modo que, aunque son 2 sectores, solo se opera sobre un cierre (lo cual permite una rápida colocación), y modelos que llevan integradas las piezas de conexión a brida para las transiciones de montaje en nudos (que conllevan la posibilidad de unión de tubos), y, también, modelos con exteriores diferentes que superen los rangos normales de tolerancias a través de juntas fabricadas con distintos espesores (que permiten, hasta ciertos rangos -se observan en mercado indicaciones de diferencias de hasta

40mm-, ampliar las posibilidades, si bien, como veremos más adelante, existen piezas más idóneas, de suministro común en el mercado, para cubrir amplios rangos de diferencias)..

Son piezas de tolerancia al igual que las abrazaderas de contacto directo, es decir, admiten su montaje en un rango de diferencia de exteriores que pueden ir hasta los 20mm aproximadamente en las de 2 sectores e incluso más en las de 3 sectores, lo cual permite minimizar los stocks de piezas de cara a reparaciones (por ejemplo, una referencia 626 – 642, viene a indicarnos que la pieza asegurará la estanqueidad en cualquiera de los montajes que realicemos sobre tubos cuyo diámetro exterior está comprendido dentro de ese rango).

UNIÓN CON ABRAZADERA HIDRÁULICA TUBERÍA FIBROCEMENTO Exterior 548mm CON FUNDICIÓN NODULAR Exterior 532mm (16mm diferencia)

Al margen de las propias tolerancias en diámetros de ajuste, permiten cierto margen de tolerancias respecto a inclinaciones y desviaciones entre tubos.

DESGAJAMIENTO SOLDADURA A TOPE DE PE POR EJECUCIÓN EN ORIGEN SIN RESPETAR LA LINEALIDAD (SOLDADURA PROBABLEMENTE EJECUTADA SIN SOPORTES). REPARACIÓN DE MODO DIRECTO CON ABRAZADERA DE TIPO HIDRÁULICA, AL PERMITIR SALVAR ÁNGULO

Es necesario el observar todas las indicaciones que los fabricantes expresan en las etiquetas de producto, tanto para elegir adecuadamente la pieza (material, rango de tolerancia, presión de trabajo, etc.) como para todo lo relacionado con los desvíos admisibles, y para tener en cuenta los pares de apriete a la hora del montaje. Fundamental atender a la indicación de que la junta nunca se debe cortar.

Ref	ICZR 270-282 A2E19	Códigos fabricante materiales pieza
PT	19 bar	276 psi
Par de Apriete	25 Nm	18,4 lbf ft
Presión de prueba	28,5 bar	413,2 psi
Caucho		EPDM
Dia. ext. min / max	270/282 mm	10,6/11,1 inch
Desviación Angular		2°
Dif. máx entre Ø ext. concéntricos	5 mm	0,2 inch
Máx. desalineación	3 mm	0,12 inch
Ancho máx de rotura	100 mm	3,94 inch

⟹ NO CORTAR JUNTA DE GOMA

Respecto a su ancho nominal, responden a valores menores que los de las abrazaderas de contacto directo, pudiendo encontrarse en el mercado gamas desde 75 a 300mm (75-95-140-200-300). Hay que tener en cuenta que estos anchos corresponden a las carcasas exteriores y que su estanquidad operativa máxima se limitaría al espacio interior entre los labios de la junta de caucho (33, 45, 86, 140 y 230mm respectivamente) siendo la recomendación del fabricante un valor menor (de cara, objetivamente, a la seguridad de la estanquidad), que lleva a unas recomendaciones del ancho real de la posible reparación con reducciones ostensibles (por ejemplo, para la gama hasta 200, indican 20, 25, 50 y 100mm respectivamente), siendo ésta una de sus mayores limitaciones respecto al campo de aplicación en reparación de grietas y fisuras longitudinales.

Su gama de diámetros es muy amplia, con valores mínimos desde 48mm a valores por encima de los 3.000mm (en teoría no existiría más límite que los de la presión a soportar, respecto a la construcción de mayores diámetros, en función de las posibilidades de fabricación).

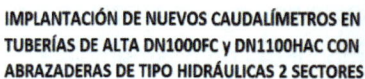

IMPLANTACIÓN DE NUEVOS CAUDALÍMETROS EN TUBERÍAS DE ALTA DN1000FC y DN1100HAC CON ABRAZADERAS DE TIPO HIDRÁULICAS 2 SECTORES

Se debe tener especial cuidado en la separación de los tubos que se pretenden unir, y seguir adecuadamente las recomendaciones del fabricante, ya que, al ser piezas de escasa anchura, se puede llegar a producir el desplazamiento de la junta hacia el interior de los tubos por efecto de succiones por depresión, pudiendo crear la pérdida de la estanqueidad de la junta.

Cuando la separación de los tubos sea mayor que la recomendada por el fabricante, se puede realizar siempre y cuando se coloque una banda interior de acero inoxidable previa, cuya función será precisamente, evitar la fuerza de succión sobre la junta de caucho.

De cara a una reparación, y para fisuras del tubo (parciales o totales), poros, agujeros francos, etc., **siempre que sus dimensiones entren dentro de las especificaciones de ancho real de reparación del fabricante para poder ser asegurada su estanquidad, este tipo de piezas presentan unas mejores condiciones de resolución efectiva en obra, de calidad de ejecución y de fiabilidad de la reparación, que las abrazaderas de contacto directo del mismo material,** por su propio sistema de estanquidad, por los rangos de tolerancia, por su permisividad para ciertos desvíos angulares y variaciones de diámetros exteriores a unir, etc.

Asimismo, presentan una mayor robustez y permiten aplicaciones como la unión de tubos, con total garantía frente a las otras (desaconsejadas para esta cuestión), teniendo en cuenta lo comentado anteriormente y el evitar que puedan existir posibles flexiones por pesos diferidos.

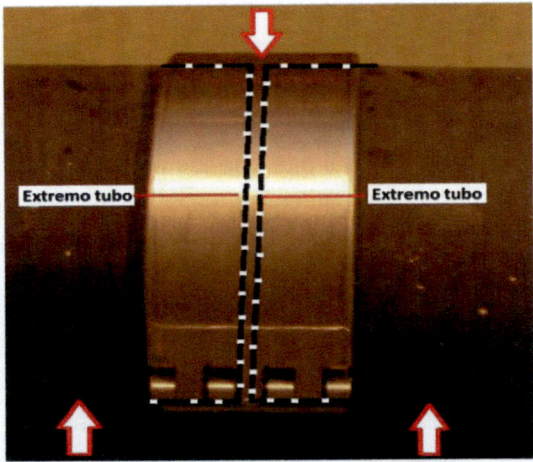

MUY IMPORTANTE TENER EN CUENTA LOS RELLENOS ADECUADOS Y RESISTENTES DE LA PARTE INFERIOR, PARA EVITAR QUE CARGAS SUPERIORES PUEDAN HACER FLEJAR EL SISTEMA DE LA UNIÓN

Teniendo en cuenta estas indicaciones, una ventaja añadida de este tipo de abrazaderas de corta longitud es que pueden servir, a la vez que de uniones, como juntas de desmontaje en los nudos e instalaciones, ahorrando unos costes importantes no solo en material y tiempo, sino en obra global por reducción de dimensiones frente a la colocación de los típicos carretes de desmontaje a bridas.

ABRAZADERAS TIPO HIDRÁULICO COMO JUNTAS DESMONTAJE

Además, existen modelos con derivaciones a rosca o a bridas, de cara a acometidas y otros tipos de derivaciones para elementos de control y protección, así como poder establecer interconexiones necesarias en infraestructuras ya existentes aprovechando mínimos espacios que puedan presentarse, eliminando operaciones de reforma con todos los costes y problemática que ello conlleva.

Por todo ello, su única desventaja respecto a las abrazaderas de contacto directo convencionales, residirá exclusivamente en su anchura de reparación (salvo por esta cuestión, preferentemente serán más aconsejables las abrazaderas de tipo hidráulico que las de contacto directo).

Su elección se basará, al igual que para las otras abrazaderas, en determinar el diámetro real exterior (las distintas formas ya se han visto en el apartado de las abrazaderas de contacto directo), para elegir aquella cuyo rango de tolerancia se adecue mejor (aquella donde el diámetro exterior real quede lo más centrado posible en el rango de tolerancia), determinar la anchura de la pieza en función de la dimensión de la zona de fuga, el tipo a usar (1 sector ranurado, 2 sectores, 3 sectores, con anclaje...), el material y presión de trabajo.

Respecto a su instalación, se seguirán básicamente las premisas indicadas para las abrazaderas de contacto, respecto a la limpieza exhaustiva de la zona a intervenir, marcaje del punto medio para que la abrazadera quede perfectamente centrada, apriete según el par indicado por el fabricante siguiendo el criterio de realizarlo desde el centro hacia los exteriores y llevando el apriete de forma paralela y gradual en todos los sectores de la pieza para que queden igualmente distanciados y se asegure un apriete perimetral uniforme. Asimismo, respecto a protecciones de la pieza si fuese el caso, condiciones de rellenos y verificaciones de trabajos a flexión.

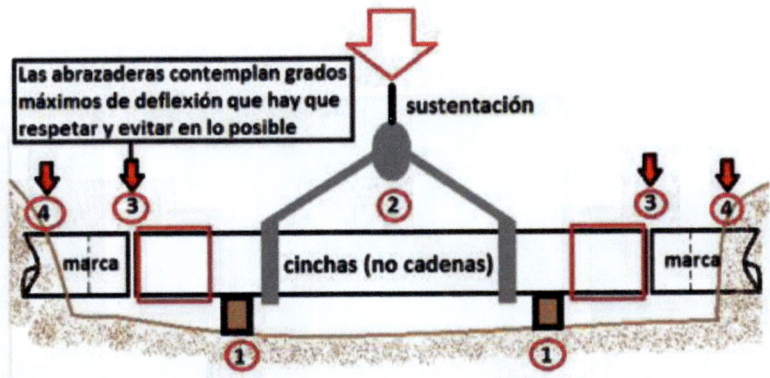

Las abrazaderas contemplan grados máximos de deflexión que hay que respetar y evitar en lo posible

sustentación

marca · cinchas (no cadenas) · marca

(1) apoyos para, al soltar las cinchas (2) una vez acabado el montaje, evitar el peso sobre las zonas de unión de las abrazaderas (3) y sobre las zonas consolidadas de la tubería a reparar, con el terreno (4). Mientras se hace el relleno/compactación adecuada, se pueden generar fugas en las abrazaderas y/o fracturas de la tubería

A estas indicaciones generales se añadirán las de no cortar las juntas bajo ningún concepto, y cuidar de colocar adecuadamente las chapas de protección entre la junta y el cierre de cada sector para proteger la junta (actualmente, estas protecciones suelen venir solidarizadas para evitar que se caigan en las operaciones de montaje en obra y puedan quedarse sin colocar, llevando a que la junta se expanda hacia el exterior, con el empuje de la presión del agua, rozando con la tornillería de los cierres hasta provocar su rotura y consiguiente avería).

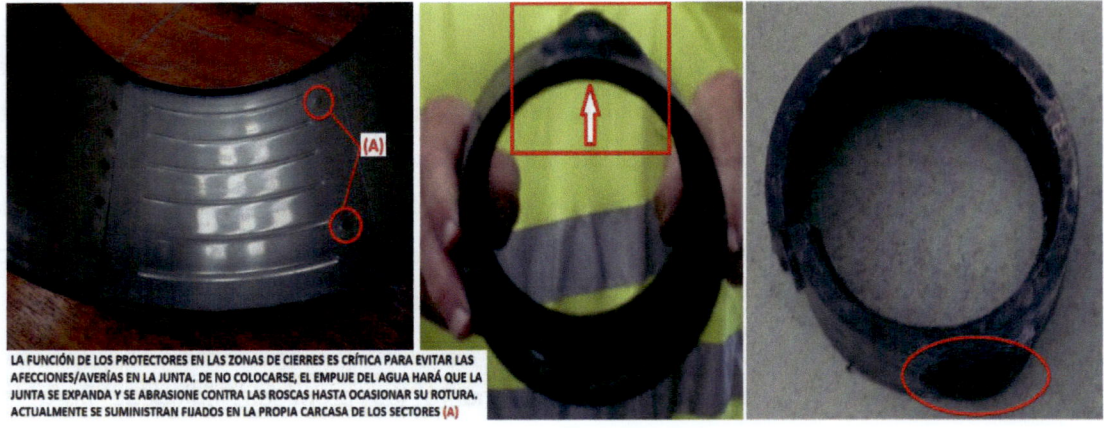

LA FUNCIÓN DE LOS PROTECTORES EN LAS ZONAS DE CIERRES ES CRÍTICA PARA EVITAR LAS AFECCIONES/AVERÍAS EN LA JUNTA. DE NO COLOCARSE, EL EMPUJE DEL AGUA HARÁ QUE LA JUNTA SE EXPANDA Y SE ABRASIONE CONTRA LAS ROSCAS HASTA OCASIONAR SU ROTURA. ACTUALMENTE SE SUMINISTRAN FIJADOS EN LA PROPIA CARCASA DE LOS SECTORES (A)

En definitiva, una pieza muy útil para hacer frente a averías en cualquier tipo de material con costes muy reducidos respecto a ejecuciones convencionales de intervención en los propios tubos, nudos e instalaciones varias.

REPARACIÓN FUGA POR CORROSIÓN EN TUBO DN400FN CON ABRAZADERA DE TIPO HIDRÁULICO DE 2 SECTORES (CONVENIENTE VERIFICAR EL ESTADO GENERAL DEL TUBO POR SI SE OBSERVASEN OTRAS CORROSIONES INCIPIENTES DE CARA A SUSTITUCIÓN)

ROTURA DE UNIÓN TIPO GIBAULT EN TUBERÍA DN600FC REPARACIÓN ELIMINÁNDOLA DIRECTAMENTE Y SUSTITUYÉNDOLA POR UNA ABRAZADERA DE TIPO HIDRÁULICO DE 2 SECTORES

SUSTITUCIÓN DE UNIONES DE TIPO GIBAULT SIN NECESIDAD DE DESMONTAR EL CONJUNTO (RETIRADA DE LAS UNIONES CORTÁNDOLAS Y COLOCACIÓN DIRECTA DE LAS ABRAZADERAS DE TIPO HIDRÁULICO CORRESPONDIENTES

REPARACIÓN EN TUBERÍA DN1400PRFV POR AVERÍA DEBIDA
A PERFORACIÓN COMPLETA CON UN TALADRO DE SONDEO

POR PRESENCIA CONSTANTE DE AGUA EN LA TUBERÍA, SE
LE COLOCAN TAPONES OBTURADORES (A) PARA REDUCIR
AL MÁXIMO LA SALIDA, Y SE EJECUTA LA REPARACIÓN
CON ABRAZADERA DE TIPO HIDRÁULICO DE 2 SECTORES

Y también en situaciones de intervención en los propios tubos, para unir los tramos cambiados en cualquier situación y, sobre todo, en aquellas condiciones de obra donde la reducción de pesos de cargas para traslados y montajes repercute en el factor de seguridad para los operadores.

corte tubería

Sustitución tubería 600FC con calderería y abrazaderas tipo hidráulicas

SUSTITUCIÓN CODO ROTO, EN TUBERÍA FIBROCEMENTO 400, MEDIANTE PIEZA A MEDIDA Y UNIÓN CON ABRAZADERAS DE TIPO HIDRÁULICO

anclaje dejando libres las uniones

Vendaje sobre el acero inox. para separarlo del hormigón

SISTEMAS DE PIEZAS DE UNION DE TIPO MULTIDIAMETRO

SISTEMAS DE PIEZAS DE UNION TIPO MULTIDIAMETRO

Denominaremos así a aquellas piezas que permiten la unión de tubos con una diferencia de diámetros exteriores ostensible (por encima normalmente de los valores de las piezas convencionales de tolerancia como las abrazaderas de tipo hidráulico). Se les suele denominar "universales".

Por lo tanto, son piezas que nos van a permitir poder absorber, para su unión, las diferencias de dimensiones entre tubos del mismo o distinto diámetro interior, sean del mismo o distinto material, pero con diferencias respecto a sus exteriores (siendo el caso más crítico el de las tuberías de fibrocemento, por su característica de ganar hacia el exterior el espesor necesario para soportar la presión de diseño).

EVOLUCIÓN DE LOS SISTEMAS DE UNIÓN DE TUBERÍAS FC EXISTENTES A NUEVAS TUBERÍAS CON DIÁMETROS EXTERIORES NOTABLEMENTE INFERIORES PARA LOS MISMOS INTERIORES (PASO HIDRÁULICO): DESDE LA NECESIDAD DE UTILIZACIÓN DE PIEZAS DE CALDERERÍA ESPECÍFICAS PARA CONSEGUIR LA DIFERENCIA DE EXTERIORES, HASTA LA EJECUCIÓN POR PIEZAS DE GRAN TOLERANCIA CON EVOLUCIÓN DE LOS SISTEMAS DE APRIETE PARA CONSEGUIR AJUSTES MÁS ADECUADOS (SIN TENSIONES) EVITANDO PROBLEMAS DE ESTANQUIDAD O TRACCIONES NETAS

El estudio de las necesidades y las elecciones oportunas, nos llevarán a reducciones de stocks para las intervenciones en los distintos tipos de tubería de nuestro ámbito, a evitar las operaciones de rebaje de tubos de fibrocemento para los casos de ensamblajes cuando hemos tenido que realizar cortes en averías u otras operaciones de mantenimiento (evitando así su manipulación y sus riesgos) y, sobre todo, poder realizar la sustitución de tubos dañados de fibrocemento por otros de distinto material (ya que los de fibrocemento ya se habrán tenido que eliminar completamente de los stocks por la necesaria prohibición establecida).

Dado que, además, contemplan sistemas autoblocantes en sus distintas variantes, nos permitirá la unión de todo tipo diferente de materiales plásticos con no plásticos, eligiendo adecuadamente el material autoblocante respecto al material de las tuberías.

Respecto a conseguir la estanquidad, su fundamento básico consiste en aprovechar la diferencia de "alturas" que podemos obtener de sus juntas de estanqueidad, las cuales podrían clasificarse de modo orientativo así:

a) <u>Junta estriada de tipo cuña</u>: La tolerancia viene dada en base a aprovechar la diferencia de espesor de la junta en forma de cuña. En función del exterior del tubo donde se va a acoplar, al realizar la operación de apriete de la contrabrida, la junta-cuña penetrará adaptándose al perímetro del tubo.

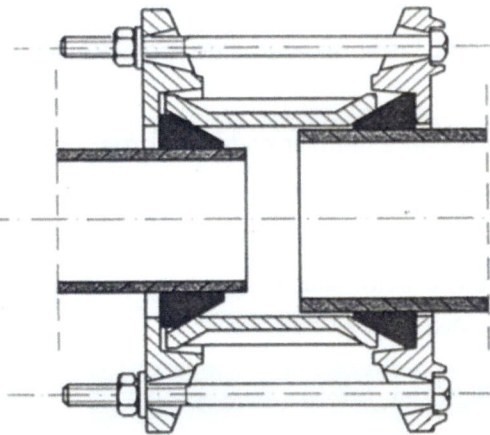

b) <u>Junta circular</u>: Podríamos indicar 2 tipos de modelos diferentes. Por un lado, aquellas en que la junta lleva insertado en todo su perímetro un muelle que se reducirá en su dimensión circunferencial en la medida que se comprima en función del exterior del tubo, dando así la tolerancia y asegurando la estanqueidad a través de la compresión del elastómero contra el tubo y el receptáculo del cuerpo de la pieza. Por otro lado, aquellas en que la junta circular es doble pero unidas, de modo que al apretar la contrabrida, una de ellas se ajusta a la parte superior del tubo y la otra a la parte inferior del cuerpo de la pieza, asegurando así la estanqueidad, la cual queda reforzada por la propia presión del fluido por conceptos similares a como se verificaban en las abrazaderas de tipo hidráulico.

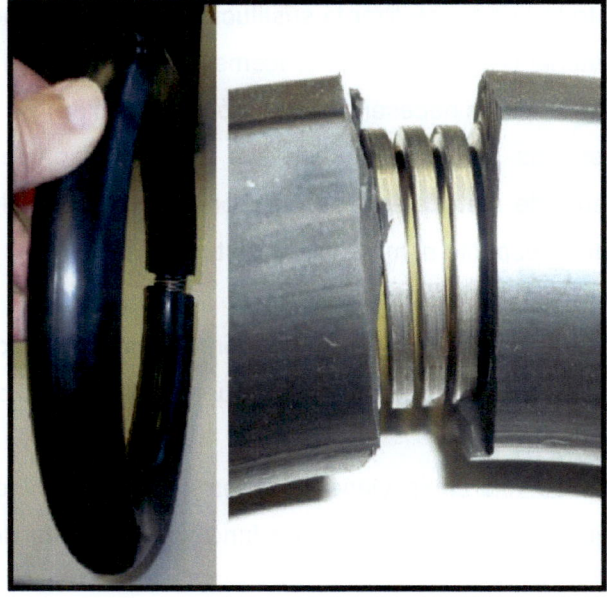

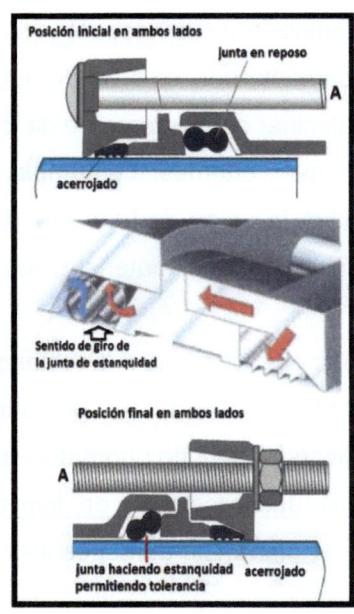

c) <u>Junta tipo fuelle</u>: Consistente en un conjunto de elementos que interactúan como un solo cuerpo con el accionamiento de las tornillerías de las contrabridas, ajustándose al perímetro exterior del tubo hasta conseguir la estanquidad plena.

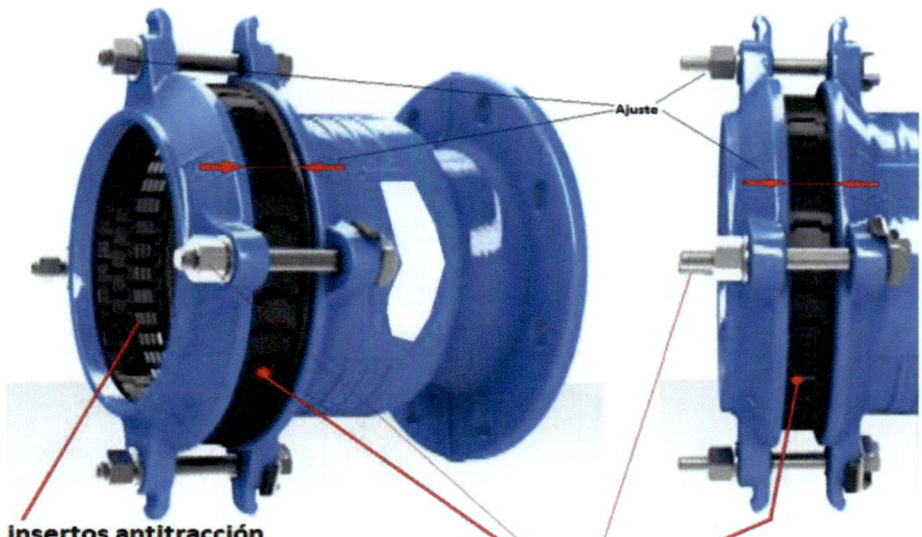

insertos antitracción

junta conformada por elementos independientes que se comportan como un "fuelle" ante el apriete, ajustándose, en conjunto, perimetralmente al tubo

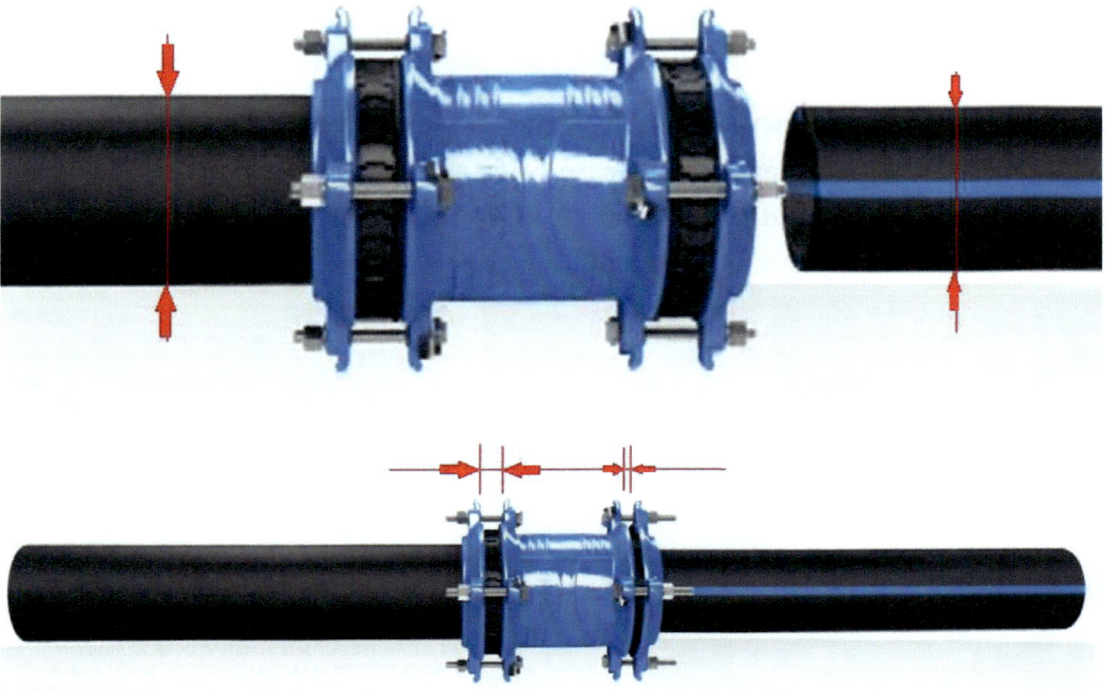

Respecto a disponer de juntas antitracción que se opongan a los desplazamientos de las piezas, por efecto de empujes por la presión interior del agua, existen en formatos y materiales variados. Consisten en elementos abiertos que presentan irregularidades (estrías, resaltes, etc.) para que, con el apriete de ajuste se "agarren" al perímetro del tubo, ejerciendo resistencia ante cualquier movimiento.

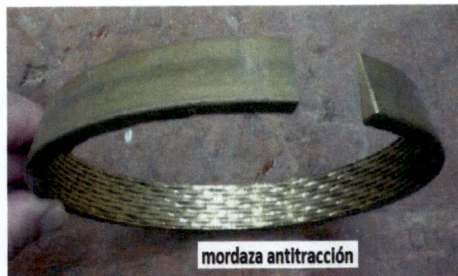
mordaza antitracción

huella de la mordaza

En ningún caso se debe pensar que estos "agarres" pueden servir para aguantar cualquier presión por sí solos (por ejemplo, en el caso de un cierre en un extremo de la tubería, nos puede servir para reducir el dimensionamiento de un contrarresto, pero, en ningún caso, como contrarresto exclusivo, ya que el empuje del agua puede terminar por desplazarlo).

EN EL MERCADO EXISTE UNA MULTIPLICIDAD DE PIEZAS DE CONEXIÓN CON SISTEMA DE ACERROJAMIENTO, YA INTEGRADOS EN LAS PROPIAS JUNTAS O POR SEPARADO. DEBEN TENERSE EN CUENTA LAS SOLICITACIONES QUE SE VAN A DAR, (SE PUEDEN GENERAR DESPLAZAMIENTOS), ASÍ COMO EL TIPO DE MATERIAL SOBRE EL QUE SE VAN A INSTALAR, PUES DEPENDIENDO DE ÉL HABRÁ QUE OPTAR A "AGARRES" DE TIPO METÁLICO O ELASTOMÉRICO. POR EJEMPLO, PARA TUBERÍAS DE TIPO PLÁSTICO UN AGARRE METÁLICO POSIBILITARÁ EL CIZALLAMIENTO DEL MATERIAL

Por ello, hay que tener en cuenta el empuje interno al que va a quedar sometida la pieza que hemos elegido, y vamos a colocar, para prever los refuerzos necesarios si la pieza en sí (acerrojada o no) no lo va a poder contrarrestar, Las situaciones más "vulnerables" se registrarán en los fondos de saco (final de tubería), en la situación de válvula cerrada que esté unida con acoplamientos que puedan tener margen de desplazamiento y no se hayan construido los anclajes correspondientes, y en las piezas para grandes cambios de diámetros interiores (en nuestro caso, como veremos, las "uniones reducidas universales".

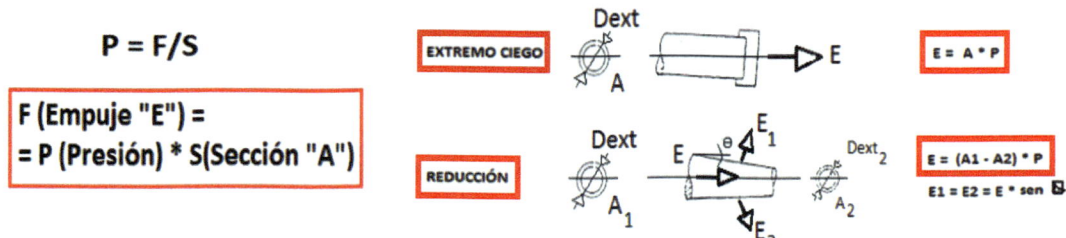

$$P = F/S$$

F (Empuje "E") =
= P (Presión) * S(Sección "A")

EXTREMO CIEGO

$$E = A * P$$

REDUCCIÓN

$$E = (A_1 - A_2) * P$$
$$E_1 = E_2 = E * \operatorname{sen} \theta$$

Los sistemas de anclaje propios de estas piezas pueden presentarse en su exterior, aunque normalmente se verifican dentro de ella. En ningún caso condicionan la función de la junta de estanquidad.

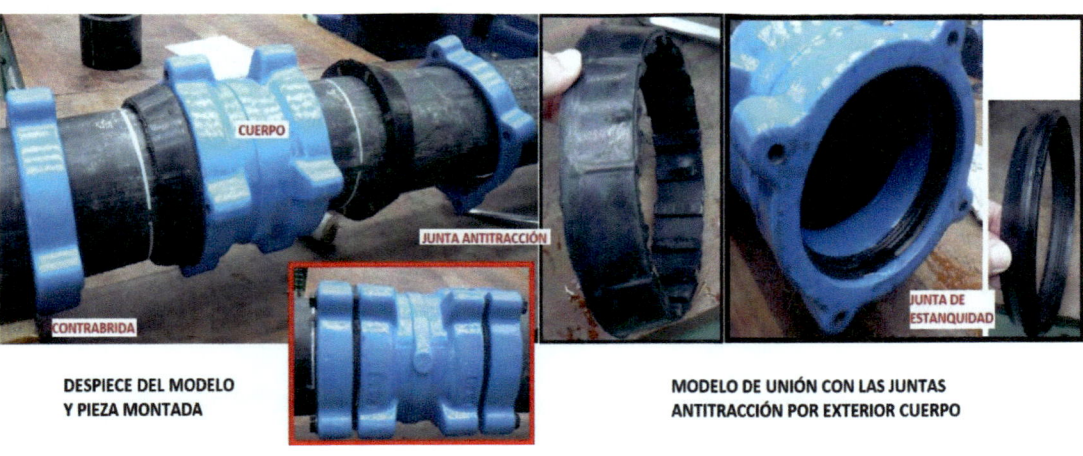

DESPIECE DEL MODELO
Y PIEZA MONTADA

MODELO DE UNIÓN CON LAS JUNTAS
ANTITRACCIÓN POR EXTERIOR CUERPO

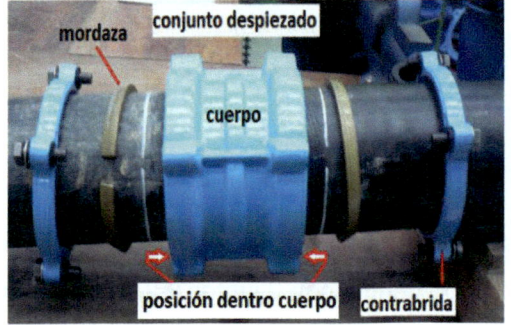

Dado que son sistemas de compresión, habrá que tener especial cuidado en las tareas de apriete respetando las indicaciones del par que indique el fabricante y ejecutándolo acorde con un desplazamiento homogéneo perimetral (ajuste sucesivo y alternativo de la tornillería como en cualquier tipo de ajuste de cualquier tipo de pieza) para evitar roturas, teniendo en cuenta el extremar las precauciones según el tipo de tubo por riesgo de posibles roturas (por ejemplo, en fibrocementos de poco espesor) como, según sea el tipo de apriete de la pieza, para evitar su posible desplazamiento o desenchufado del otro extremo (al realizar el apriete, estamos creando una fuerza de tracción).

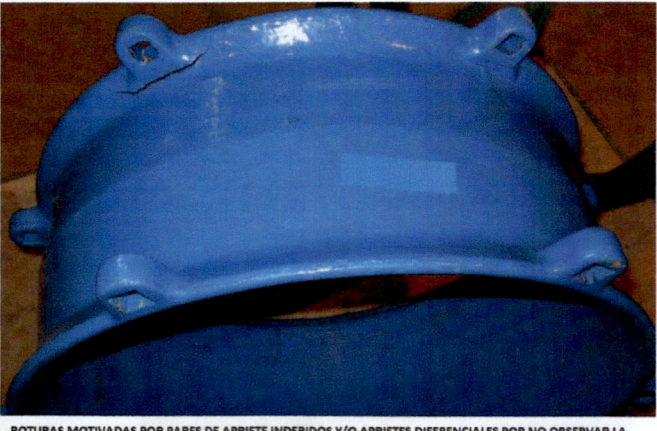

ROTURAS MOTIVADAS POR PARES DE APRIETE INDEBIDOS Y/O APRIETES DIFERENCIALES POR NO OBSERVAR LA BUENA PRÁCTICA DE AJUSTE HOMOGÉNEO (NO SE OBSERVA POSIBILIDAD DE DEFECTO EN LA PROPIA FUNDICIÓN)

Los tipos de piezas que componen la gama son:

a) <u>Uniones universales:</u>   Corresponden al concepto de pieza tipo manguito, es decir, un cuerpo central con 2 juntas y 2 contrabridas para ajuste de las juntas de estanqueidad entre el extremo de los tubos a unir y el cuerpo central de la pieza.

b) Bridas universales:

Corresponden al concepto de pieza tipo brida-enchufe, teniendo en un extremo la junta y contrabrida y en el otro la brida, de cara a unir un tubo con un elemento embridado (válvula, etc.)

c) Uniones reducidas universales:

Corresponden al concepto de una pieza de reducción enchufe-enchufe, es decir, un cuerpo central con los extremos de distinta dimensión, y sus correspondientes juntas y contrabridas, para la unión de tubos de distinto diámetro exterior.

La diferencia con las piezas estándar estriba en la gran tolerancia que presentan para poder unir diámetros exteriores diferentes, y entre iguales o distintos tipos de tubos, tal y como veremos a continuación, lo que las hace unas piezas muy versátiles de cara al mantenimiento.

El ajuste de las piezas se presenta con 2 sistemas diferenciados:

a) de apriete único

Las dos contrabridas de las piezas están unidas entre sí a través de un solo tornillo (tirante) en todos sus puntos de amarre, de modo que al realizar la operación de apriete, la acción se ejerce simultáneamente en ambos lados de la pieza.

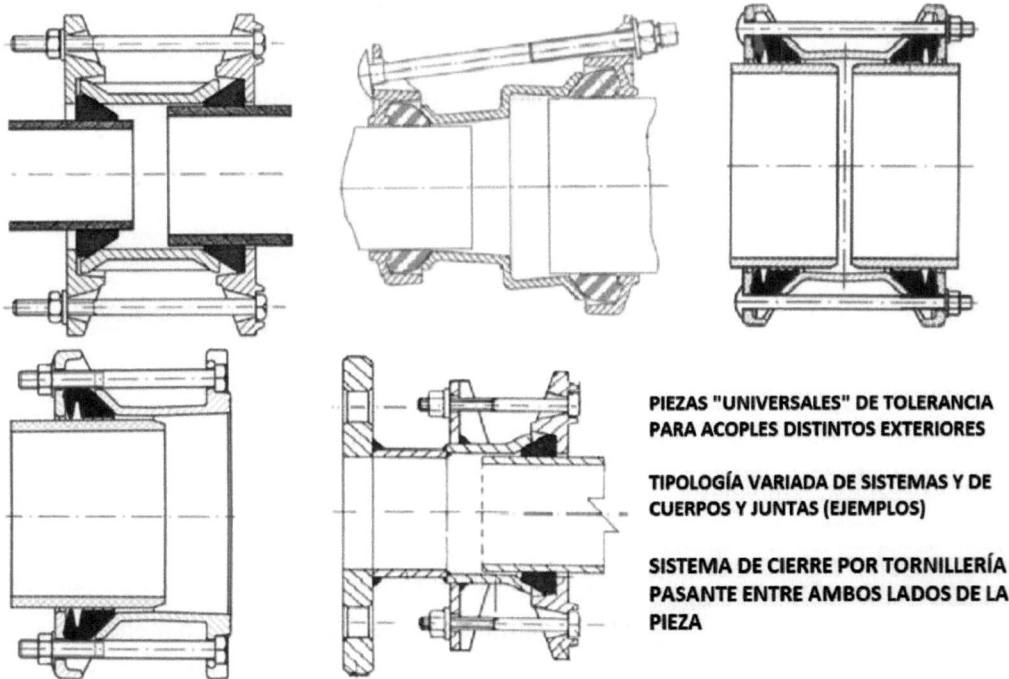

PIEZAS "UNIVERSALES" DE TOLERANCIA PARA ACOPLES DISTINTOS EXTERIORES

TIPOLOGÍA VARIADA DE SISTEMAS Y DE CUERPOS Y JUNTAS (EJEMPLOS)

SISTEMA DE CIERRE POR TORNILLERÍA PASANTE ENTRE AMBOS LADOS DE LA PIEZA

Por lo que se ha podido observar en las documentaciones, su rango de fabricación está sobre el límite de los 500mm. aproximadamente, presentando tolerancias de ajuste entre 13 y 27mm en la mayor parte de ese rango (33 y 35mm en los valores próximos a 500mm).

En el tipo de las uniones reducidas universales, la diferencia máxima entre exteriores de tubos que pueden llegar a unir se sitúa en torno a los 100mm. En la escala de diámetros, de menor a mayor, puede observarse en algunos catálogos comerciales que las diferencias van sucesivamente sobre 45, 70 y 100mm.

MANGUITOS TIPO UNIVERSALES DE TIRANTE ÚNICO

DESPIECE (1)

PREMONTAJE (2) Y MONTAJE FINAL (3) EN OBRA AVERÍA

EJEMPLO OBRA EN DESVÍOS (4)

Nuevo tramo de tubo FN DN500 sustitución zona avería FG DN450

Conexión DN350FG a tub desvío DN400FN

Conexión DN600HAC a tub desvío DN600FN

NUEVAS INSTALACIONES Y/O DESVÍOS EN FN CON CONEXIONES A FC EXISTENTE CON BRIDAS UNIVERSALES DE APRIETE DE CONTRABRIDA POR TIRANTE DIRECTO

b) de apriete diferenciado:

Cada contrabrida lleva sus tornillos de modo independiente, por lo que ambos lados se ajustan por separado.

Por lo que se ha podido observar en las documentaciones, su rango de fabricación está sobre el límite de los 850mm aproximadamente, presentando tolerancias de ajuste entre 35 y 40mm.

En el tipo de las uniones reducidas universales, la diferencia máxima entre exteriores de tubos que pueden llegar a unir, puede situarse en torno a los 200mm (incluso por encima). En la escala de diámetros, de menor a mayor, puede observarse en algunos catálogos comerciales que las diferencias van sucesivamente sobre 90, 150 y 200mm.

PIEZAS "UNIVERSALES" DE TOLERANCIA PARA ADAPTACIÓN A /CON DISTINTOS DIÁMETROS EXTERIORES, CON SISTEMAS DE APRIETE DIFERENCIADO (A AMBOS LADOS DE MODO INDEPENDIENTE O EN LA ZONA EXCLUSIVA DE LA CONEXIÓN EN LOS SISTEMAS TIPO BE), CON DISTINTOS FORMATOS DE JUNTAS, TANTO POR FUNCIONAMIENTO COMO POR CONTEMPLAR, O NO, SISTEMAS DE ACERROJADO

APLICACIÓN EN OBRA REAL DE UNIONES DE TIPO UNIVERSAL ELEGIDAS EN FUNCIÓN DE LOS EXTERIORES DE CADA TIPO DE TUBO EXISTENTE Y EL TUBO DE REPARACIÓN O ENSAMBLAJE

EJEMPLOS OBRAS REALES CON PIEZAS UNIVERSALES DE TIPO BRIDA ENCHUFE

En líneas generales puede observarse como las piezas con sistema de apriete diferenciado presentan una mayor versatilidad en la mayoría de los aspectos, respecto a las de apriete único: cubren una gama de exteriores mucho más amplia (mayor rango de aplicación), sus tolerancias individuales de ajuste son mucho mayores (minimización de stocks) y su rango para unión de tubos de diferente diámetro exterior y/o diferente tipo contempla valores superiores, prácticamente, al doble (gran posibilidad de acoplamientos con menos stocks, etc.).

A estas ventajas hay que añadir que permiten desviaciones en montaje en cualquier dirección (en algunos casos se indican hasta 10º y, aunque se tengan menores, se pueden incrementar con el montaje de piezas en continuo). También, que presentan la gama de autoblocantes (empleo en tuberías de tipo plástico o en cualquier circunstancia que pueda generar movimientos axiales), que no pueden ser contemplados en las piezas de apriete único, lo cual lleva a una mayor versatilidad en la puesta en obra.

Por otra parte, al constituir los ajustes independientemente, no se produce un exceso de tracción sobre el propio tubo, motivada en las de apriete único por el hecho de que a pesar de estar el sistema ajustado en el lado donde está el mayor diámetro exterior, tenemos que seguir apretando para conseguir el ajuste en el de menor exterior, lo que lleva (al ser de tirante único) a forzar sobre el extremo mayor y, por lo tanto, a traccionar literalmente sobre el tubo, pudiendo provocar (al margen de una rotura según el tipo de tubo y espesor) el "desenchufado" del tubo en su otro extremo, o no poder realizar estanquidad obligada.

En definitiva, la única ventaja que pueden presentar las piezas de apriete único frente a las de apriete diferenciado, reside en su menor peso, y, por lo tanto, su mejor manejo en obra y su menor coste (que es el factor que normalmente puede decantar la elección, y no debiera ser así sin valorar los problemas que puede crear frente a las ventajas de la de apriete diferenciado).

Por supuesto, al margen de todas las indicaciones para el montaje, es ineludible, sea cual sea la pieza elegida, una limpieza metódica y exhaustiva, no solo de la zona donde finalmente va a quedar colocada, sino de las longitudes necesarias, a ambos lados, donde vamos a dejar las componentes sueltas antes de unirlas. Especial cuidado, también, con la limpieza de los alojamientos internos y las propias juntas de estanquidad. No seguir estas pautas llevará a tener falta de estanquidad una vez puesta en carga la tubería, y a tener que volver a vaciar, desmontar y solucionar el problema, para poder volver a instalar con garantías y cargar nuevamente la tubería. Costes y tiempos elevados por no invertir un mínimo tiempo previo.

Para la elección correcta de la pieza a utilizar, habrá que realizar la medición exacta de los diámetros exteriores de los tubos donde se vaya a colocar, eligiendo aquella <u>cuya tolerancia integre el diámetro exterior tomado, en la zona más próxima a su punto medio</u> (criterio idéntico al aportado en todas las piezas de "tolerancia").

Así tendremos, por ejemplo:

a) Tubo de Diámetro exterior de 257mm

      piezas posibles ⌐ 1) 250 – 265

                     ⌊ 2) 256 - 272

      * La más indicada sería la 1) 250 – 265, ya que en la 2), estaría muy próximo al extremo del rango (lo cual no quiere decir que no haga la estanquidad perfectamente, pero vamos del lado de la seguridad ante cualquier circunstancia).

b) Tenemos una unión universal con rango de tolerancia de 235 – 275

    Podremos unir con esta pieza tuberías de diferente diámetro exterior, siempre y cuando los 2 tubos a unir tengan sus diámetros exteriores dentro del rango de la tolerancia.

    Si no es así, se tienen que emplear las "uniones reducidas universales", eligiendo aquella que:

    -   contemple cada extremo con una tolerancia válida para cada uno de los tubos.

    -   A ser posible y dentro de cada uno de los extremos, que integre el diámetro exterior del tubo correspondiente lo más próximo al punto medio de su tolerancia.

Tomando datos de un catálogo comercial, vamos a poner un ejemplo práctico para el caso de una rotura en una tubería de fibrocemento que, obviamente, tendremos que sustituir por otro tipo de material (por ejemplo, con fundición nodular):

Imaginemos que hemos tenido una rotura en un tubo de DN600 de fibrocemento clase E (720mm de exterior). Cortamos el trozo de tubo dañado y podríamos elegir, para sustituirlo, entre las siguientes opciones:

1.- Colocar un tubo DN600 de Fundición nodular (635mm. de exterior) con 2 uniones reducidas universales de apriete diferenciado de rango (610/645)– (710/745) que abarca en su rango, por un lado, uno de los diámetros exteriores (635mm) y, por el otro lado, el otro (720mm).

2.- Colocar un tubo DN700 de Fundición nodular (738mm de exterior) con 2 uniones reducidas universales de apriete diferenciado de rango 710–745, que abarca en su rango de tolerancia ambos diámetros exteriores (720 y 738).

Como se puede ver, el rango de aplicaciones y soluciones es amplio, lo que permite el empleo de diferentes tipos de tuberías por cualquier necesidad.

Cuando los diámetros exteriores a unir puedan ser asimilados por distintos tipos de piezas (uniones hidráulicas o uniones universales, por ejemplo) la elección de uno u otro tipo vendrá dada por factores económicos, disposición de pesos en zanjas y operatividad en montaje, separación entre tubos, carga de peso sobre los extremos de la tubería, etc.

Normalmente, para tolerancias similares, la unión de tipo hidráulico puede ser más competitiva y con mejor resolución en obra por el factor de peso de la pieza.

Acople nuevo nudo en tubería 600FC, con conos BL de calderería para igualar exteriores y unión con abrazaderas de tipo hidráulico

Acople nuevo nudo en tubería 400FC con brida universal simple y placa reducción

Por supuesto, si se trata de unir tubería estándar del mismo diámetro, se emplearán las piezas standard de esa tubería antes que las piezas universales, por factores económicos.

Siendo de diferente diámetro, no tiene sentido emplear una doble pieza si se puede usar directamente una pieza de tipo universal.

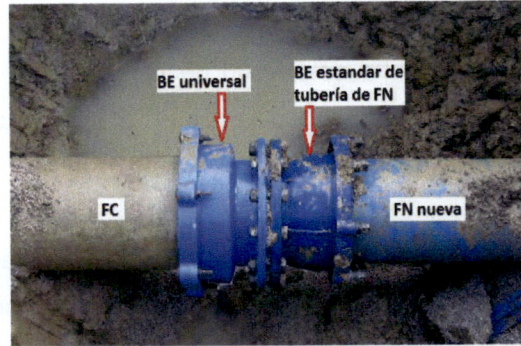
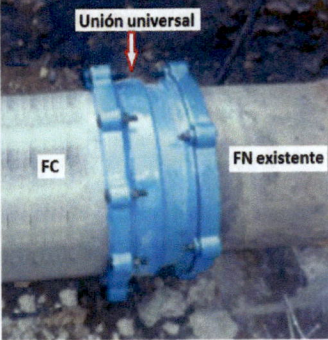

EJEMPLO DE LA VENTAJA DE UTILIZAR UNIONES UNIVERSALES, ELEGIDAS PARA LAS TOLERANCIAS DE CADA TIPO DE TUBO, PARA REDUCIR EL NÚMERO DE PIEZAS A UTILIZAR EN LA EJECUCIÓN DE UNA INTERVENCIÓN

En cualquier caso, las posibilidades de uso de este tipo de piezas universales nos harán viable el poder enfrentarnos a todo tipo de necesidades. Principalmente cuando nos enfrentamos a averías o conexiones en relación con tuberías de fibrocemento existente…

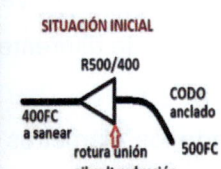

APLICACIÓN DE PIEZAS MULTIDIÁMETRO EN AVERÍAS COMPROMETIDAS

SITUACIÓN INICIAL

EJEMPLO DE RESOLUCIÓN DE ROTURA INTEMPESTIVA HACIENDO USO DE LAS PIEZAS MULTIDIÁMETRO DISPONIBLES. AL DESCUBRIR LA ZONA DE ROTURA SE OBSERVA UNA REDUCCIÓN DE 500FC A 400FC NO REGISTRADA EN GIS Y CON ZONA DE TRAMO 400FC CON SIGNOS DE FISURACIÓN PREVISIBLE. A FALTA DE UNA PIEZA DE CONEXIÓN FACTIBLE PARA PASAR DIRECTAMENTE DE 500FN AL EXTERIOR NECESARIO DE LA DE DN400FC, Y LA NECESIDAD DE SUMINISTRO, SE EJECUTA CON LAS PIEZAS DISPONIBLES 500/400FN/400FC

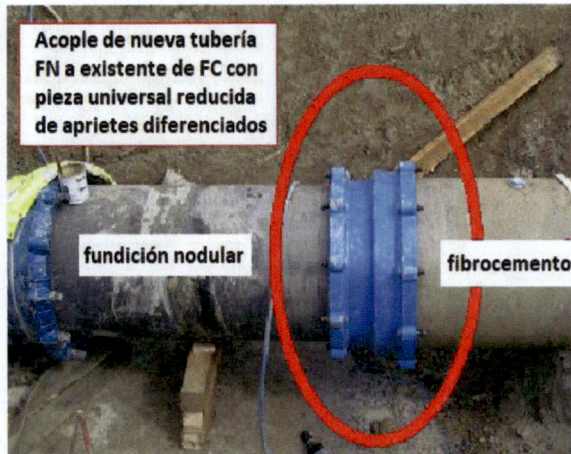

…o, en general, a cualquier necesidad derivada de cambio de materiales respecto a las tuberías existentes.

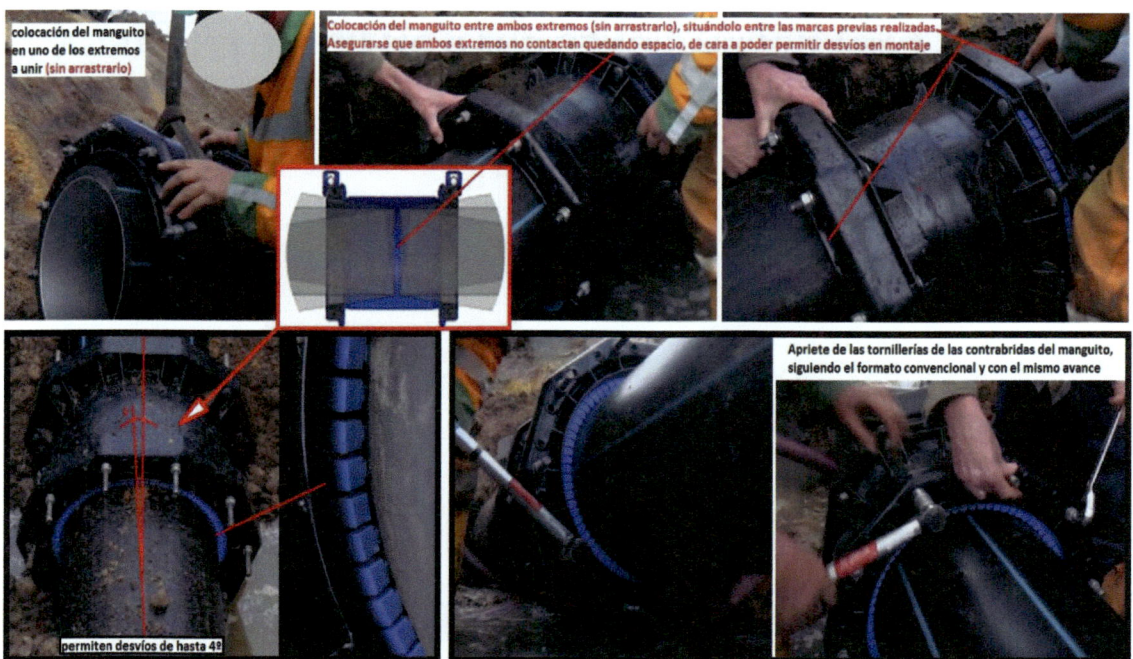

SISTEMAS PARA DERIVACIONES GRAN DIÁMETRO EN CARGA

SISTEMAS PARA DERIVACIONES DE GRAN DIÁMETRO EN CARGA

Habitualmente, cuando se quieren realizar desde las tuberías generales de red tomas o derivaciones en dimensiones pequeñas (suelen usarse hasta 2 "), no se realizan cortes en ellas para introducir "Tes" de derivación y posteriormente reducir, por cuanto es más útil, sencillo y económico el empleo de los llamados "collarines" de toma, los cuales pueden colocarse de los tipos "simples" (si se hace exclusivamente con ellos hay que cortar el suministro) o "en carga", donde el propio collarín lleva incorporado el receptáculo para introducción de una espátula que actúe como válvula de corte e impida el paso de agua mientras se retira la máquina y ejecuta el montaje, e, incluso, puede ser un collarín "simple" al que se le adapta una válvula previa, de paso libre, después del collarín (para poder ejecutar y ser cerrada una vez izada la máquina de perforación para poder retirarla) o se le acopla roscado un elemento que contempla el receptáculo para la espátula o, en otros casos, incluso lleva el sistema de cierre integrado en el cuerpo.

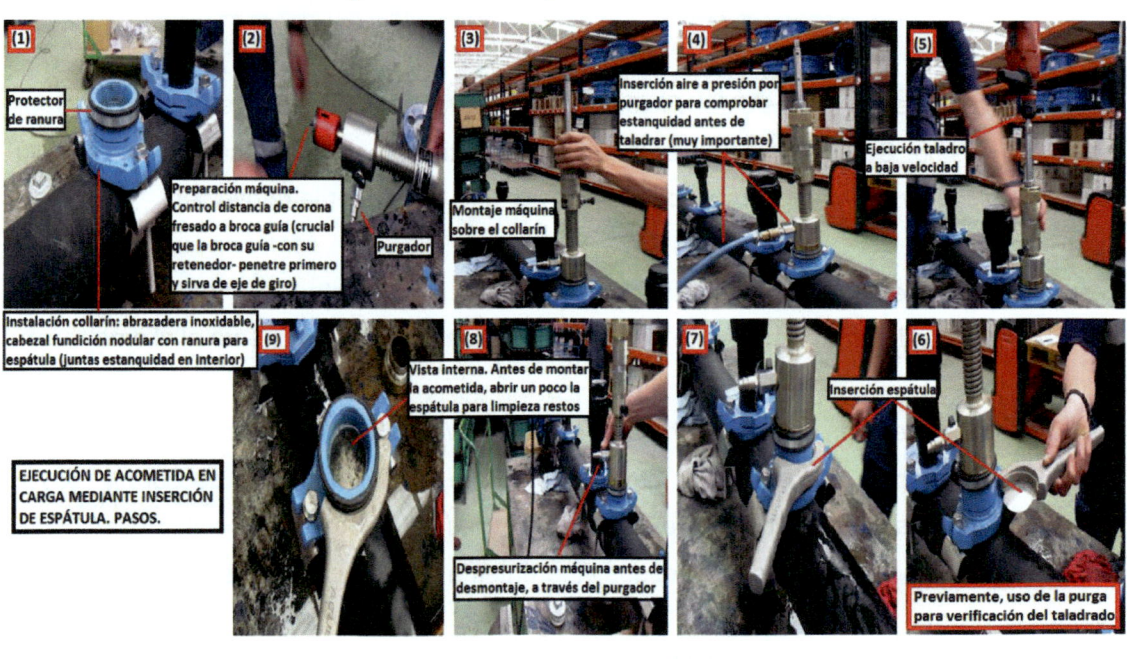

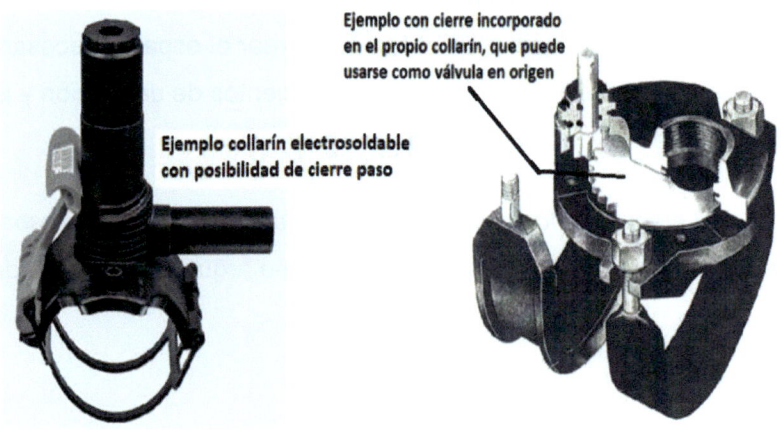

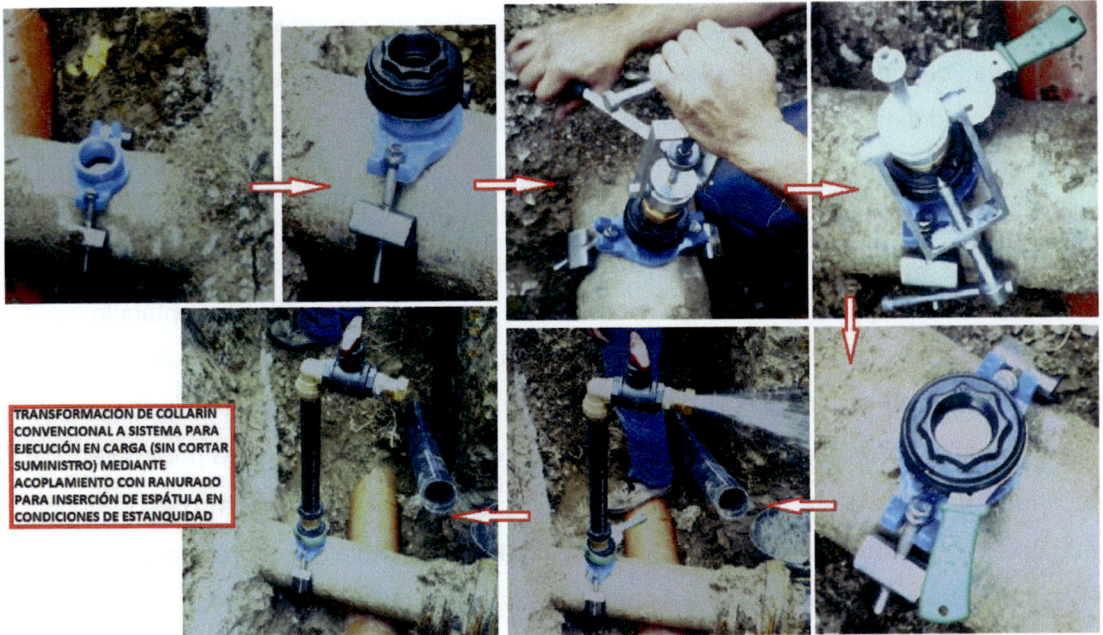

TRANSFORMACIÓN DE COLLARÍN CONVENCIONAL A SISTEMA PARA EJECUCIÓN EN CARGA (SIN CORTAR SUMINISTRO) MEDIANTE ACOPLAMIENTO CON RANURADO PARA INSERCIÓN DE ESPÁTULA EN CONDICIONES DE ESTANQUIDAD

Cuando se trata de sacar tomas o derivaciones de mayor rango ($\geq$ 80mm) el sistema a plantear debe ser el mismo. Se debe considerar la posibilidad existente en el mercado de un amplio abanico de piezas y accesorios, que nos pueden permitir el obtener la derivación:

a) *sin tener que cortar el suministro de la tubería* y, por lo tanto, sin tener que afectar a nadie (cuestión muy importante de cara a la calidad del servicio frente al cliente).

b) *sin tener que usar métodos intrusivos en la tubería*; es decir, sin tener que operar en tareas de corte, mecanizados, etc. con evidente *ahorro de mano de obra y mayor seguridad de los operarios* (en el caso de tuberías de fibrocemento, evitar todas estas operaciones conlleva a evitar riesgos inherentes a la operación con amianto).

c) *sin tener que hacer excavaciones amplias* (y su consiguiente obra civil de reposición, afecciones por dimensiones, etc.) para poder crear el espacio necesario de cara a las operaciones de corte e introducción de los elementos de derivación y las relativas a la conexión entre ellos y los extremos de la tubería.

d) *sin tener que efectuar reformas costosas e incluso ampliación de espacios* cuando se trata de introducir los elementos en lugares como arquetas, cámaras de llaves, etc.

APLICACIÓN DE ACOMETIDAS EN CARGA SOBRE TUBERÍA FC EXISTENTE, PARA NO OPERAR SOBRE ELLA EN CORTES

1 Acometidas/derivaciones

2 Hidrantes/ventosas/otros

3 Entrada controlada a un depósito en cola de tubería para evitar fondo de saco

AL MARGEN DE TODAS LAS INCUESTIONABLES VENTAJAS COMENTADAS, RESPECTO A EJECUTARSE UNA TOMA EN CARGA CON COLLARES O ABRAZADERAS FRENTE A UNA EJECUCIÓN CONVENCIONAL, TENEMOS LA DEL APROVECHAMIENTO DE ESPACIOS MÍNIMOS PARA EVITAR INTERVENCIONES EN LA TUBERÍA EXISTENTE QUE NOS LLEVEN A NECESITAR EJECUTAR REFORMAS DE AMPLIOS COSTES.

e) *reduciendo ostensiblemente el número de piezas a usar para obtener la derivación*, con una *alta reducción de costes en materiales.*

f) *eliminando el empleo de elementos auxiliares para manejar y sostener las piezas convencionales a usar* (en diámetros a partir de 250, los pesos de las piezas estándar hacen necesaria esta intervención), al utilizar piezas de un peso mínimo en su relación con el diámetro (salvo cuando se trata de modelos en fundición nodular). Esto supone *factores de reducción de costes y de seguridad en las tareas de operación muy importantes.*

g) *Eliminando la necesidad de anclajes en las piezas* para contrarrestar la componente de fuerza que se genera en una derivación con una pieza estándar, donde el agua está en contacto con la propia pieza, frente a las que vamos a ver, donde el agua no ejerce el empuje directamente sobre ellas, sino que lo ejerce sobre la propia tubería, ya que la pieza está abrazada "exteriormente" a ella. Esto supone una *alta reducción de costes en las excavaciones complementarias necesarias, obra civil de encofrado, material, mano de obra, etc.*

Por tanto, en líneas generales, con estas aplicaciones obtendremos el mismo objetivo con una reducción de costes globales muy elevada (obra civil en su conjunto, medios auxiliares, materiales y mano de obra), así como de generación de residuos y riesgos.

COMPARACIÓN ENTRE EL SISTEMA TRADICIONAL MÁS SIMPLE Y ECONÓMICO PARA LA REALIZACIÓN DE UNA DERIVACIÓN O TOMA DESDE UNA TUBERÍA EXISTENTE, Y EL SISTEMA POR TALADRADO DIRECTO DE LA TUBERÍA A TRAVÉS DE SISTEMA EN CARGA (CON ESPÁTULA O CON VÁLVULA PREVIA)

El empuje si es ejercido sobre la "Te", por lo que se necesita contrarrestarlo con la construcción del correspondiente anclaje

Si hay interrupción del suministro durante la ejecución

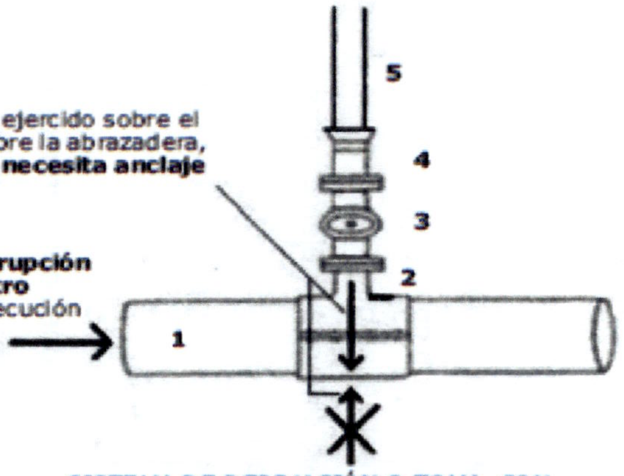

SISTEMA DE MONTAJE TRADICIONAL PARA DERIVACIÓN O TOMA (se plantea con sistema a bridas como ejemplo; puede ser también con sistema de "Te" a enchufes y manguito de conexión en vez de bridas-enchufe)

1. Tubería de red existente
2. "Te" BBB para derivación o toma (diámetro red principal y diámetro red derivada).
3. Brida-enchufe (o pieza de transición similar) diámetro red existente
4. Válvula de compuerta previa para maniobra-operación de la derivación.
5. Brida-Enchufe, junta de desmontaje, u otra pieza similar de transición
6. Tubería de derivación

economía global y mejora del servicio: la abrazadera sustituye a la "Te" y a los Bridas-enchufe (u otras piezas similares), con todas sus componentes para el montaje, así como la correspondiente mano de obra en avisos, corte y reposición del suministro, corte de tubo, preparación, montaje y todo lo correspondiente a obra civil (más excavación - más reposición, anclaje, más medios auxiliares según dimensiones...) y menos riesgos en materia de seguridad

El empuje es ejercido sobre el tubo, y no sobre la abrazadera, por lo que **no necesita anclaje**

No hay interrupción del suministro durante la ejecución

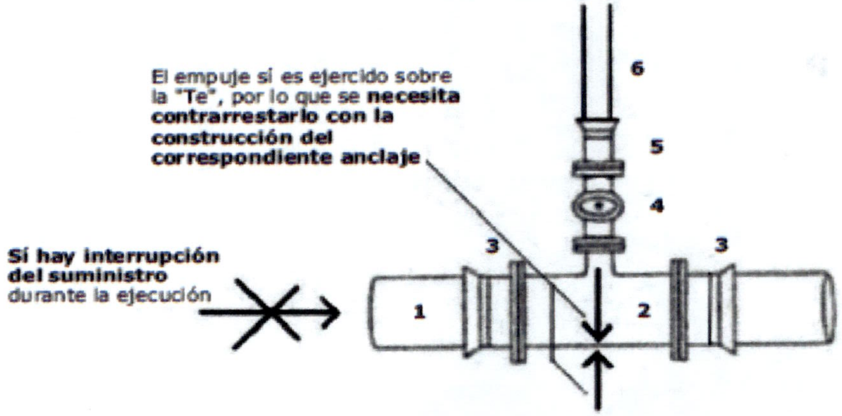

SISTEMA DE DERIVACIÓN O TOMA, CON ABRAZADERA EN CARGA – CON PRESIÓN– (con sistema de espátula no haría falta la válvula en origen, salvo que se quisiese dejar como válvula de operación)

1. Tubería de red existente.
2. Abrazadera para toma en carga (con espátula o con válvula previa, como en el caso del ejemplo).
3. Válvula de compuerta previa para la toma en carga o como válvula de operación en origen.
4. Brida-Enchufe, junta de desmontaje, u otra pieza similar de transición.
5. Tubería de derivación.

Teniendo en cuenta, además, que las piezas a disponer para la obtención de la derivación de la forma indicada, son piezas de alta calidad en todos sus aspectos (juntas de estanqueidad, carcasas de acero inoxidable o acero protegido o fundición nodular, tornillerías de acero inoxidable o con protecciones adecuadas, cierres compactos y seguros...), **al no usarlas, no se obtiene literalmente ninguna ventaja y sí se obtienen unos sobrecostes muy altos por materiales, obra y rendimientos además de un empeoramiento en las condiciones del trabajo para los operarios y del servicio para el cliente.**

Estos sistemas para derivaciones de gran diámetro en carga se constituyen, en su mayoría, por sistemas similares a las abrazaderas del tipo de reparación (en su concepto de pieza) donde la derivación es solidaria al cuerpo. Presentan derivaciones roscadas (generalmente para pequeños diámetros) y en bridas (para mayores diámetros), pudiendo llegar estas últimas, que son las que vamos a tratar, a extenderse en un rango muy amplio dependiendo de los requerimientos/necesidades.

Aquí nos centraremos en el ámbito de diámetros de derivación (80, 100,150 y 200mm) que suelen ser los más habituales en las redes de distribución respecto a derivaciones de suministro, constitución de sistemas de protección, bypass necesarios, etc.

Derivaciones que se ejecutarán en carga, al disponer sobre la abrazadera elegida la correspondiente válvula de paso libre (normalmente de compuerta) a través de la cual se llevará a cabo la perforación de la tubería, y que nos servirá de sistema de cierre (una vez izado interiormente el elemento de perforación) para poder retirar la máquina sin problemas, y que se constituirá, en general, en la válvula de arranque del sistema creado.

También, como veremos, pueden ejecutarse sin válvula en los diámetros menores del rango comentado y realizar la función de cierre con espátula que nos puede servir también de sistema de cierre cuando lo necesitemos.

La gama de abrazaderas, respecto al diámetro que pueden abarcar en las tuberías de las cuales queremos obtener la derivación, es muy amplia ya que, al margen de abrazaderas de del tipo convencional de reparaciones que ya hemos visto en sus respectivos apartados (con cuerpo y cabezal de derivación solidario), existen los sistemas de bandas únicas y de cinchas independientes, que sujetan la zona del cuerpo superpuesta a la tubería, de la cual sale la derivación correspondiente (en este formato de cinchas, existen cabezales/cuerpos que por su diseño, incluida la junta de estanquidad, pueden cubrir con una misma unidad un amplio abanico de exteriores de tubo, minimizando así los stocks).

DERIVACIÓN DESDE TUBERÍA 1000FN PARA VENTOSA PUNTO ALTO FICTICIO

Cabezal de derivación con sujeción por banda

AL MARGEN DE QUE LA EJECUCIÓN CON ABRAZADERA NOS PERMITE UNA ECONOMÍA DE EJECUCIÓN EXTREMADAMENTE ELEVADA FRENTE A CUALQUIER CONSIDERACIÓN DE PIEZAS DE INTERPOSICIÓN, HAY QUE TENER EN CUENTA LO QUE SIGNIFICA UN CORTE DE SUMINISTRO EN CIERTAS SITUACIONES, FRENTE A PODER EJECUTAR BAJO PRESIÓN

ABRAZADERAS PARA DERIVACIONES, CON EL CUERPO AMARRADO POR CINCHAS

El sistema de ejecución, con todas sus premisas, lo vamos a observar a través de una toma en carga sobre tubería de pequeño diámetro de fundición nodular (luego se reflejarán ejecuciones varias reales sobre tuberías en servicio de tamaños diferentes) para reflejar bien todos los detalles a tener en cuenta.

En general una toma en carga (tubería bajo presión) consiste en el montaje de la abrazadera (3) sobre el tubo (4) y de su correspondiente válvula (2) de compuerta (de modelo corto de cara a ahorrar en material -en los sistemas con espátula que veremos más adelante, no nos hará falta-), a la cual se acopla la máquina de taladrar (1).

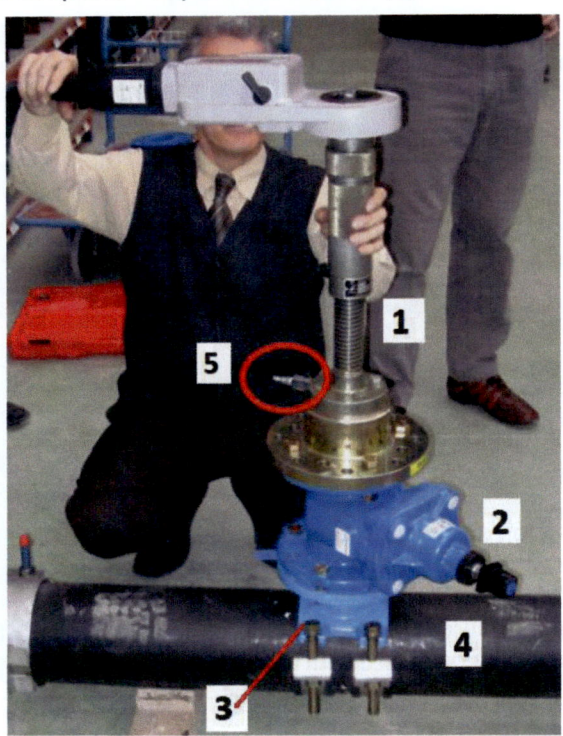

Máquinas de taladrar, así como distintos tipos de elementos de perforación según sea el material de la tubería (*), existen muchos modelos en el mercado (la que vemos en la foto, se le está aplicando un accionamiento mecánico con herramienta común de mercado, a bajas revoluciones para no forzar el elemento de perforación, consiguiendo reducir totalmente el trabajo manual del operador).

> (*) Uno de los factores a tener muy en cuenta, es la necesidad de elegir fresas adecuadas al material a perforar (tanto en su calidad como en sus dimensiones- diámetro y longitud-, teniendo en cuenta que en tuberías como el fibrocemento nos podemos encontrar con grandes espesores que no sean capaces de ser traspasados por fresas de tipo corto, con las correspondientes consecuencias).

Debe tenderse a máquinas de fácil manejo, tanto en cuanto a su operación como por su peso, que puedan ser operadas manual y mecánicamente, eligiendo herramientas de tipo neumático, de ser posible, para evitar los peligros de sistemas movidos eléctricamente en zonas de trabajo con posible presencia de agua.

Uno de los requisitos básicos de la máquina elegida tiene que ser que incorpore un punto (5) desde el que podamos introducir aire a presión (verificar la estanquidad de la abrazadera antes de ejecutar ninguna perforación) y desde el que podamos verificar que la broca guía ha perforado sin problemas (salida de agua), y que nos sirve de purga y la necesaria (obligada) despresurización del interior, para evitar accidentes por desplazamiento del eje, una vez terminado el proceso

Con la compuerta **completamente abierta**, y verificada la total estanquidad de la abrazadera para poder corregir cualquier problema de forma previa a haber perforado la tubería, con las consecuencias que ello supondría (en obra, con un compresor básico le podemos introducir 6 kg/cm^2 de presión que es más que suficiente para verificar el mínimo poro), procedemos a la introducción del eje de la máquina con la fresa de perforación y broca guía (*) y aplicamos la rotación, y empuje, sobre el eje para que se vaya produciendo el avance.

(*) Es imprescindible para centrar el giro de la fresa, por lo cual se situará de modo que sea ella la que primero perfore el tubo para fijar el eje de rotación y poder conseguir la ejecución del trabajo. Por otro lado, antes de iniciar el proceso, es imprescindible verificar que la fresa no roce contra la junta interior de estanquidad de la abrazadera (hay que tener en cuenta que esa junta, con el ajuste que se realiza para asegurar su estanquidad, puede expandirse y reducir un poco el paso útil de la derivación). La broca guía incorporará un "retenedor" (alambre rígido en forma de cuña hacia la punta) para que el casquete perforado no pueda caer hacia el interior de la tubería.

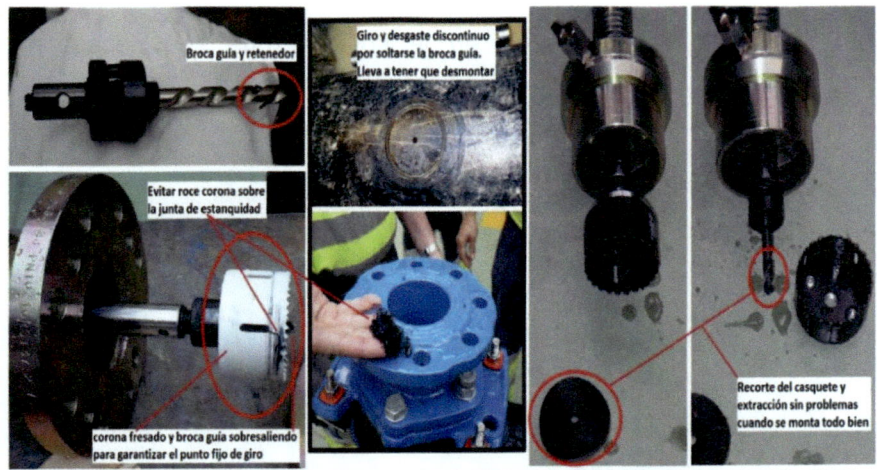

FUNDAMENTOS BÁSICOS A TENER EN CUENTA A LA HORA DE EJECUTAR UNA ACOMETIDA EN CARGA
1. BROCA GUÍA RESISTENTE y CON RETENEDOR INCORPORADO PARA EVITAR LA CAÍDA DEL CASQUETE FRESADO AL INTERIOR DE LA TUBERÍA, POR CUALQUIER CIRCUNSTANCIA.
2. CORONA DE FRESADO ACORDE AL MATERIAL DEL TUBO A PERFORAR, COMPROBANDO QUE NO ROCE EN INTERIOR
3. BROCA GUÍA AJUSTADA SOBRESALIENDO DE LA CORONA, PARA QUE PERFORE ANTES Y SIRVA DE EJE DE GIRO (BÁSICO)

Una vez realizada la perforación (verificada a través de la salida de agua por el elemento comentado antes), y previo a efectuar el desmontaje de la máquina, se iza el eje con la fresa (que llevará atrapado el trozo de la tubería taladrada en la broca guía, con el alambre de retención para evitar su caída), se cierra la compuerta de la válvula y se despresuriza el interior de la máquina a través del mismo elemento (para evitar posibles accidentes por desplazamiento instantáneo del eje al soltar la guía de avance, si existiese en el modelo utilizado), y se procede a su desmontaje para seguir construyendo el sistema requerido (previamente, abrir un poco la compuerta para que se limpie por desborde el interior de la válvula que habrá quedado con agua con restos).

FUNDAMENTOS BÁSICOS A TENER EN CUENTA A LA HORA DE EJECUTAR UNA ACOMETIDA EN CARGA

A. LA MÁQUINA DE PERFORACIÓN DEBE DISPONER DE TOMA PARA PODER EJECUTAR UNA PRUEBA DE PRESIÓN CON AIRE AL INTERIOR DE CARA A PODER ASEGURAR QUE LA ESTANQUIDAD ES COMPLETA EN EL COLLARÍN/ABRAZADERA MONTADO, ANTES DE EJECUTAR (IMPRESCINDIBLE). POR OTRO LADO, SERVIRÁ PARA QUE PODAMOS CONSTATAR LA PERFORACIÓN Y REALIZAR UNA LIMPIEZA DEL INTERIOR ANTES DE CERRAR Y SOLTAR.

B. EJECUTAR PREFERENTEMENTE CON ACCIONADORES DE BAJAS REVOLUCIONES (SI SE QUIERE HACER MANUALMENTE, QUEDA A CRITERIO PROPIO)

Las derivaciones pueden ser ejecutadas en la posición que sea necesaria, aunque, normalmente, se ejecutan en horizontal o en vertical.

En horizontal se ejecutan, normalmente, cuando la profundidad permite la construcción de una arqueta accesible coherente (costes y seguridad) para que los operadores puedan accionar la válvula (cuadradillo o volante, que queda accesible directamente para el plano vertical) desde la parte superior sin tener que acceder al interior (normalmente a través de alargaderas rígidas de acople a los accionamientos). En otros casos (obligado en instalación de aducción/purga de aire, y en el resto normalmente por profundidad y reducir excavación por dimensiones de la máquina de perforación) se ejecutan en formato vertical, con lo cual los accionamientos quedan en el plano horizontal (no son accesibles de modo directo), por lo que se puede barajar la opción de dejar la válvula de compuerta enterrada y colocar otra en un lugar más operativo (sobrecoste sobradamente amortizado en la mayoría de los casos, por el ahorro económico y social de no hacer el corte de suministro en la tubería general, recomendándose en estos casos, que se proteja debidamente la válvula para poder ser accionada a futuro ante un caso de necesidad que pudiera presentarse, como una fuga, por ejemplo, y encontrarnos la válvula al descubrir). Por supuesto, salvo que se quiera dejar también operativa, aunque sea en formato enterrado, con un sistema para accionamiento telescópico a 90º (que dado el factor de profundidad al que nos estamos refiriendo, tiene que construirse con total garantía para una larga vida útil, por lo que supondría cualquier fallo).

Si se tiene que ejecutar una derivación en vertical y se quiere poder realizar un accionamiento directo, normal, desde la propia vertical, también se puede hacer uso (siempre que el sistema y profundidad lo aconsejen) de las válvulas de accionamiento a 90º, que nos permitirán la ejecución del taladro en vertical, para la correspondiente salida de la derivación, pero permitiendo a su vez que el accionamiento del cuadradillo o volante nos quede en el plano vertical. De este modo, la válvula queda operativa sin gastar en otra posterior permitiendo, además, cualquier sistema de guiado telescópico directo.

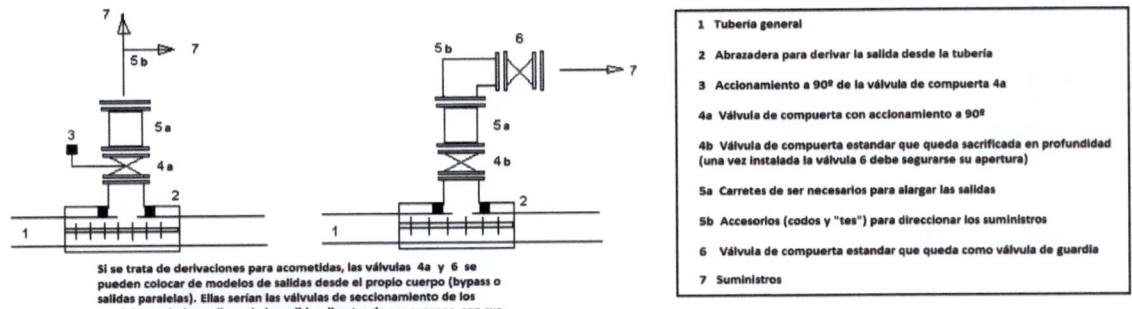

Si se trata de derivaciones para acometidas, las válvulas 4a y 6 se pueden colocar de modelos de salidas desde el propio cuerpo (bypass o salidas paralelas). Ellas serían las válvulas de seccionamiento de los suministros de incendio, y de las salidas directas de sus cuerpos, con sus respectivas válvulas, saldrían los suministros de servicios, riego, etc.

1 Tubería general

2 Abrazadera para derivar la salida desde la tubería

3 Accionamiento a 90º de la válvula de compuerta 4a

4a Válvula de compuerta con accionamiento a 90º

4b Válvula de compuerta estandar que queda sacrificada en profundidad (una vez instalada la válvula 6 debe segurarse su apertura)

5a Carretes de ser necesarios para alargar las salidas

5b Accesorios (codos y "tes") para direccionar los suministros

6 Válvula de compuerta estandar que queda como válvula de guardia

7 Suministros

MODOS POSIBLES DE EJECUCIÓN DE ACOMETIDAS EN CARGA EN FORMATO VERTICAL DESDE LA TUBERÍA GENERAL: (1) EJECUCIÓN CON VÁLVULA EN ORIGEN CON ACCIONAMIENTO A 90º PARA PODER OPERARLA DIRECTAMENTE DESDE EL EXTERIOR (el cuadradillo de accionamiento queda en vertical) o (2) EJECUCIÓN CON VÁLVULA CONVENCIONAL EN ORIGEN (el cuadradillo de accionamiento queda en horizontal => el operario se debe introducir de modo parcial o total para llegar a él) Y COLOCACIÓN DE OTRA VÁLVULA EN HORIZONTAL (en el sitio más oportuno). SEGÚN LA PROFUNDIDAD, LA 2ª OPCIÓN PUEDE SER LA MÁS PRUDENTE, PARA FAVORECER MANTENIMIENTOS FUTUROS. SI SE EJECUTA ESTA 2ª OPCIÓN CON ABRAZADERAS DE TIPO TAJADERA PARA TOMAS EN CARGA, EVITAREMOS EL COSTE DE LA VÁLVULA QUE VA A QUEDAR SACRIFICADA (4b)

DERIVACIONES CON VÁLVULAS ACCIONAMIENTO 90º

Sistema que nos puede ser útil, también, cuando, a pesar de no ser muy grande la profundidad, no quede otro remedio que ejecutar en vertical por presencia de servicios u otros inconvenientes.

ACOMETIDA EN CARGA CON APLICACIÓN VÁLVULA DE ACCIONAMIENTO DIFERIDO Y SALIDA SERVICIO DESDE TETÓN DEL PROPIO CUERPO DE LA VÁLVULA

Para cierta gama de dimensionamiento de tuberías, existen las abrazaderas con cinchas **que contemplan sistema de espátula integrado en su cabezal**, que cubren el rango de derivaciones de 80 y 100mm solamente (por el factor de dimensionamiento de la espátula de intervención frente al empuje por la presión del agua y su espesor máximo respecto al alojamiento, entre juntas, por el que deben insertarse, para no tener problemas de estanquidad por sí mismas). La espátula es introducida (*) una vez ejecutada la perforación y actúa como válvula de seccionamiento, pudiendo desmontar la máquina y ejecutar la instalación correspondiente sin haber tenido que cortar el agua de la tubería general. La espátula es retirada finalmente, pero puede ser utilizada a posteriori de ser necesario.

(*) Al igual que en la situación con válvula, se tendrá especial cuidado en haber izado convenientemente el eje de la máquina antes de realizar la introducción de la espátula de interceptación, para evitar daños al tropezar con la fresa y eje interiormente.

COLLAR PARA DERIVACIONES DE 80 y 100mm CON SISTEMA PARA ESPÁTULA INTEGRADO EN EL CABEZAL PARA UNA EJECUCIÓN EN CARGA EVITANDO DEJAR VÁLVULA EN ORIGEN (ESPÁTULA RECUPERABLE /REUTILIZABLE)

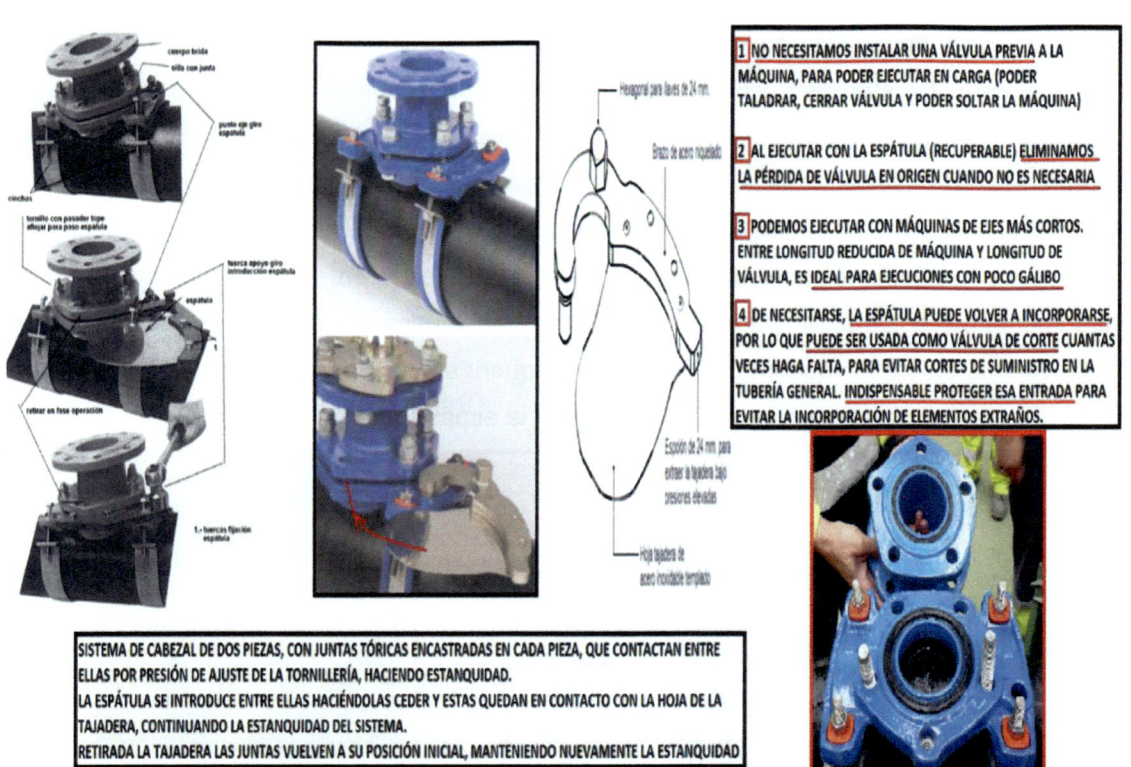

Son muy útiles en variadas circunstancias (imposibilidad de instalar válvula en origen por impedimentos físicos, no dejar válvulas enterradas por las cuestiones comentadas de profundidades, etc.).

UTILIDAD DE APLICACIÓN DE COLLARES CON CABEZAL PARA INSERCIÓN DE ESPÁTULA, PARA SALIDAS DE 80 y 100mm, CUANDO SE PUEDEN TENER PROBLEMAS PARA EJECUTAR LA TOMA EN CARGA A TRAVÉS DE LA VÁLVULA NECESARIA, AL NO PODER QUEDARSE COMO VÁLVULA DE ARRANQUE (NULA ACCESIBILIDAD), Y TENER QUE DISPONER DE OTRA VÁLVULA POSTERIOR, QUEDANDO LA DE ORIGEN ENTERRADA SIN USO. CON ESTE SISTEMA SE EVITA EL SOBRECOSTE.

Son más costosas como elemento individual respecto a otros modelos, pero ahorran la colocación de la válvula y elementos auxiliares (junta y tornillos), así como la mano de obra de su colocación, y otras cuestiones (espacio, por ejemplo, que pudieran incidir en su ejecución), por lo que son competitivas en su conjunto de instalación, y contemplan ventajas de poder actuar en corte de suministro desde ellas, con la propia espátula, si fuera necesario por cualquier circunstancia (por ejemplo, una posterior fuga en la derivación y que al descubrir nos encontremos con este tipo de abrazadera colocada pudiendo hacer uso de esa posibilidad para cortar el suministro a la derivación sin tener que cortar el suministro de la tubería general). Para ello es fundamental que, si la abrazadera va a quedar enterrada, el cabezal quede debidamente protegido para que la zona de entrada de la espátula siempre esté limpia y libre de cualquier tipo de árido que en el momento de requerir su uso nos lo impida o llegue a dañar la junta de estanquidad al forzar la introducción de la espátula.

UTILIDAD DE APLICACIÓN DE COLLARES CON CABEZAL PARA INSERCIÓN DE ESPÁTULA, SALIDAS DE 80 y 100mm, PARA EVITAR EL SOBRECOSTE VÁLVULA

En cualquier caso, de cara a todo el tipo de abrazaderas que hemos visto para acometidas en carga, las recomendaciones son las mismas que para las abrazaderas de reparación vistas previamente, tanto en la fase de elección (saber el diámetro exterior real del tubo sobre el que se va a aplicar, situando la elección en los rangos de tolerancia adecuados) como en la de instalación (limpieza concienzuda del punto donde se va a instalar y cuidado especial con la junta de estanquidad al tubo, con los puntos de estanquidad de paso de espátula, actuar con los pares de aprietes adecuados, protección de la pieza, y rellenos- obra civil adecuada).

TECNOLOGÍA SIN ZANJA (TSZ.s). INFORMACIÓN BÁSICA.

TECNOLOGÍAS SIN ZANJA. INFORMACIÓN BÁSICA.

Las Tecnologías Sin Zanja (TSZ,s), son aquellas que aplicadas a un contexto de obra civil, nos van a permitir rehabilitar y sustituir redes existentes, así como construir nuevas redes, con la mínima intervención de demoliciones y excavaciones, que conllevan directamente a ostensibles reducciones en materiales de relleno y de pavimentaciones. Por tanto, con las mínimas afecciones sociales (a través de la reducción máxima de movimientos de maquinarias, de afecciones a tránsito de vehículos y personas, de eliminación de aparcamientos en calle, de interferencias a empresas y comercios de la zona, reducción de ruidos, de polvo, etc.) y las mínimas afecciones medioambientales (reducción drástica del uso de materiales de aportación para los rellenos y pavimentaciones y de la gestión de residuos, y reducción general de la huella de carbono). Sin olvidar, muy importante, la ostensible mejora en las condiciones de seguridad de los operarios, al reducir el trabajo en zanjas, así como de externos a la obra, al reducir las superficies de actuación a nivel de vía urbana. En algunas de ellas, dependiendo de la posibilidad de acceso y dimensiones, incluso se elimina toda la obra civil, con lo que ello supone. Lo anterior puede observarse rápidamente si observamos el planteamiento de una obra civil a zanja abierta en el ámbito que nos ocupa:

PLANTEAMIENTO OPERACIONAL BÁSICO DE UNA OBRA PARA SUSTITUCIÓN DE TUBERÍA EXISTENTE (sin establecer tendidos provisionales por necesidad de mantener el suministro por cualquier circunstancia)

1. Ocupación de espacio público con su afección a tráfico y accesos a vecinos, comercios, dotaciones, industrias, etc. durante obra (tiempo elevado)

2. Movimiento maquinaria, generación de ruidos, polvo, CO2, vibraciones, seguridad... <u>Generación residuo</u>

3. Corte y retirada de pavimentación y excavaciones, con traslado de producto a vertedero (camiones, rutas, combustible, seguridad... (ídem 2)

4. Retirada de la tubería a sustituir, acopio y reparto nueva tubería (en general movimiento pesos-maquinaria y traslados camiones... (ídem 2)

5. Achiques, limpiezas, entibaciones (seguridad), preparación de cama, nivelaciones, etc. incluidas operaciones de afecciones a servicios.

6. Traslado tubos a línea montaje, ensamblajes, rellenos "riñones" y compactación, rellenos de sujeción tubos, contrarrestos codos, retirada sobrantes y restos varios...(ídem 2)

7. Pruebas de presión y ensamblajes al sistema (a realizar en cualquier tipo de obra abierta/rehabilitac.)

8. Traslado rellenos, vertidos a zanja, extendidos, compactaciones y controles, etc. => camiones, excavadoras, compactadores... (ídem 2)

9. Reposición de pavimentación (traslado camiones con hormigón subbase y el asfalto, repartos, máquina de asfaltado, compactador... (ídem 2)

Final obra tras limpiezas, retiradas maquinarias y herramientas auxiliares, retirada y traslado de vallados, entibaciones, etc... (ídem 2)

Ni que decir tiene, a la vista de lo comentado en la introducción -y que veremos desarrollado posteriormente-, que las comparativas económicas entre ambos tipos de ejecuciones, se decantan –salvo raras excepciones- hacia las TSZ,s y con diferencias más que notables.

Tecnologías que llevan décadas implantadas, ejecutándose a nivel mundial. Décadas que, en algunas de las tecnologías, se pueden circunscribir a algunas zonas de España y que se está extendiendo su aplicación por gran parte de su ámbito, en base a la implicación y competencia de los técnicos responsables. Sin embargo, sigue siendo una implantación escasa en el ámbito general de las obras en redes de agua y saneamiento, en base a la baja relación de porcentajes respecto a obras de tipo convencional (zanja abierta). El criterio a seguir debiera ser que toda obra para ese ámbito fuera estudiada desde el punto de vista de su ejecución por medio de este tipo de tecnologías y que sólo en el caso de imposibilidad, parcial o total, se llevase a cabo el proyecto final para obra con sistema convencional de apertura de zanja en la parte oportuna. Criterio que debiera imponerse desde la Administración pública, que es la que sufraga las obras, para una inversión más racional y, por tanto, un aumento de las tasas de "renovación" de nuestras redes.

Las principales tecnologías de las llamadas "sin zanja", que pueden y deben tener su aplicación extensa en nuestras redes a la hora de plantear sus renovaciones, son las correspondientes a entubaciones, encamisados polimerizados y sustituciones por rotura, ya que pueden ser aplicadas al ámbito genérico del agua con indudables ventajas respecto a reducir drásticamente las afecciones sociales y medioambientales (en todo su espectro), mejorar las condiciones de seguridad y reducir los costes económicos en mayor o menor medida en función de la obra en sí y del sistema de ejecución con sus posibilidades. Dependiendo de la ubicación de la obra y su contexto (tuberías principales de todo rango o redes de distribución), se contrastará que tecnología es la más adecuada para el objetivo perseguido. Lógicamente, y en general, los contextos urbanos conllevarán mayores implicaciones de afecciones sociales y, probablemente, respecto a afecciones medioambientales al entorno social y de seguridad.

También habrá que discernir el tipo de tubería más adecuada a utilizar para la tecnología elegida. Así mismo deben preverse las distintas tecnologías de apoyo y/o auxiliares, que nos ayuden a verificar los datos necesarios previos y conseguir las condiciones idóneas para hacer frente a la rehabilitación o sustitución de la red.

La clasificación de estas tecnologías está desarrollada por la ISTT (Asociación Internacional de Tecnologías Sin Zanja) y se plasma en el esquema al final de este anexo, una vez traducido al español, si bien en esta documentación nos centraremos en las principales que se vienen aplicando para el ámbito general del agua.

En cuanto al tipo de tubería estándar a usar, aunque se puede y se ha ejecutado con distintos tipos de material (por ejemplo, con acero -como puede verse en la foto anexa-

, fundición nodular, poliéster reforzado con fibra de vidrio…), es el **Polietileno** el que ofrece las mejores prestaciones para obra, dada su flexibilidad (material muy elástico, idóneo para las condiciones de curvaturas que permitan reducir las obras de pozos de ataque -como puede verse en el esquema anexo de un planteamiento real de obra-, y posibilitando flejados y/o elongación/recuperación dimensional que permiten las entubaciones ajustadas), su comportamiento frente a impactos y desgaste por abrasión (tengamos en cuenta que muchas tecnologías responden a conceptos de "arrastre" que afectarán a los revestimientos), mejorado por la incorporación a sus fabricados de aditivos para una mayor resistencia a rayados, impactos y cargas puntuales, así como a la propagación de fisuras (PE100RC), existiendo otras funcionalidades como la resistencia a la temperatura (RT) o la protección biológica (RD).

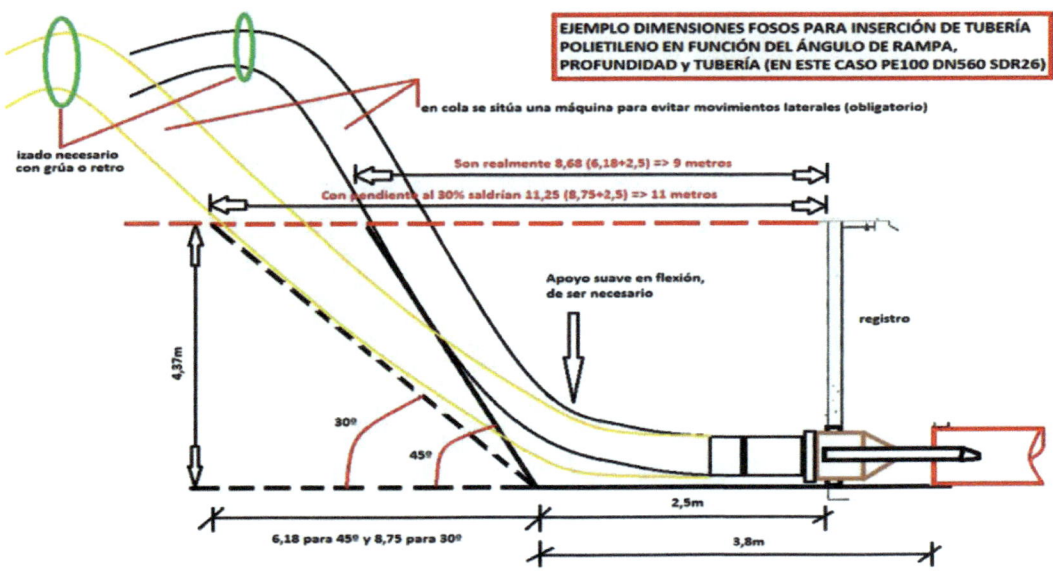

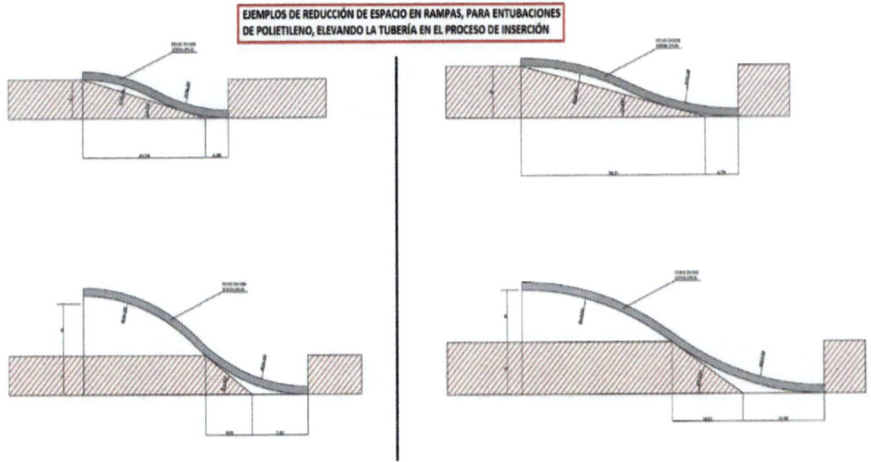

Al margen de estas ventajas, está la más importante respecto a su vida útil en la comparativa con tuberías de tipo metálico, como es la anulación del factor de corrosión–tubería de tipo plástico-, que hay que contrarrestar/prevenir en las de tipo metálico determinando puestas en obra de costes mucho mayores (al margen del coste del propio material y mayores excavaciones para incorporaciones) y un control estricto que, en muchos casos, se obvia, llevando a afecciones incluso en fase de acopio del material quedando implantado en zanja sin las rehabilitaciones necesarias, llevando a las futuras afecciones, con sus costes y afecciones.

Estas afecciones corresponden a tuberías de FN de distintas generaciones. Actualmente, los fabricantes disponen de tuberías de gran calidad con distintos revestimientos en función de necesidades -interiores o exteriores-, que incluyen las aplicaciones de materiales plásticos. Pero que dependerá del "trato" en obra y evitar su pérdida por distintas afecciones (rasgados, punzonamientos, etc.) para que se cree el punto y/o zona de probable corrosión

El coste propio de la tubería de PE –como material suministrado-, en la comparativa con otras tuberías debe basarse siempre considerando diámetros interiores similares, dado que en tuberías de tipo plástico (salvo una clase concreta del PRFV), el diámetro nominal responde al diámetro exterior del tubo. En el polietileno, en función del tipo y su SDR (define la presión), los espesores varían y, por tanto, su diámetro hidráulico (interior) real -como puede verse en el esquema anexo-, de modo que, por ejemplo, no podemos comparar los precios de una tubería de fundición nodular DN200 con una DN200 de polietileno, pues esta última no tendrá nunca los 200mm de diámetro interior.

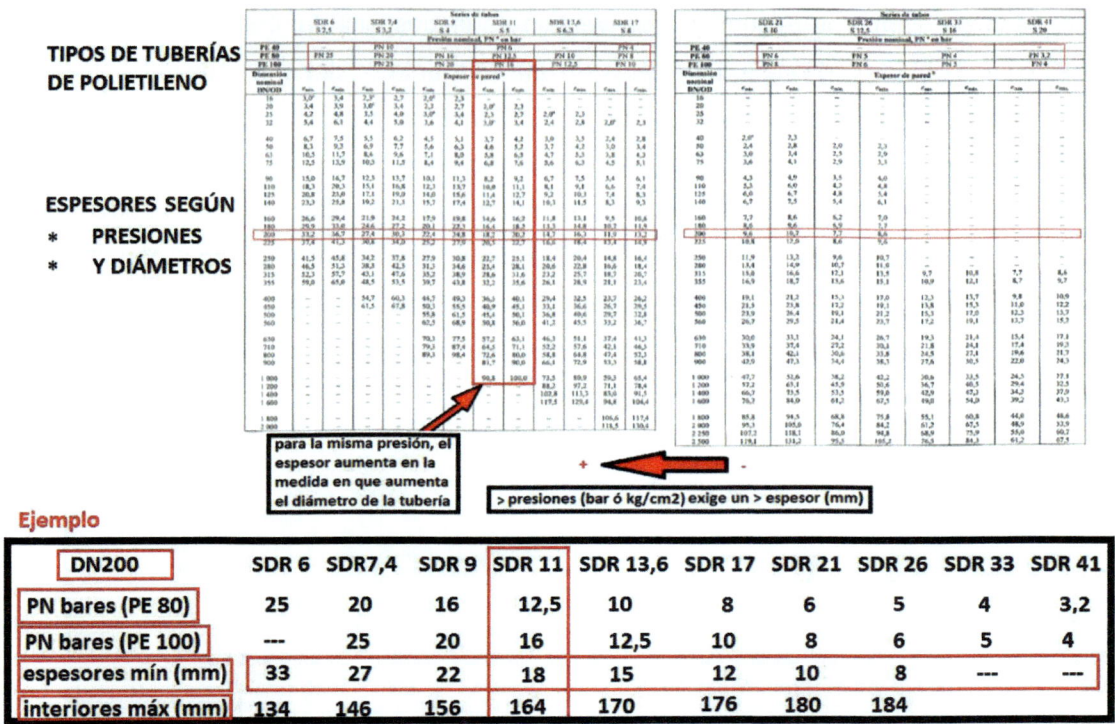

Ejemplo

DN200	SDR 6	SDR7,4	SDR 9	SDR 11	SDR 13,6	SDR 17	SDR 21	SDR 26	SDR 33	SDR 41
PN bares (PE 80)	25	20	16	12,5	10	8	6	5	4	3,2
PN bares (PE 100)	---	25	20	16	12,5	10	8	6	5	4
espesores mín (mm)	33	27	22	18	15	12	10	8	---	---
interiores máx (mm)	134	146	156	164	170	176	180	184		

El factor de peso, frente a algunos otros tipos de material, es otro a tener muy en cuenta como ventaja para la puesta en obra en su propia operativa y utilización de maquinarias auxiliares, así como en factores de seguridad en desplazamientos de cargas.

Otro factor muy importante a tener en cuenta es la reducción de juntas de unión entre tubos consecutivos, dados sus formatos de fabricación que permiten la reducción de juntas intermedias (tubos de 12/13 metros frente a otros tipos de material con longitudes de 6 metros) que, además de reducir el coste de la puesta en obra, permiten eliminar en un 50% lo que puede considerarse como factor crítico de una instalación respecto a posibles fugas posteriores en ella.

Y en el caso de diámetros pequeños, esa ventaja es incuestionable, con la posibilidad de suministros en bobinas con longitudes totales sin una sola junta. Y, dependiendo del diámetro, las longitudes pueden ser muy elevadas (llegan a 200 metros de tubería continua -sin juntas- hasta DN225, por lo que, en orden de evolución a diámetros menores, las longitudes van aumentando progresivamente). Rangos de diámetros, estos últimos, que pueden ser aplicados en buena parte de las redes de distribución de agua a nivel urbano, permitiendo aplicaciones de importantes longitudes, sin juntas y/o escasas juntas, con todo lo que ello significa para la anulación/reducción de costes de implantación y de los aspectos preventivos/correctivos para su mantenimiento.

SUMINISTRO DE POLIETILENO PE100 EN BOBINAS, CON DESARROLLOS DE LONGITUDES CONTINUAS EN FUNCIÓN DE DIÁMETROS. ACTUALMENTE EXISTE LA POSIBILIDAD DE ENTREGAS EN BOBINAS DE 200m DE TUBERÍA HASTA DN225 (interiores de unos 205mm para un PN6 y de unos 180mm para un PN16)

Todo ello unido (al margen de la multiplicidad de piecerío, de todo tipo, para realizar uniones, derivaciones, etc. bien con conceptos mecánicos –pequeño diámetro- o por electrosoldadura –pequeño/medio diámetro- o por unión soldada a tope –medio/gran diámetro) a los aspectos de las tecnologías de uniones de juntas, que permiten, al conseguirse por medio de la unión por fusión térmica del mismo material, una ejecución altamente competente (resistente y fiable), a salvo de las mismas premisas de siempre: equipos adecuados, profesionales competentes y control exhaustivo en obra.

En la soldadura a tope se crean rebabas tanto exteriores como interiores, siendo una buena práctica su eliminación, tanto para ejecuciones por arrastre (entubaciones/sustituciones por rotura) como por eliminación de obstáculos al tránsito del agua (pérdidas de carga, aunque sean mínimas y puntos de "agarre" y sedimentación).

Todo lo anterior en relación a hablar de tuberías estándar, ya que existen otros tipos de formatos "no estándar" que se utilizan en función de las decisiones que se tomen en la fase de anteproyecto, en la consideración de la obra a ejecutar y las disposiciones. Así tenemos las "mangas" (reversibles o directas, compuestas por telas de fieltro simples -saneamientos sin presión- o reforzadas con fibra de vidrio -sistemas a presión-) que no dejan de ser una tubería plana impregnada en resinas –de calidad alimentaria para el agua potable- a desarrollar/expandir, ajustar al interior de la existente y curar (polimerizar y secar) sin dejar otras juntas que las de cierre de la manga sobre el interior de la tubería existente, mediante juntas de reparación de interior (aunque ya hemos indicado que parece son implantadas, en el caso de agua a presión, en tuberías huésped con revestimientos internos, veremos en su desarrollo posterior una propuesta básica para que no sean necesarias al establecer la unión por el exterior).

1 MANGA FLEXIBLE DE PRFV IMPREGNADA CON RESINA ALIMENTARIA, YA CURADA, SUSTITUYENDO EL SERVICIO DE TUBERÍA EXISTENTE. 2 PIEZA DE TRANSICIÓN BL PARA ACOPLE A TUBERÍA EXISTENTE (NUDO). 3 JUNTA DE INTERIOR ENTRE NUEVA TUBERÍA Y PIEZA DE TRANSICIÓN, PARA ESTANQUIDAD TOTAL. 4 EN ESTE CASO DE TUBERÍA EN PENDIENTE, OBTURADOR PARA EVITAR LA POSIBLE CAÍDA DE PIEZAS HACIA EL INTERIOR.

Sin olvidar que este tipo de sistemas, en formatos cortos preparados in situ, se utilizan de forma común y extensiva en los mantenimientos correctivos puntuales en los colectores de saneamiento (denominados packers) y, como veremos, se planteará también aquí su uso para la protección de los sistemas de expansión por corredera para reparaciones puntuales en tuberías de abastecimiento a presión en puntos donde sea crítica la ejecución de zanja sobre ellos (reparación robotizada).

Y que también podrían considerarse, para tuberías a presión, las rehabilitaciones por interior con láminas de fibra de carbono.

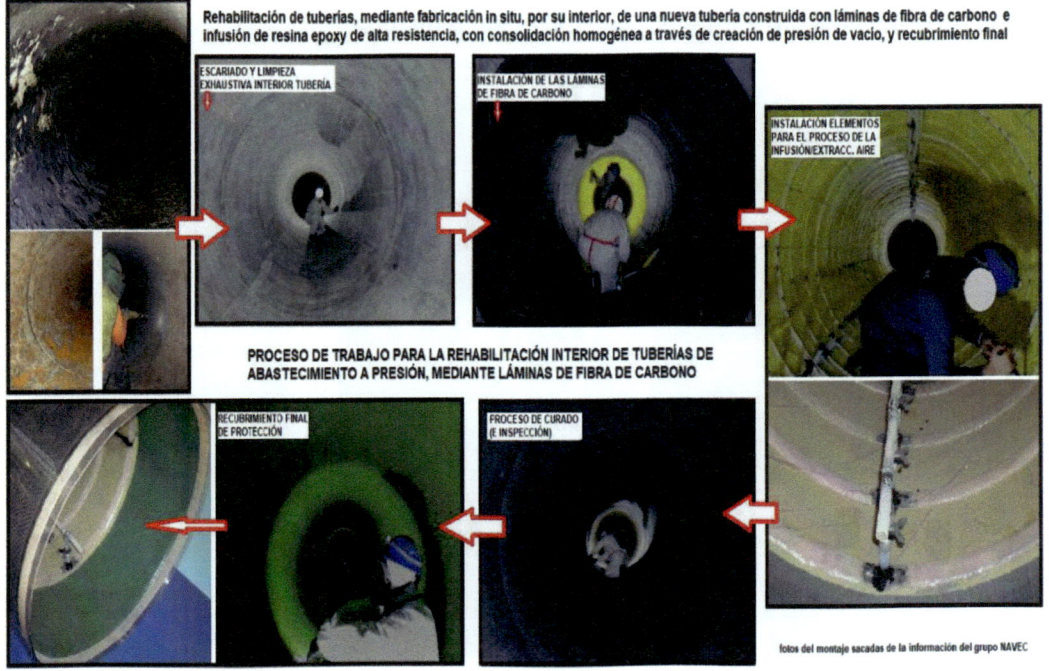

O las tuberías tipo "Primus Line", para abastecimiento de agua a presión, también de formato plano, con un tejido central (Aramida) con características especiales de gran resistencia a la presión y capas interior y exterior de polietileno, que en función de diámetros y pesos, se puede suministrar en grandes longitudes, arrollada en bobinas, y que también queda sin juntas intermedias, salvo las piezas especiales de unión que contempla.

REHABILITACIÓN DE TUBERÍA CON SISTEMA PRIMUS LINE EN TRAMOS DIRECTOS DE GRAN LONGITUD (foto extraída de información comercial)

O tubos de corta longitud, de polipropileno o polietileno, para poder ser introducidos directamente desde los espacios disponibles en los pozos de registro y/o arquetas

O la construcción de nueva tubería, por el interior de la existente, a través de lámina continua en proceso de enrollamiento y trabado, con inserción paulatina.

INSERCIÓN EN EL POZO Y MONTAJE DE LA MÁQUINA. INSERCIÓN LÁMINA Y DESARROLLO TUBERÍA POR EL INTERIOR EXISTENTE

DETALLE MÁS PRECISO DE MÁQUINA Y DESARROLLO TUBO NUEVO EN EXTERIOR

En cuanto a las tecnologías auxiliares y/o de apoyo a usar, tenemos:

a. **Los sistemas de inspección y limpieza interna**

Para el caso de aplicación de sistemas de entubación de cualquier tipo (incluso para sistemas por rotura de cara a verificar los cambios de material o elementos interpuestos con los cuales nos podemos encontrar, desprendimientos, etc.) son fundamentales para saber qué es lo que realmente tenemos en el interior de las tuberías y colectores en los que vamos a intervenir.

Al margen de otros sistemas de inspección que comentaremos después, está muy extendida desde hace décadas la inspección por cámaras robotizadas (CCTV) que nos permiten ver el interior de modo directo, a la vez que el realizar grabaciones para poder estudiarlas posteriormente y sacar las conclusiones oportunas respecto a las actuaciones/planteamientos necesarios.

La limpieza suele ser precisa, y fundamental, antes de ejecutar cualquier tipo de entubación (al margen de la limpieza por mantenimiento de colectores que es habitual, pero no se trata aquí), mediante el sistema que se considere más adecuado (agua a presión, cortaraíces, rascadores" -"pigs"-, herramientas de fresado, granizado de hielo -"ice pigging"- o sistemas con agua/aire -"airscouring"-).

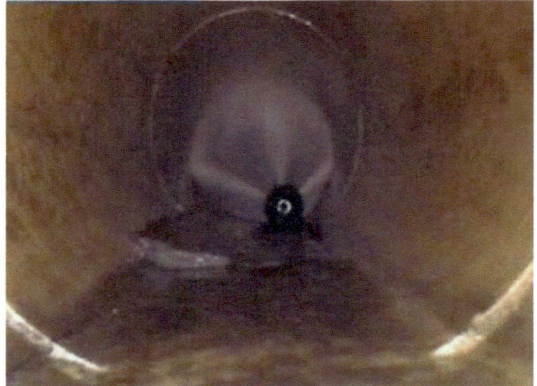

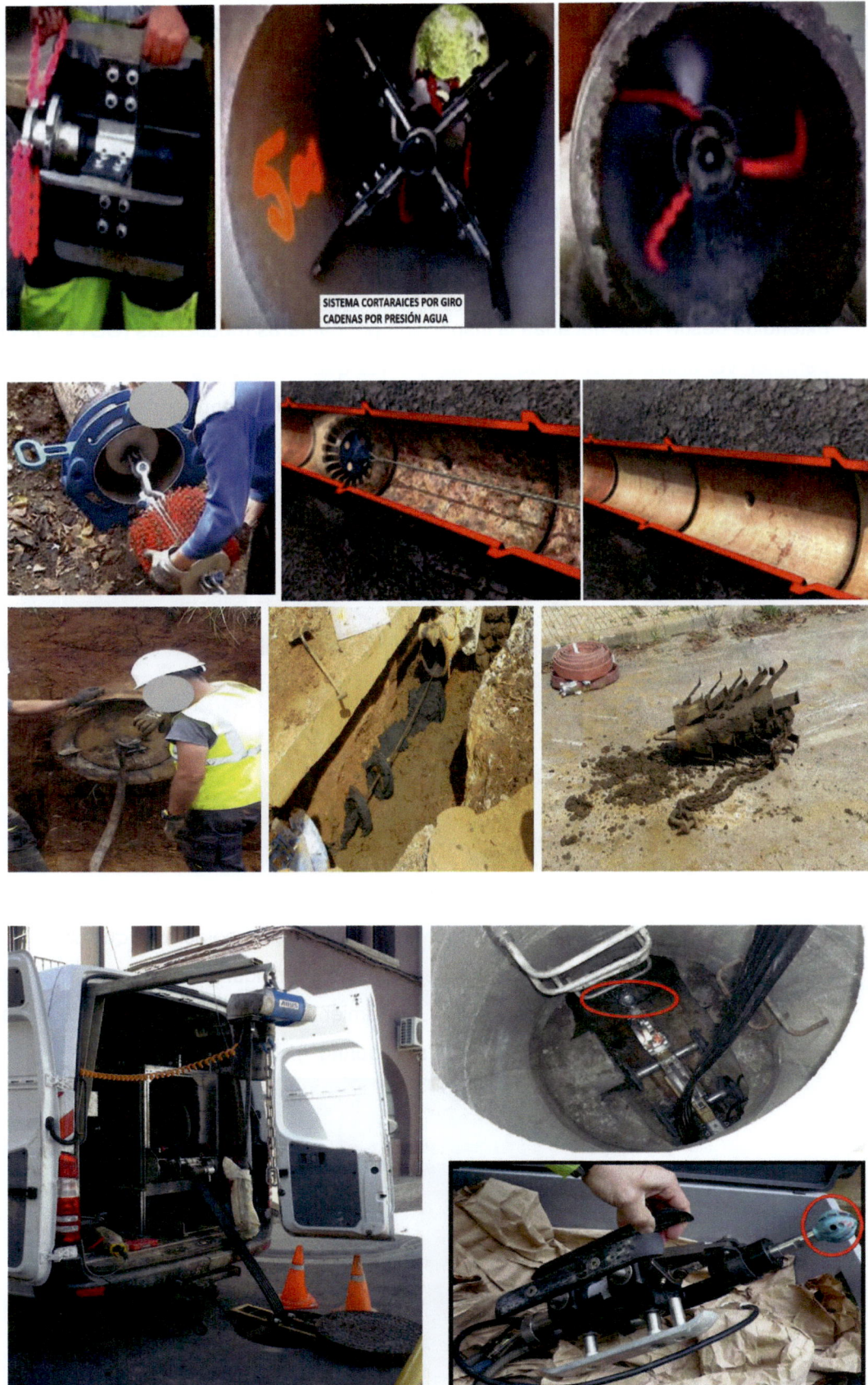

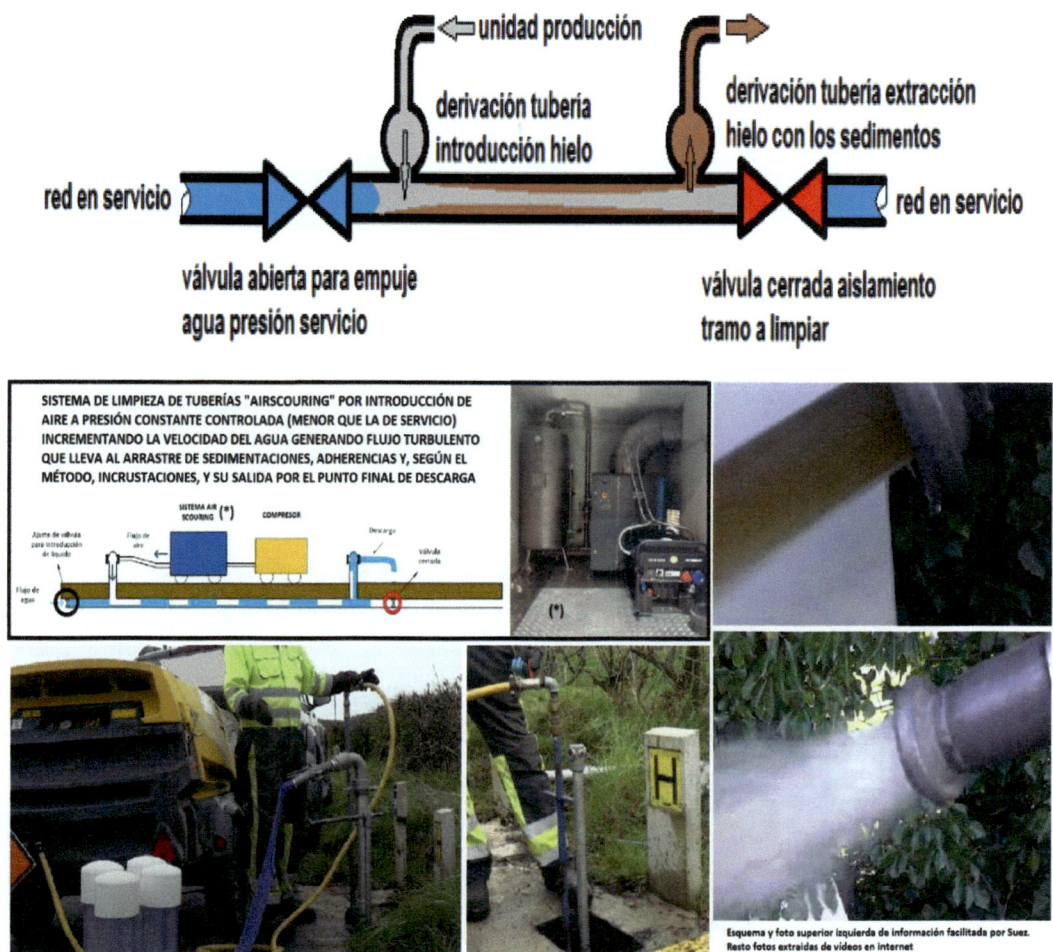

Sin olvidar sistemas muy útiles de inspección de tuberías en carga, sin necesidad de cortar el servicio, tanto para la detección de fugas (que, dependiendo de su ubicación en zonas críticas de cara a poder realizar las excavaciones, nos pueden llevar al planteamiento de ejecuciones directas por el propio interior de las tuberías con los distintos sistemas que desarrollaremos) como para verificar el estado de las estructuras metálicas de las tuberías (metálicas en sí o conteniéndolas en su conformación como tubo fabricado) para poder actuar de modo preventivo antes de que se origen las fugas/roturas/colapsos. Sistemas, para las fugas, del tipo Sahara (que permite una visualización directa por cámara mientras avanza por el propio empuje del agua sobre un "paraguas", retenido desde origen, permitiendo su sujeción o manipulación para ver detalles concretos -incluida la presencia de elementos y/o derivaciones que no le constan al servicio-, y su extracción) o del tipo "SmartBall" (donde el captador protegido circula libre por el seno del fluido, e incluso capta bolsas de aire retenidas), o, para la detección de anomalías en las estructuras, del tipo "PipeDiver" (sistema sobrenadante que mejora, de cara a evitar el corte del servicio, otros sistemas de detección para el mismo objetivo que se aplican por interior con tubería vacía).

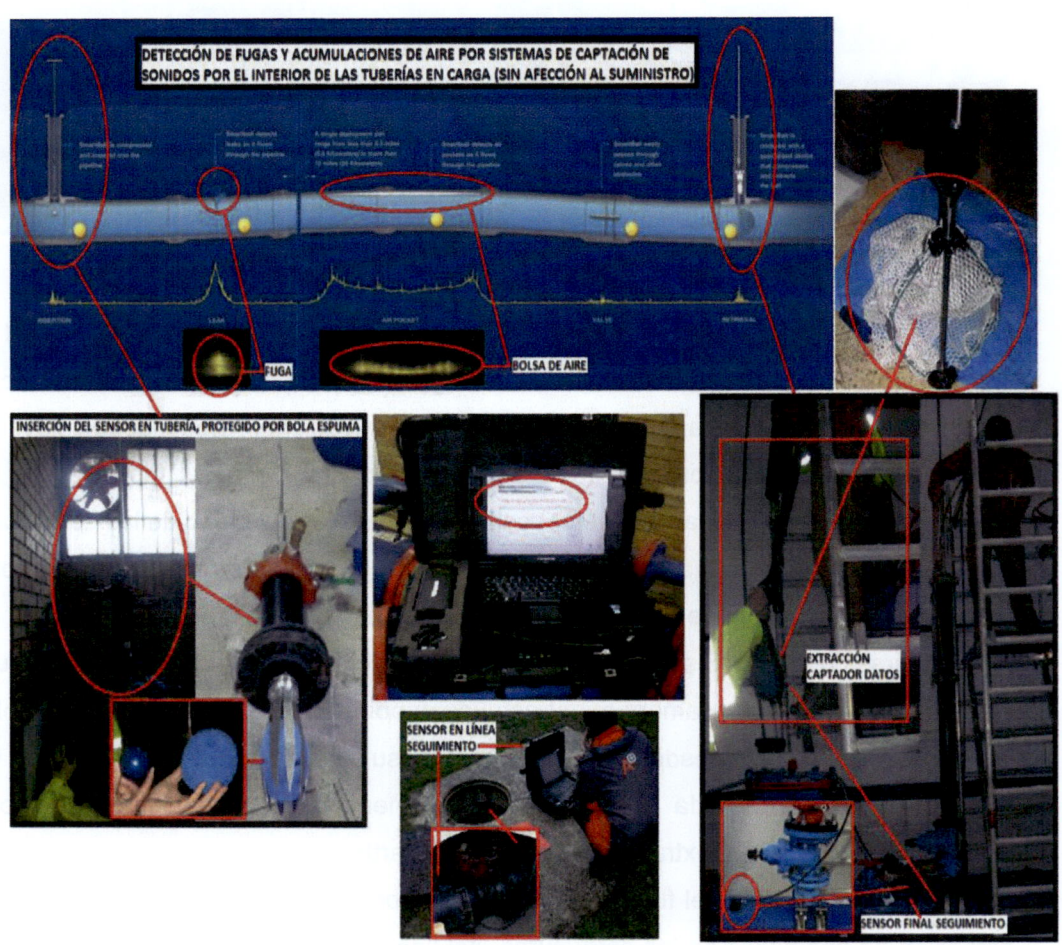

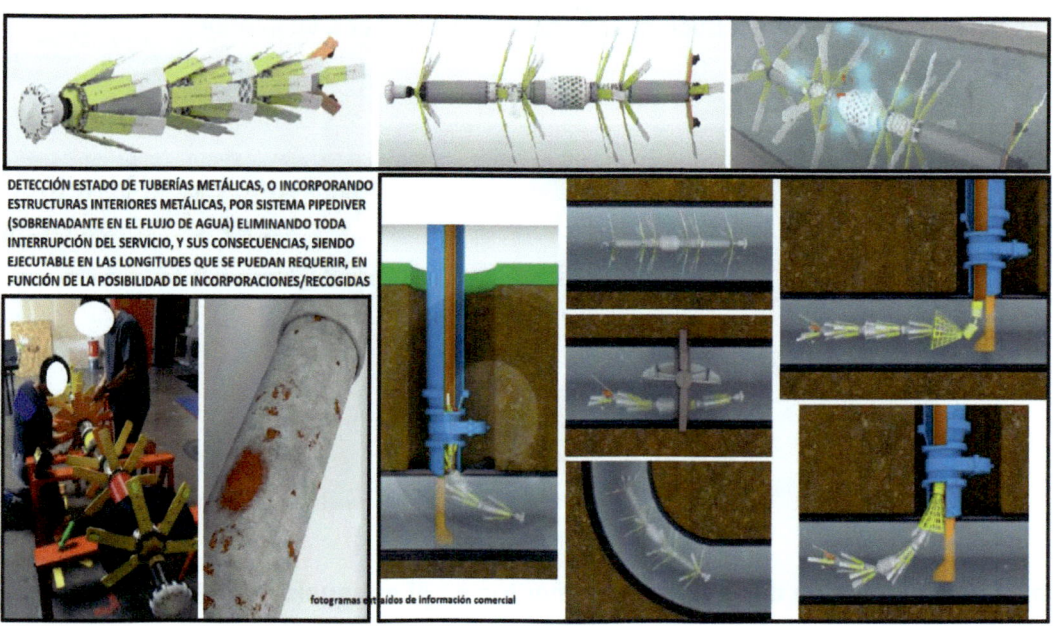

DETECCIÓN ESTADO DE TUBERÍAS METÁLICAS, O INCORPORANDO ESTRUCTURAS INTERIORES METÁLICAS, POR SISTEMA PIPEDIVER (SOBRENADANTE EN EL FLUJO DE AGUA) ELIMINANDO TODA INTERRUPCIÓN DEL SERVICIO, Y SUS CONSECUENCIAS, SIENDO EJECUTABLE EN LAS LONGITUDES QUE SE PUEDAN REQUERIR, EN FUNCIÓN DE LA POSIBILIDAD DE INCORPORACIONES/RECOGIDAS

fotogramas extraídos de información comercial

Como, así mismo, para las inspecciones directas de grandes colectores (o tuberías vacías), y galerías, los "Drones" (que están evolucionando e implantándose de modo continuo) que permiten la verificación de posibles problemas internos (obstrucciones y estado estructuras externas) sin la presencia de personal, con todas las ventajas desde el punto de vista de la prevención y seguridad.

FOTOS DE VÍDEOS FCC EN YOUTUBE (ALCANTARILLAS BARCELONA)

FOTOS VIDEO LA VOZ DE GALICIA SOBRE DRONES EN FERROL

DRON PROTEGIDO QUE CORRESPONDE AL VÍDEO DEL ENLACE (FERROL)

https://mobile.twitter.com/AcuaEsSA/status/937452182307332097/video/1

EL SISTEMA DE PROTECCIÓN PERMITE EVITARLE DAÑOS POR GOLPES QUE PUEDA RECIBIR EN LA OPERACIÓN DE TELEDIRIGIRLO A TRAVÉS DE LOS COLECTORES A INSPECCIONAR.

DADAS SUS DIMENSIONES, UNA DE LAS PRÁCTICAS QUE SE LLEVA APLICANDO EN ESTE ÁMBITO DEL CIA, EN OTROS LUGARES, ES LA INSPECCIÓN INTERNA MEDIANTE DRONES EQUIPADOS CON CÁMARA DE TELEVISIÓN, CON LOS CUALES SE CONSIGUEN VISUALIZAR, DE MODO DIRECTO, LOS INTERIORES, SIN EXPONER AL PERSONAL, Y CONSEGUIR LOS DATOS NECESARIOS QUE PUEDAN PREVENIR EL PROBLEMA Y ACTUAR EN TIEMPO Y A TIEMPO.

Pudiendo incorporarse a esta idea de prevención y seguridad, el uso de los sistemas de digitalización de infraestructuras sin tener que acceder a su interior.

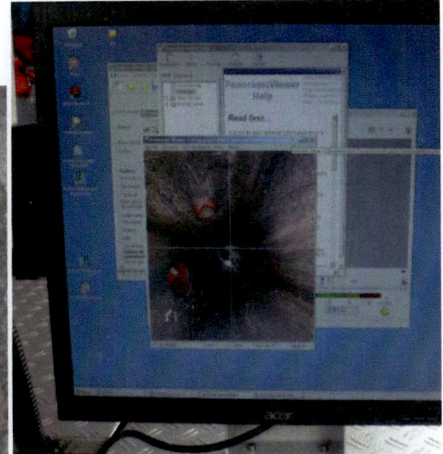

DIGITALIZACIÓN DE INFRAESTRUCTURAS

b. **Los sistemas de detección de elementos en el subsuelo y estructura del terreno**

Determinar qué existe realmente en el subsuelo de la zona donde se va a ejecutar una obra, debiera ser una premisa previa a cualquier desarrollo de cualquier proyecto, sin limitarse a la documentación existente y al marcaje de servicios que puedan facilitar las distintas empresas (marcaje que, además, suele realizarse en el momento de ir a ejecutar, para proceder a las oportunas calicatas para determinar los posibles puntos de conflicto que, en muchos casos, llevan a cambios importantes respecto a los proyectos definidos, con todas sus repercusiones por posibles averías por afecciones y –al margen de costes y daños- con posibles repercusiones en el aspecto de seguridad de los operarios).

También debiera ser una premisa en cualquier anteproyecto, la ejecución de las operaciones necesarias para conocer la estructura del terreno sobre el que vamos a trabajar y poder hacer un proyecto acorde con lo real que se va a presentar, en lo relativo a la buena preparación y organización de la obra –excavaciones, maquinarias, entibaciones, achiques por nivel freático, etc., en lo relativo a la prevención y seguridad de los operarios, en los factores de afecciones sociales y medioambientales, así como en las partidas presupuestarias evitando al máximo los imprevistos por desconocimiento previo.

Si lo anterior debiera ser prioritario para una obra a zanja abierta, es ineludible para la aplicación de las tecnologías sin zanja que llevan a actuaciones "a ciegas", como puedan ser las correspondientes a sustituciones por rotura (donde se van a producir expansiones y compactaciones perimetrales de la tubería huésped), o las de perforaciones (donde no vamos a disponer de un conducto de guía, como es la tubería huésped). Siendo en estas últimas donde, además, el conocimiento real del sustrato es fundamental para saber si podemos o no ejecutar con fiabilidad con el tipo de sistema que consideremos, ya que en función de su constitución nos podemos encontrar, en obra ya adjudicada, con graves problemas e, incluso, tener que renunciar al sistema proyectado con todo lo que ello supone.

Partir de un proyecto realizado con los datos previos aportados por sistemas de detección operados por personal competente (Georradar y sistemas electromagnéticos en apoyo), así como la verificación de la composición del sustrato mediante la consecución de datos (penetrómetros y sondeos) a analizar por los oportunos especialistas en la materia, lleva a partir de un proyecto fiable para el éxito de la obra, consiguiendo el objetivo sin imprevistos, sin afecciones de cualquier tipo, y con las mejores condiciones de seguridad para operadores y entorno.

Una vez hemos comentado lo relativo a las necesidades de cara a elección de materiales y sistemas de apoyo a usar en la fase de redacción de proyecto (es decir, de modo previo a las ejecuciones), vamos a pasar a definir las principales tecnologías que podemos usar.

1.-Entubación directa simple

Se suele conocer con el nombre inglés de "Relining" y es la tecnología más básica y económica (con ejecución por tubería PE y no por manguitos u otros). Consiste en la introducción de una nueva tubería por el interior de la existente (tubería huésped) una vez se ha procedido a eliminar de su interior cualquier obstrucción que interfiera en el paso de la nueva (operaciones obligatorias para todo tipo de entubaciones y que, por tanto, no se van a mencionar en adelante).Tubería nueva cuyo diámetro exterior será menor que el diámetro interior de la existente y, por tanto, dará lugar a una reducción de la sección hidráulica inicial.. Así pues, su elección estará condicionada a que el sistema de red admita, sin repercusiones, la reducción de capacidad hidráulica.

Siendo así, la introducción de la nueva tubería, en relación con el planteamiento básico, se puede conseguir mediante la ejecución de catas de entrada y salida a la distancia que interese (en función de la ubicación de la obra, longitud de bobinas o posibilidad de tramadas uniendo los tubos etc.), introducción desde la cata de entrada (pozo de ataque) de sirga o barras para su enganche a la nueva tubería en la cata opuesta, e introducción de la nueva tubería mediante tracción del sistema necesario en función de la fuerza a realizar (peso del conjunto de tubería más la correspondiente para salvar el rozamiento con el interior de la tubería huésped). Una vez realizada la entubación, se procede a la conexión con la tubería no sustituida todavía o las conexiones entre tramos consecutivos entubados (o, en cualesquiera de los casos, a aprovechar la excavación para insertar elementos de seccionamiento, vaciado, protección o control).

Para diámetros pequeños ya se han visto las posibilidades de suministro de tubería de polietileno en bobinas de gran longitud, que permiten reducir catas en el conjunto de lo que se pretende entubar-

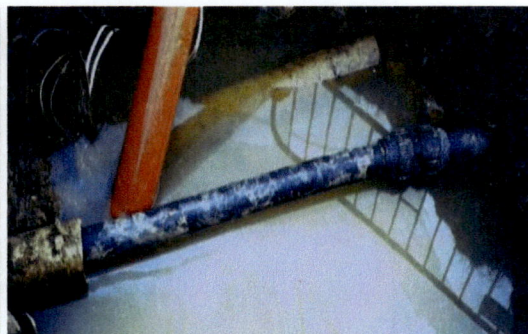

Para diámetros medios/grandes se utilizará el sistema de soldadura a tope de los tubos, para ir creando el tramo de la longitud precisada o, en caso de apreciable longitud, ejecutar tramos previos e ir introduciéndolos posteriormente soldando unos con otros.

Si queremos mantener la máxima sección hidráulica posible, tenemos que ir a la elección de tuberías cuyo diámetro exterior se acerque lo más posible al interior de la existente, y ejecutar las introducciones con métodos que nos aporten o bien un empuje o bien una tracción suficiente, para contrarrestar el peso y los factores de fricción que se darán.

ENTUBACIÓN SIMPLE 400 HM SNTO CON PE100 DN315 SDR41 (e=7,7mm)

Este tipo de sistemas nos crearán un "hueco", entre la tubería existente y la nueva que, en función de necesidades y/o criterios, se rellena o no. En saneamiento, de ser necesaria la reconexión de acometidas existentes, sin renovarlas, pueden realizarse a través de los denominados "packers de sombrerete", previo fresado por el interior de la nueva tubería en los puntos concretos (prefijados a través de CCTV) y colocación del packer controlado desde interior de la tubería y desde el registro exterior de la acometida.

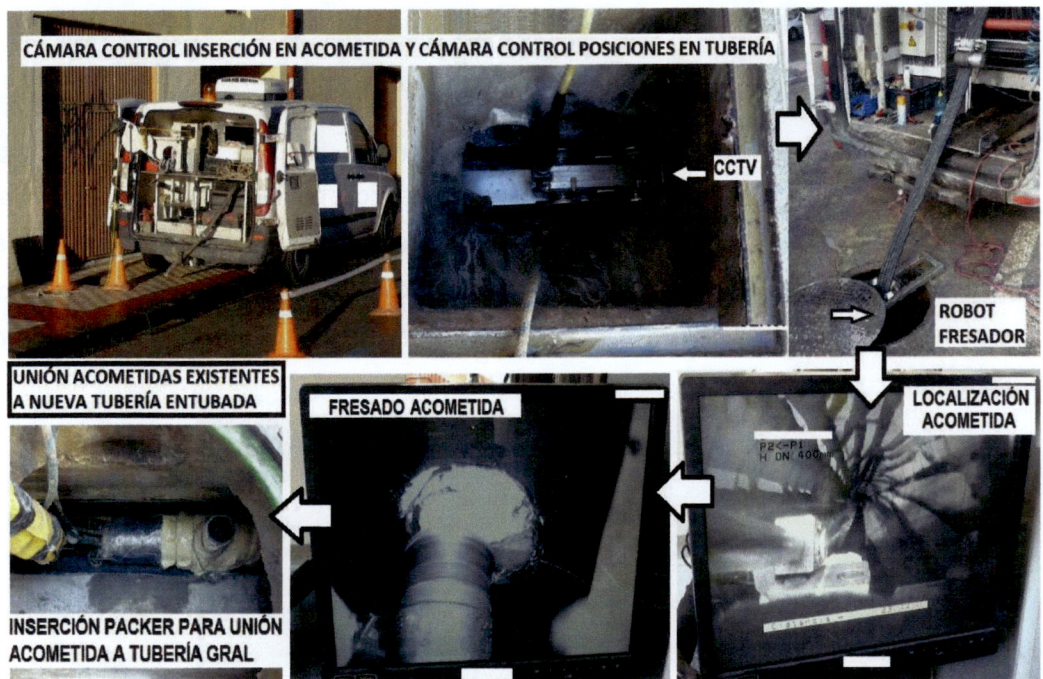

Operación similar (salvo el fresado interior para apertura del hueco en la tubería principal) a rehabilitaciones de conexiones de las acometidas por fallos de estanquidad.

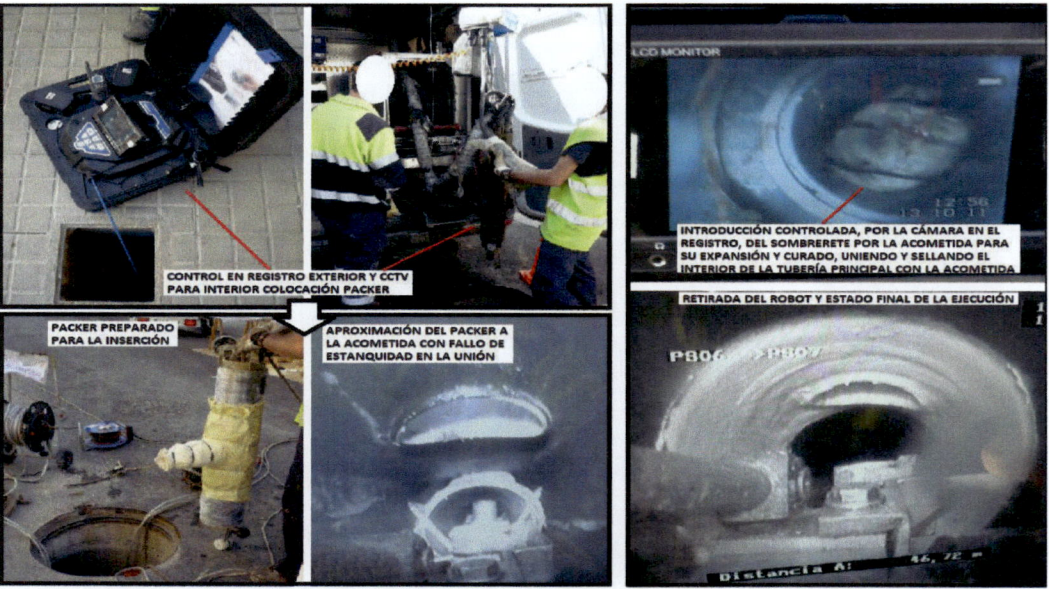

Si hay que renovar las acometidas de saneamiento, se barajará si se puede continuar el proceso con packers desde el registro hasta esa unión o si se ejecuta obra a zanja abierta y su instalación completa (de ser de elevada longitud, podremos recurrir a las ejecuciones con perforaciones directas que pueden ejecutarse desde el interior de registros exteriores, como veremos más adelante).

Para las acometidas en lo correspondiente al abastecimiento, tendremos que recurrir a descubrir los puntos concretos en la tubería principal y ejecutar las correspondientes tomas sobre ella, para unirlas a las existentes (normalmente, convendrá renovarlas también y, de ser de elevada longitud, podremos recurrir a las ejecuciones con "sistemas topo" y de "extracción/sustitución" que veremos más adelante).

Dentro de este tipo de entubaciones, se puede incluir la tecnología de montaje con manguitos cortos de polietileno o polipropileno (sistema "TIP") de unos 75cm, para poder operar directamente (montaje e introducción) desde el interior del pozo de registro, que tiene la importante ventaja de no necesitar obra civil , siempre y cuando se tengan las medidas interiores mínimas para poder hacerlo (normalmente, el interior del pozo de registro tendrá que ser, como mínimo, de 1 metro, para la gama de diámetros que emplea). Sus inconvenientes principales radican en los costes del material y en la multiplicidad de juntas que conforman la nueva tubería (de todos modos, de cara a fiabilidad, se presentan con dobles juntas)..

ENTUBACIÓN CON MANGUITOS CORTOS < 1m, POR TUBERÍA EXISTENTE A REHABILITAR, MEDIANTE PLATAFORMA DE EMPUJE HIDRÁULICO (DENOMINADO SISTEMA TIP)

Asimismo, para abastecimiento, tendríamos las **entubaciones simples con tuberías de tipo "Primus Line"** comentadas anteriormente, las cuales se introducen directamente en formato plegado, para ser desarrolladas interiormente mediante aire a presión y, tras las pruebas pertinentes, conectarse con piezas especiales -exclusivas del sistema- a los extremos de la tubería existente. Con la ventaja de poder desarrollar grandes longitudes de rehabilitación, en función de diámetros, con la única limitación del desarrollo de las bobinas, lo que lleva a longitudes altas para diámetros medios-grandes, de cara a actuaciones en arterias y líneas principales de suministro. Su obra civil se limita también a las excavaciones (y reposiciones) de los fosos en ambos extremos de la rehabilitación, permitiendo sus piezas de transición la conexión a bridas para poder ejecutar nudos con válvulas de seccionamiento, válvulas de protección y los sistemas que puedan ser necesarios para una mejor explotación.

ENTUBACIÓN CON TUBERÍA DE ALTA RESISTENCIA EN FORMATO PLEGADO QUE ADOPTA LA CONFIGURACIÓN CIRCULAR MEDIANTE AIRE A PRESIÓN. UNIONES DE ACOPLE ESPECIALES.

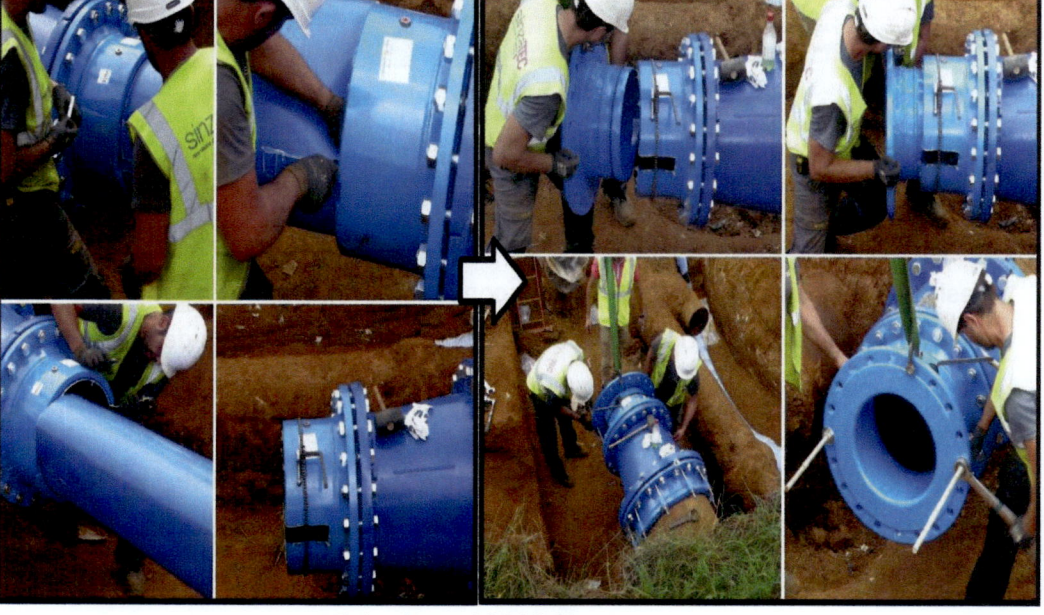

Lógicamente, por el tipo de tubería y la necesidad de conectores especiales, no es un sistema adecuado de entubación para redes de distribución que presenten acometidas a usuarios.

Otro de los sistemas que están dentro del concepto de entubaciones simples, sería la construcción de un nuevo colector (conducción por gravedad -sin presión-) in situ, mediante **ensamblaje continuo de láminas de tipo plástico** (Poliuretano o PVC).

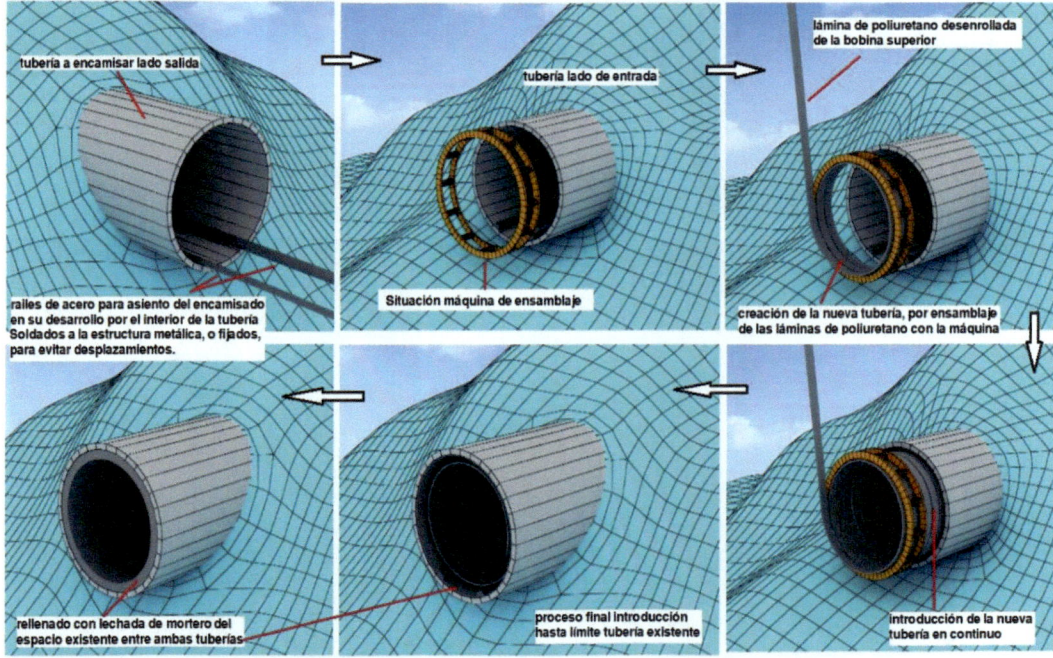

ENTUBACIÓN DE TUBERÍAS MEDIANTE CONFORMACIÓN IN SITU, Y EN CONTINUO, DE TUBERÍA HELICOIDAL, A TRAVÉS DE MÁQUINA DE ENSAMBLAJE Y EMPUJE, EN ROTACIÓN, DE LÁMINA PREPARADA DE POLIURETANO O PVC (TRASLADADA A OBRA EN BOBINAS)

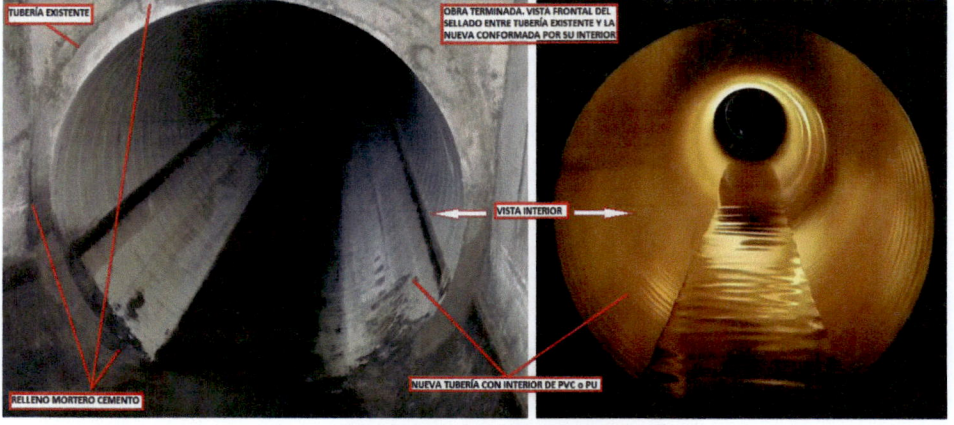

2.- Entubación ajustada (Close Fit)

Situada dentro del concepto "Relining" sigue a la anterior en concepto de tecnología más básica y económica, cuando se ejecuta con tuberías de PE, ya que también pueden considerarse como ajustadas las tecnologías de encamisamiento mediante mangas, y pueden tener costes mayores. Tubería nueva, cuyo diámetro exterior será similar o un poco mayor al diámetro interior de la existente y, por tanto, dará lugar a una menor reducción de la sección hidráulica, con la nueva tubería, que en las entubaciones simples (aunque su uso seguirá estando condicionado a que el sistema de red admita, sin repercusiones, la reducción de la capacidad hidráulica, por cuanto seguimos hablando de tuberías de polietileno y se tendrán las reducciones correspondientes a su tipo y SDR).

Hay dos sistemas básicos. Uno consiste en introducir la tubería de polietileno plegada, para posteriormente ser desarrollada interiormente aprovechando las características de memoria de este material, normalmente mediante vapor de agua, acoplándose al interior de la tubería existente.

Existen también sistemas similares, en cuanto al concepto de entubación y desarrollo posterior, en formato plano.

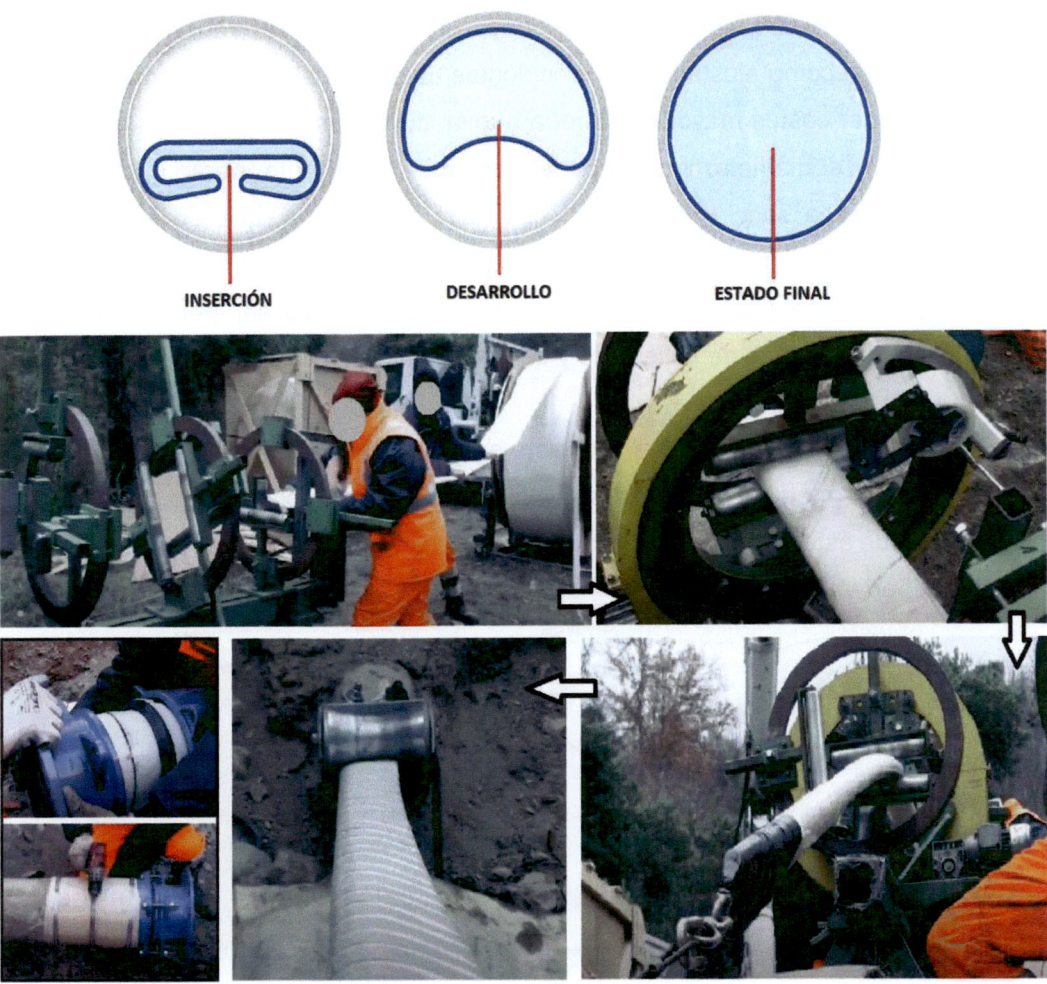

Incluso con sistemas para generar las curvas necesarias para ejecutar las inserciones desde pozos de registro existentes.

El otro sistema se basa en aprovechar las características de memoria, flexibilidad y resistencia al estiramiento del polietileno, para conformar la tubería a introducir a un diámetro menor –a través de la oportuna herramienta de transición- permitiendo una entubación con las ventajas de la simple (lo que la hace también una tecnología muy competitiva en el plano económico), para finalmente ir desarrollándose la tubería de polietileno introducida, por sí misma, a su diámetro original, quedando ajustada al interior de la existente.

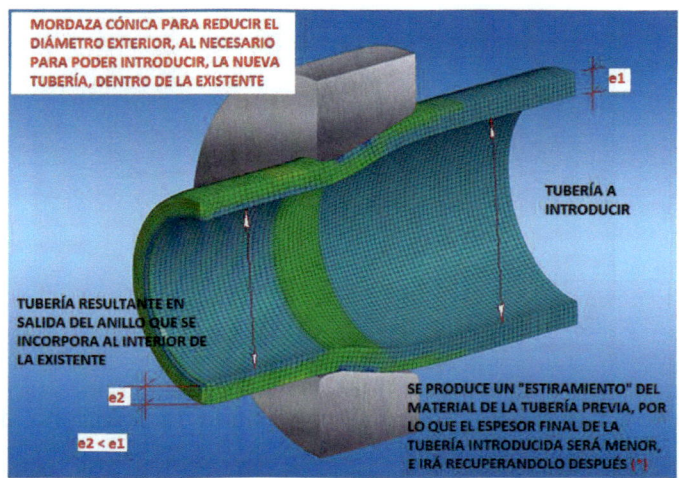

(*) EL DESARROLLO DEL DIÁMETRO EXTERIOR DE LA NUEVA TUBERÍA, NUNCA LLEGARÁ A SU TOTALIDAD, POR CUANTO SE LO IMPEDIRÁ LA TUBERÍA EXISTENTE (DE MENOR DIÁMETRO INTERIOR), POR LO QUE EL INTERIOR HIDRÁULICO REAL SERÁ SIEMPRE MENOR QUE EL QUE CORRESPONDE A LA TUBERÍA DE FÁBRICA.

HAY QUE TENER MUY EN CUENTA QUE LA TUBERÍA INTRODUCIDA DEBE EXTRAERSE FUERA DE LA TUBERÍA POR LA QUE SE ESTÁ ENTUBANDO, EN LA LONGITUD DEBIDA PARA, UNA VEZ REPOSADA Y RECUPERADA SU FORMA (QUE IMPLICA QUE *SE RETRAERA EN LONGITUD AL AUMENTAR EN DIÁMETRO*) PODER EJECUTAR LAS INTERCONEXIONES DE TRAMOS O LAS CONEXIONES DE EXTREMOS.

En este tipo de entubaciones ajustadas con tubería de polietileno, de tener acometidas derivadas de la tubería existente previa, tendremos que recurrir a las mismas consideraciones que hemos comentado en las entubaciones simples. No obstante, si el mercado estudiase la posibilidad de diseñar collares de acometidas que garantizasen la estanquidad en la tubería interior, sin tener que recurrir a cortar la exterior completamente para poder acceder a ella, sería un paso importante de cara a este tipo de actuaciones, tanto por existentes como por futuras necesidades. Se plasma aquí un dibujo de cara a entender lo que se plantea (aquí, para hacerla en carga, se retiraría previamente el casquete de la parte superior de la huésped)

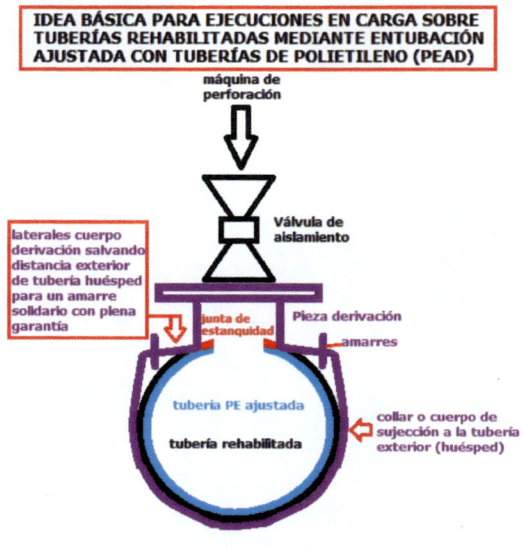

Las tecnologías de entubación que responden al sistema de ajuste máximo (con la mínima pérdida de sección hidráulica, derivada exclusivamente de un espesor mucho menor que el correspondiente a las tuberías de polietileno, para las mismas prestaciones) y con sellado mecánico (no químico) al interior de la tubería existente, corresponde con las denominadas **"CIPP" (Cured In Place Pipe)**, que responden a la introducción de mangas, plegadas, calculadas previamente para los valores necesarios (cargas, profundidades, niveles de freático, presión a soportar...) constituidas por fieltros, reforzados o no con fibras de vidrio, en función de su aplicación a tuberías de transporte de vertidos y/o agua por gravedad o a presión, que se han impregnado previamente (en obra o en fábrica –mejores prestaciones de control, calidad y ausencia de afecciones-) con resinas (de calidad alimentaria en el caso de agua potable) que se llevan a polimerización y curado –una vez introducida y desarrollada la manga- por distintos medios (agua caliente, vapor de agua o trenes de lámparas ultravioletas o Led) dando un producto final consistente en una nueva tubería adaptada perfectamente a la existente, solidarizada con ella y con un coeficiente de rugosidad idéntico al de los materiales plásticos, debido a su cara interna de polietileno, polipropileno o poliuretano..

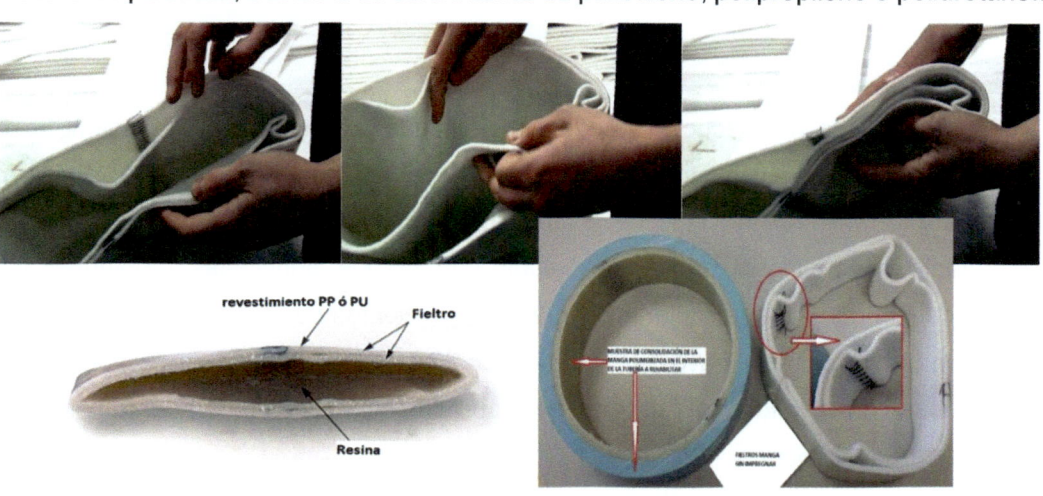

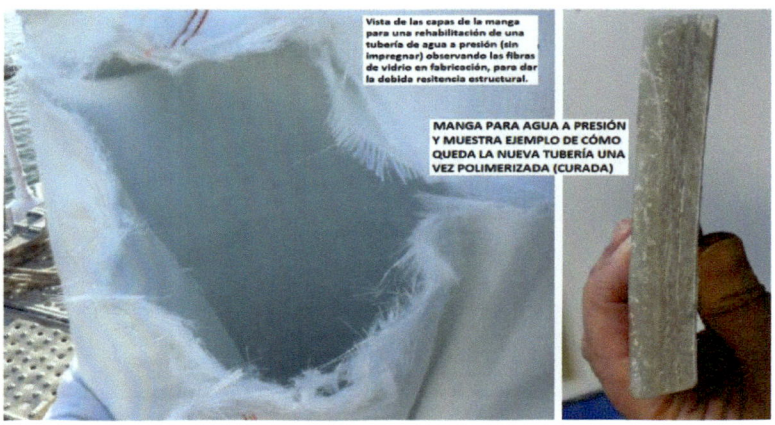

Tubería que, según las necesidades, puede ser autoportante. Es decir, que puede trabajar por sí sola en el contexto de soporte de cargas, directas e indirectas (incluidos empujes por nivel freático), como si no existiera una tubería exterior a su alrededor (pero siempre debe existir una tubería huésped, pues la manga necesita un soporte de contención). Pueden conseguirse rehabilitaciones de colectores y tuberías de diversas formas geométricas (e, incluso, con los datos muy precisos, cambios de diámetros que puedan existir en el tramo a rehabilitar).

 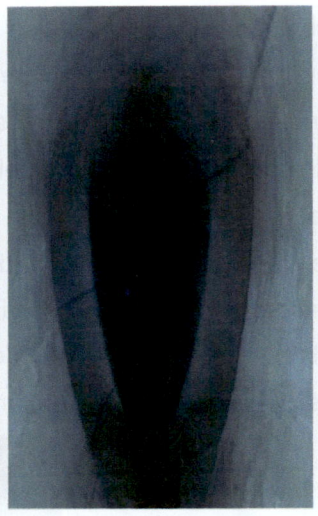 

Las longitudes de ejecución pueden ser elevadas, dependiendo del diámetro y las posibilidades de suministro y ejecución de la obra. Todo lo que se ejecute de modo continuo, contemplará una nueva tubería sin juntas, lo que constituye un factor muy notable a considerar respecto a eludir uno de los principales problemas en los saneamientos y abastecimientos. En los saneamientos con pozos de registro, como la manga va a pasar a través de ellos en continuo, permitirá, de modo posterior a las pruebas correspondientes, el recorte de su zona superior obteniendo, también, cunas totalmente estancas,

 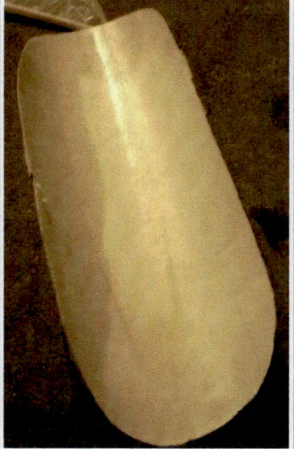 

Existen dos tipos de mangas, que corresponden con los sistemas de introducción y desarrollo por el interior del colector o tubería existente, y se definen por el concepto de "mangas reversibles" o "mangas directas". Las de mayor aplicación hasta el momento (para un rango de diámetros que abarca todo el ámbito de tuberías, desde 150mm a cualquier necesidad, en función de las posibilidades de fabricación -se han ejecutado en diámetros superiores a los 3 metros-) han sido las denominadas **"reversibles",** por el concepto de su modo de desarrollo revertiéndose en el avance por el interior de la tubería existente, de modo que la parte impregnada de resinas queda en contacto con su pared interior, y la cara de material plástico queda hacia el interior, quedando como la capa de tránsito del vertido y/o agua, con un coeficiente de rugosidad totalmente mejorado, aumentando la capacidad hidráulica que se tenía, aun cuando se haya reducido la sección interior en base al espesor de la nueva tubería.

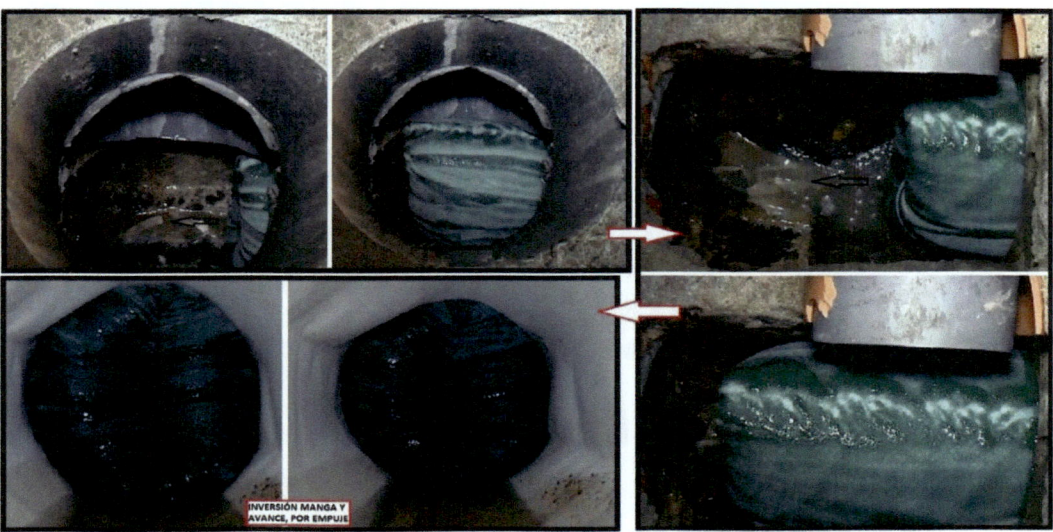

La impregnación de la manga con las resinas es conveniente ejecutarla en fábrica (entorno cubierto controlado), dejando la impregnación en obra exclusivamente por excepcionalidad por cualquier causa, en base a evitar cualquier afección.

Este desarrollo en avance se consigue a través de columna hidrostática (altura de columna de agua que lleva al valor mínimo del empuje necesario para que la manga – con su peso y rozamientos- avance por el interior) o a través de los llamados "tambores" de reversión con empuje por aire comprimido.

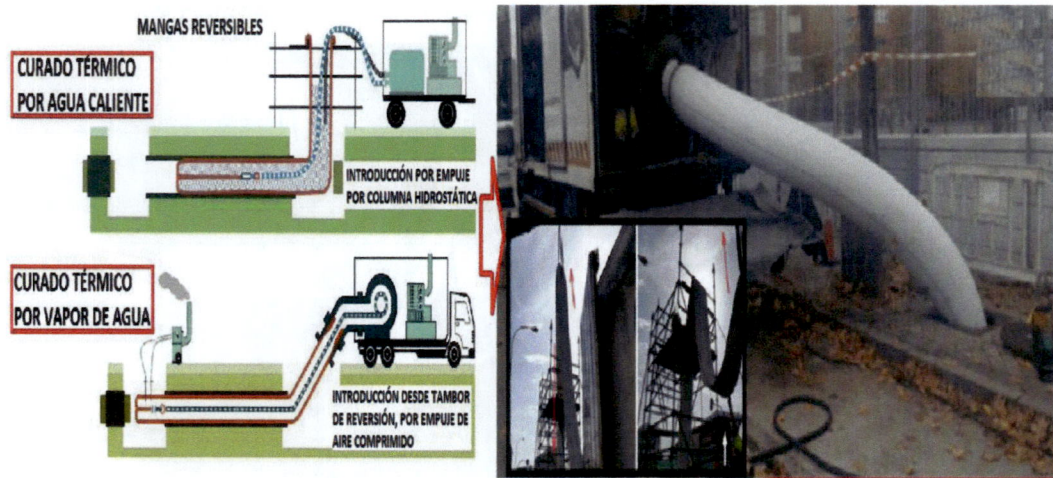

La manga se protege instalando previamente una funda plástica ("preliner"), tanto por protección física en su avance como para evitar que, de existir infiltraciones, no provoque enfriamientos directos previos.

PRELINER INTRODUCIDO PREVIAMENTE E INFLADO PARA EL PASO DE LA MANGA EN REVERSIÓN. PROTECCIÓN FÍSICA DE LA MANGA

La disposición para que se produzca la reversión de la manga por empuje del agua se observa en el siguiente fotomontaje.

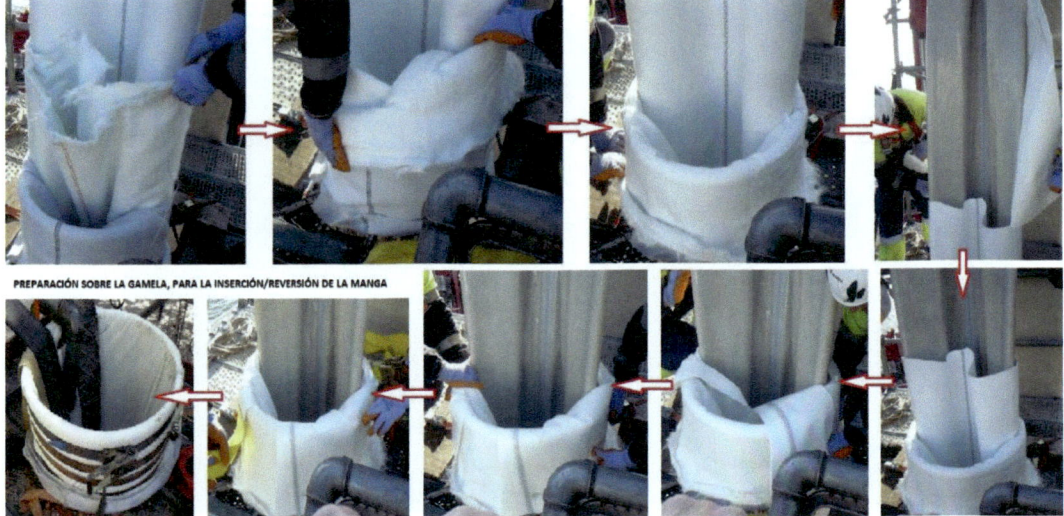

PREPARACIÓN SOBRE LA GAMELA, PARA LA INSERCIÓN/REVERSIÓN DE LA MANGA

Para el control de su curado se le incorporan los oportunos sensores de temperatura, aunque lo normal, actualmente, es incorporar una sonda de fibra óptica a lo largo de todo el tramo a ejecutar.

La columna hidrostática, permite la ejecución de diámetros medios y grandes, sin otra implicación que la torre de andamio a disponer sobre el pozo de registro o sobre el nudo de abastecimiento desmontado.

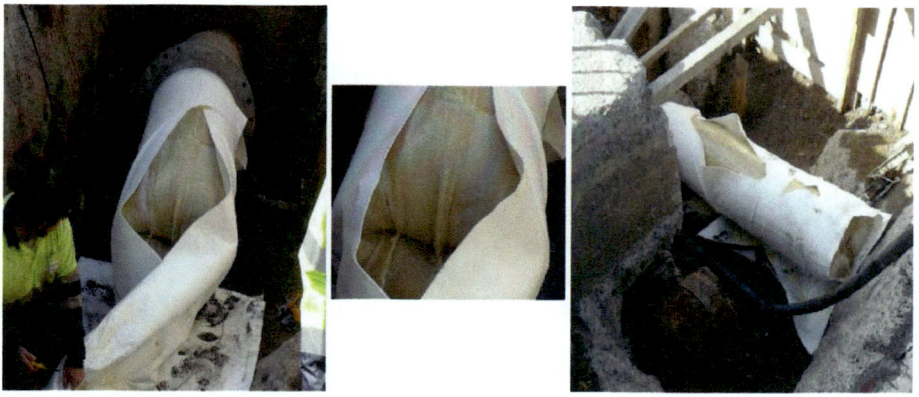

Los tambores de reversión también son utilizados para diámetros medios-grandes, pero sin llegar a los rangos de la columna hidrostática.

MANGA INSTALACIÓN CON TAMBOR DE REVERSIÓN

Para diámetros pequeños, con aplicación también a sistemas interiores, se suele utilizar el llamado cono de reversión, que viene a ser similar en concepto al tambor, pero con incorporación directa de la tubería al interior del cono (sin arrollamiento de la longitud a insertar). Nos basaremos en un esquema de este tipo de sistema, para entender básicamente el proceso de reversión.

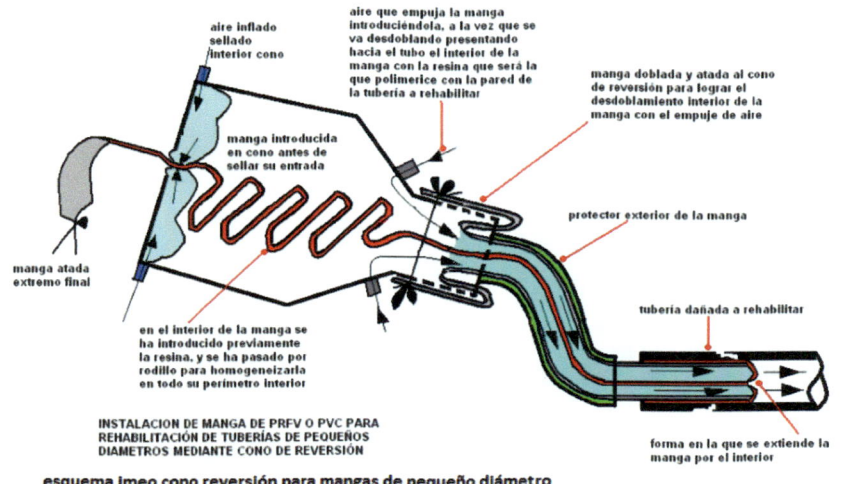

esquema jmeo cono reversión para mangas de pequeño diámetro

En las ejecuciones por columna hidrostática y conos de reversión, el curado se realiza a través de agua caliente en circuito cerrado.

En las correspondientes a los tambores de reversión, se realiza a través de vapor de agua.

En cualquier caso, a la temperatura debida (cálculos propios de la empresa ejecutante) para conseguir el proceso de polimerización de modo controlado, para el objetivo deseado de sus características finales de trabajo. Procesos completos para instalaciones en saneamiento y abastecimiento, para observar sus ventajas, se disponen al final de esta parte de entubaciones.

En relación con las **mangas de introducción directa (sin reversión),** actualmente en auge hasta determinados rangos, no se necesita ningún elemento auxiliar para la introducción, salvo el cable de tiro para traerla desde el punto de introducción al punto final del tramo a rehabilitar. Una vez introducida, se realiza su expansión con aire comprimido, y se procede a su polimerización/curado con rayos ultravioletas o luces Led, con el paso por el interior de la manga de los denominados "trenes de lámparas".

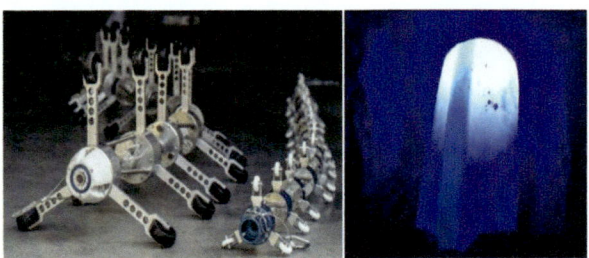

CURADO DE MANGAS IN SITU (CIPP) CON TRENES DE LÁMPARAS ULTRAVIOLETAS

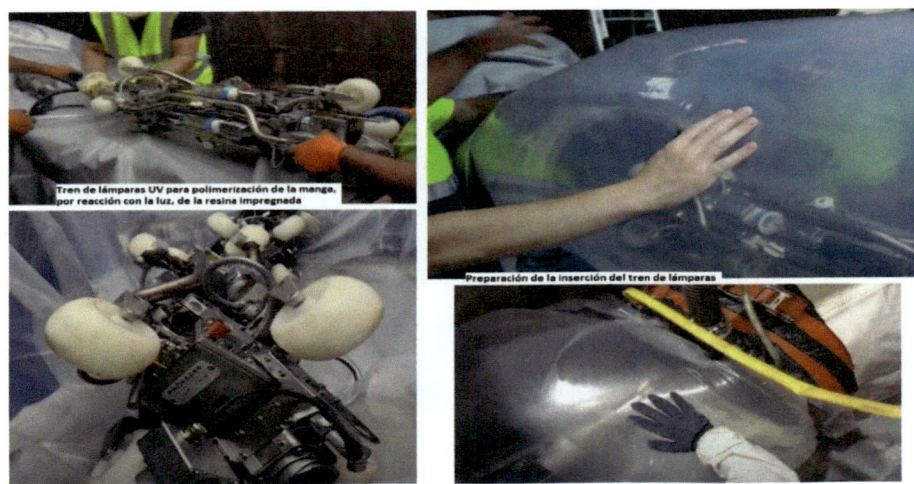

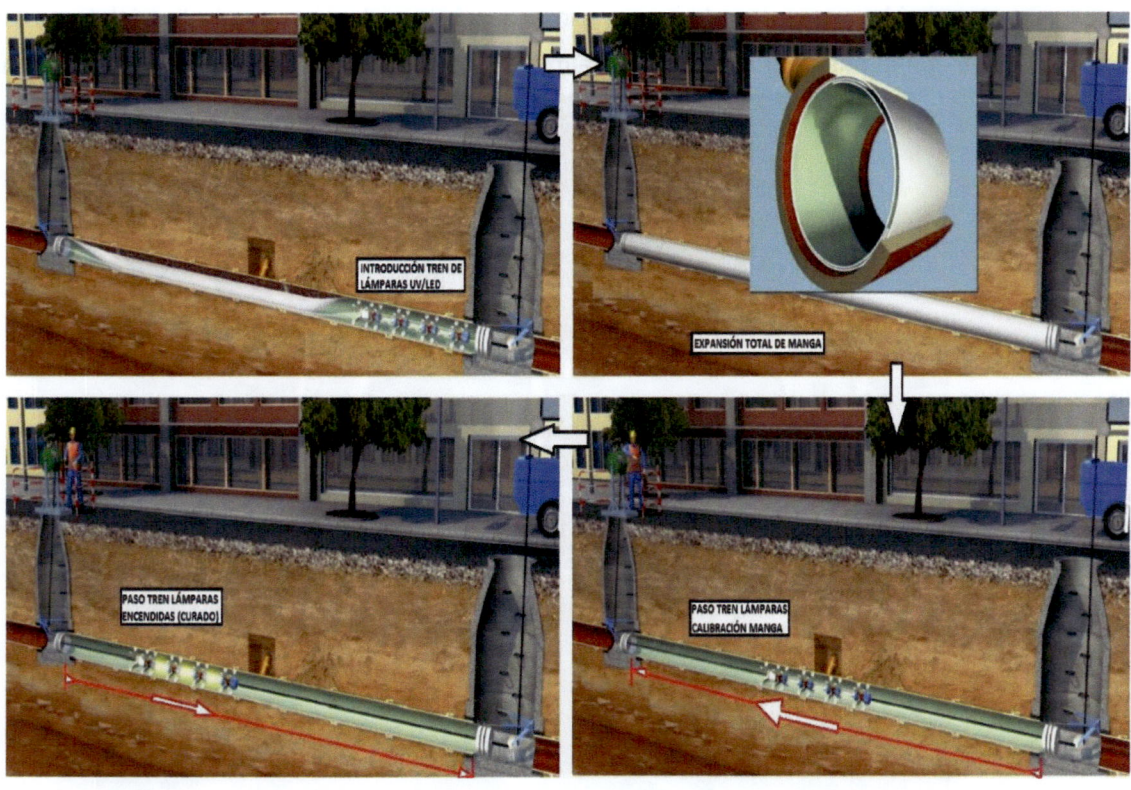

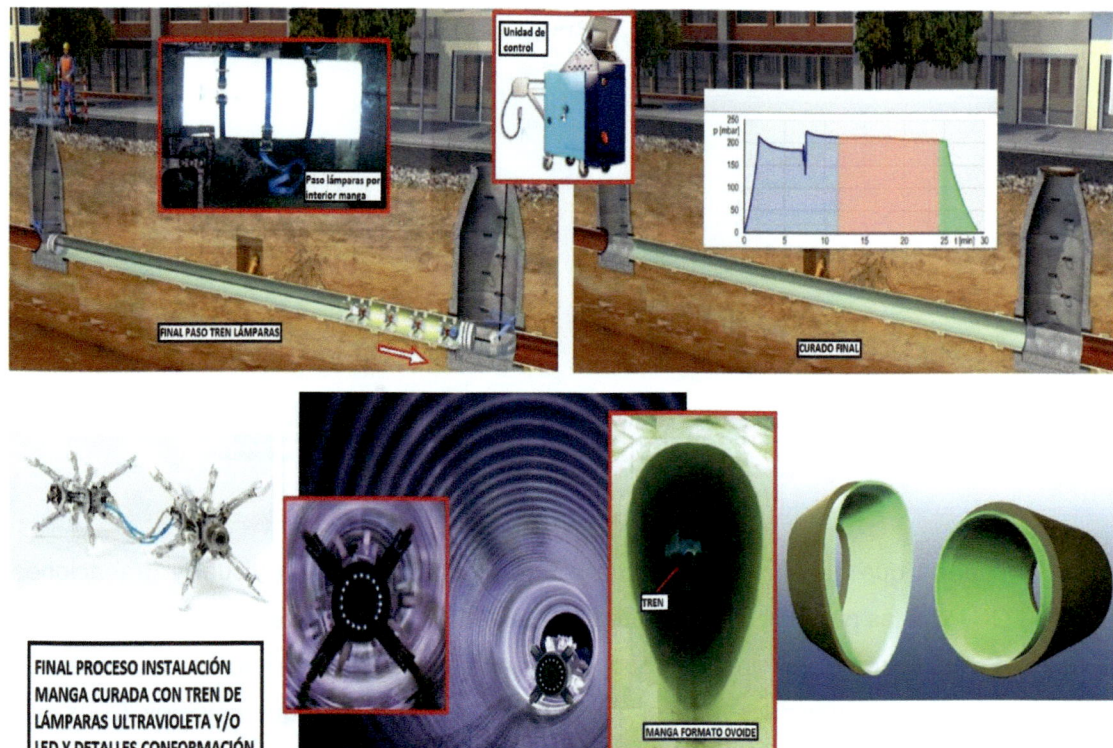

En función de las necesidades, por diámetros y/o posibilidades de puesta en obra, se elige el que mejor se considere.

Sea cual sea el método, el resultado es una tubería nueva totalmente estanca, competente de acuerdo a su función y de larga vida útil.

EL RESULTADO ES EL MISMO. UNA TUBERÍA TOTÁLMENTE NUEVA ADHERIDA FÍSICAMENTE, DE MODO COMPETENTE, CON CARACTERÍSTICAS MECÁNICAS ÓPTIMAS (CALCULADA DE MODO EXPRESO Y SINGULAR PARA CADA INSTALACIÓN, PARA LAS CONDICIONES DE CARGAS, FREÁTICOS, ETC.) TOTALMENTE ESTANCA, CON RUGOSIDAD MÍNIMA (ALMA INT. DE TIPO PLÁSTICO), Y SIN UNA SOLA JUNTA.

Tubería que habrá sido sometida a la oportuna inspección visual y grabaciones por CCTV, a las pruebas de presión/estanqueidad oportunas, y de la que se habrán extraído de sus extremos las probetas oportunas para ser sometidas a los ensayos de laboratorio correspondientes para verificar que cumple con todos los requerimientos de los cálculos de proyecto.

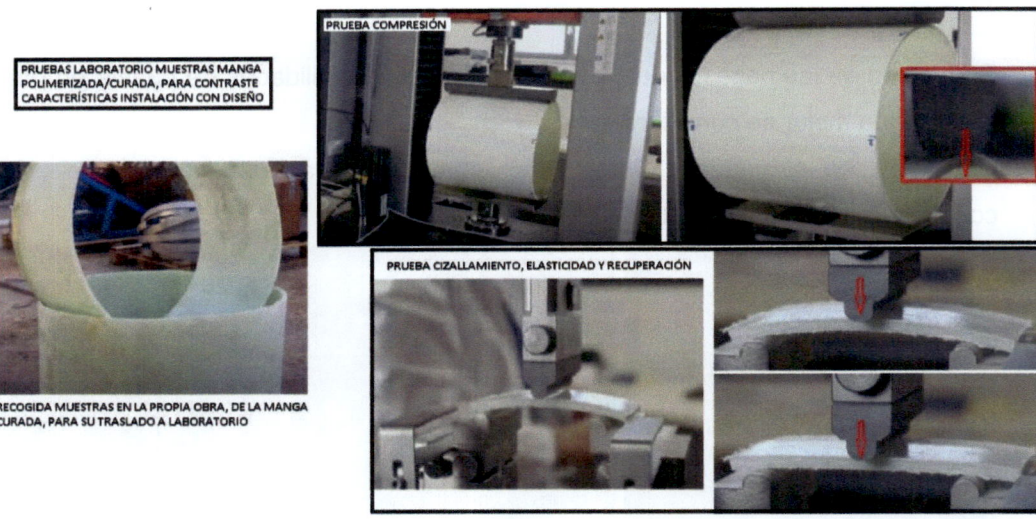

PRUEBAS LABORATORIO MUESTRAS MANGA POLIMERIZADA/CURADA, PARA CONTRASTE CARACTERÍSTICAS INSTALACIÓN CON DISEÑO

PRUEBA COMPRESIÓN

PRUEBA CIZALLAMIENTO, ELASTICIDAD Y RECUPERACIÓN

RECOGIDA MUESTRAS EN LA PROPIA OBRA, DE LA MANGA CURADA, PARA SU TRASLADO A LABORATORIO

Este tipo de mangas se adhieren físicamente al perímetro interior de la tubería huésped reproduciendo su forma y/o defectos que pueda tener. No existe ningún tipo de consolidación química (mezcla de materiales) pero su adherencia es muy notable (aunque en tuberías a presión con revestimientos interiores añadidos al tubo base, no se puede garantizar la estanquidad entre la nueva tubería constituida por la manga polimerizada y la rehabilitada, por lo que se aplican juntas interiores en los extremos para garantizarla).

DETALLE DE LA ADHERENCIA FÍSICA DE UNA MANGA FLEXIBLE POLIMERIZADA AL PERÍMETRO INTERIOR DE LA TUBERÍA HUÉSPED (EN ESTE CASO, DE FUNDICIÓN NODULAR CON REVESTIMIENTO INTERIOR DE MORTERO CENTRIFUGADO)

En esas tuberías que van a trabajar a presión, la unión de los extremos de la rehabilitación con las dos partes de la tubería que se haya cortado para crear los accesos necesarios para la entrada y salida de la manga, se ejecutará en función de lo que se quiera obtener, si seguir en línea o aprovechar para ejecutar cualquier tipo de nudo operativo que pueda entenderse necesario, aprovechando la excavación realizada. Así podrá ejecutarse con piezas de transición por inserción por el interior de la manga (se adjunta un esquema simple, solamente como ejemplo ilustrativo) o por el exterior de la tubería huésped, pero siempre se unen a través de ese tipo de juntas que, aunque totalmente competentes y de calidad para una larga vida útil, siempre representan el dejar elementos internos dentro del flujo de agua.

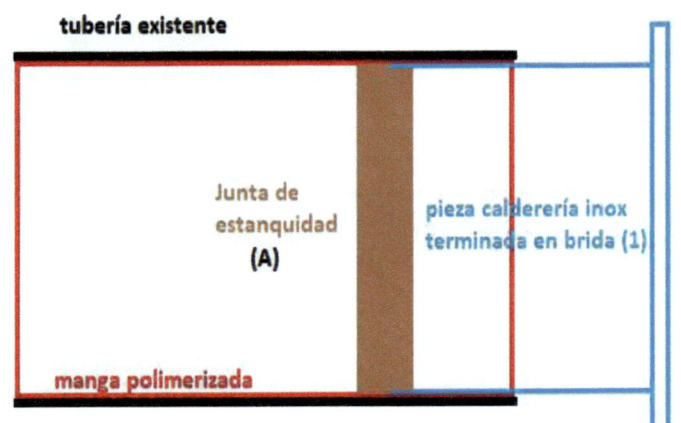

(1) para transición con brida a derivación, válvula, etc., donde pueda venir bien, a través de un carrete de desmontaje, para facilitar operaciones futuras

Instalación, en los extremos, de juntas perimetrales de interior para garantizar la estanquidad entre la nueva tubería de PRFV(*) y la tubería huésped
(*) Manga reversible polimerizada

Obturador seguridad ante caída de piezas (pendiente existente). Retirado tras instalar junta cierre

Una posibilidad que debiera tenerse en cuenta por las empresas de servicio y las ejecutantes como subcontratas de ellas, es la construcción de la unión por el exterior, de modo que se corte la manga sobresaliendo de la tubería huésped y se una directamente con la transición correspondiente, de modo que la pieza de unión queda fuera del flujo de agua.

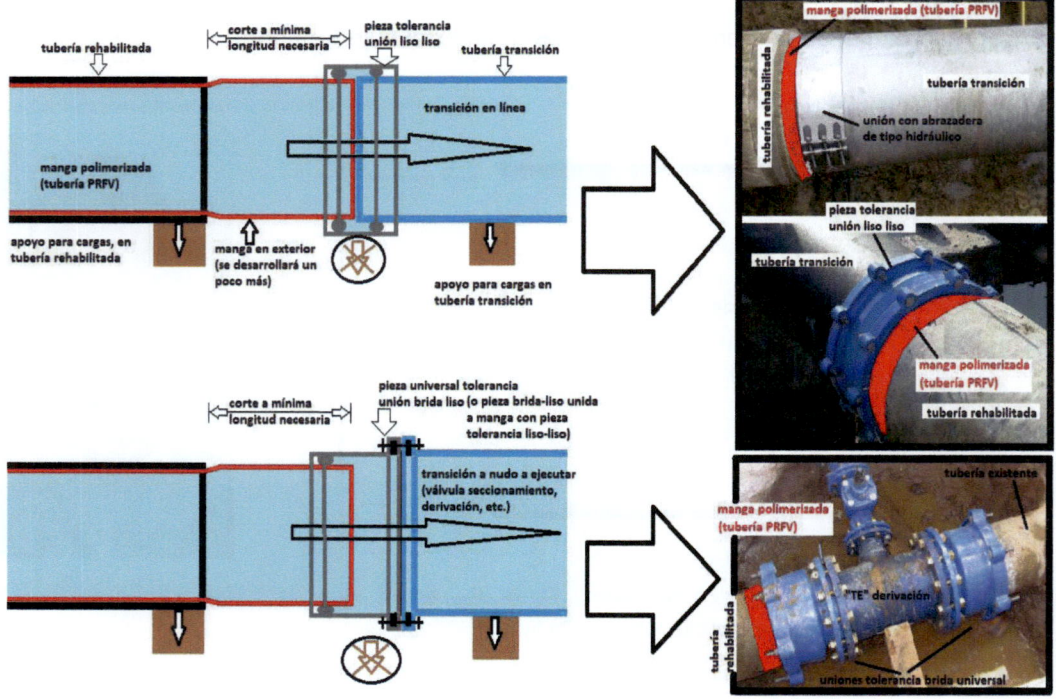

Uno de los "inconvenientes" que conlleva este tipo de rehabilitación para lo correspondiente a rehabilitaciones de agua a presión es que cualquier derivación que se pretenda hacer, con fiabilidad de estanquidad, va a llevar a tener que actuar sobre la tubería exterior para poder llegar a la tubería de poliéster reforzada con fibra de vidrio que es la que realiza el servicio, pudiendo ser la operación problemática o costosa dado lo indicado antes respecto a cómo se solidariza la manga de rehabilitación a la tubería huésped. Del mismo modo que se ha comentado en las entubaciones ajustadas, la búsqueda/diseño de piezas que pudiesen permitir las ejecuciones directas, se perfila aquí como una necesidad que haría que esta tecnología pudiese ser aplicada a un contexto general de redes de distribución en ámbitos urbanos, donde la proliferación de acometidas hace que se descarte su utilización.

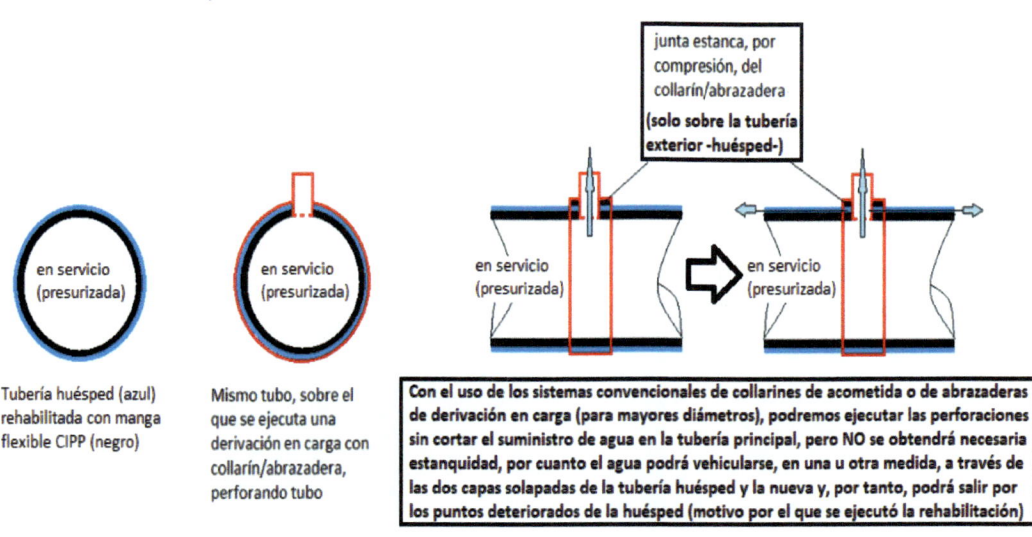

junta estanca, por compresión, del collarín/abrazadera (solo sobre la tubería exterior -huésped-)

en servicio (presurizada)

en servicio (presurizada)

en servicio (presurizada)

en servicio (presurizada)

Tubería huésped (azul) rehabilitada con manga flexible CIPP (negro)

Mismo tubo, sobre el que se ejecuta una derivación en carga con collarín/abrazadera, perforando tubo

Con el uso de los sistemas convencionales de collarines de acometida o de abrazaderas de derivación en carga (para mayores diámetros), podremos ejecutar las perforaciones sin cortar el suministro de agua en la tubería principal, pero NO se obtendrá necesaria estanquidad, por cuanto el agua podrá vehicularse, en una u otra medida, a través de las dos capas solapadas de la tubería huésped y la nueva y, por tanto, podrá salir por los puntos deteriorados de la huésped (motivo por el que se ejecutó la rehabilitación)

En líneas generales, estos sistemas permiten rehabilitaciones altamente competentes y de calidad, para una larga vida útil, para cualquier tipo de servicio (en lo que respecta al agua, sean saneamientos o abastecimientos, sean para agua potable, o no, sean por gravedad o a presión), con reducciones mínimas de sección hidráulica y a unos costes sociales, medioambientales y económicos (se pone abajo el ejemplo de una obra real muy simple, que puede dar una idea de lo que puede representar en el contexto general) incomparablemente más reducidos que una obra convencional de zanja abierta para sustitución de la tubería y/o colector, además de los factores de prevención y seguridad en las obras.

EJEMPLO CONCRETO BÁSICO: REHABILITACIÓN TUBERÍA SANEAMIENTO (90 METROS) DN500HM EN URBANO DENSO, SITUADA A UNA PROFUNDIDAD MEDIA DE 6m CON SUELO DE MARGA CONSISTENTE. SITUADO EN MEDIANA VIAL DOBLE (4 CARRILES) ENTRADA NÚCLEO.

TIEMPO EJECUCIÓN

Tiempo real: *2 jornadas completas*
Tiempo estimado de una obra convencional: *mínimo 2 meses*
Tiempo ahorrado: *57 días*

COSTES ECONÓMICOS

Coste total ejecución ENCAMISADO de los 90 metros: 35.500€

Coste obra convencional (muy orientativo) 1120€/m (E.M.) => 1300€/m (E.C.) => 117.000€

*No contempla gestión de residuos (partida importante en costes)

Máxime teniendo en cuenta que **hasta los diámetros que puedan ser incorporados por los pasos de tapas, no necesita de ninguna obra civil**, por lo que se anula también todo lo relativo a gestión de residuos y las distintas afecciones sociales y medioambientales. Incluso encontrando la situación de registros convencionales y dimensionamientos mayores que puedan ser incorporados a través del dimensionamiento interior del registro, la única obra civil a ejecutar suele ser la retirada de los conos de reducción en el acceso.

Ejemplo de una obra real de rehabilitación por entubación con manga flexible, en tubería principal a presión de DN600FG en ámbito urbano, para ver los problemas que resuelve respecto a todo tipo de afecciones sociales, de seguridad y medioambientales (al margen de costes), respecto a una ejecución a zanja abierta.

Camión frigorífico donde se transporta la manga impregnada y plegada

MANIPULACIÓN EN OBRA DE LA MANGA IMPREGNADA DESPLEGADO DIRECTO DESDE EL CAMIÓN FRIGORÍFICO E INSERCIÓN A TRAVÉS DE LA GAMELA POR EMPUJE DE LA COLUMNA HIDROSTÁTICA (altura andamio más la profundidad tubería)

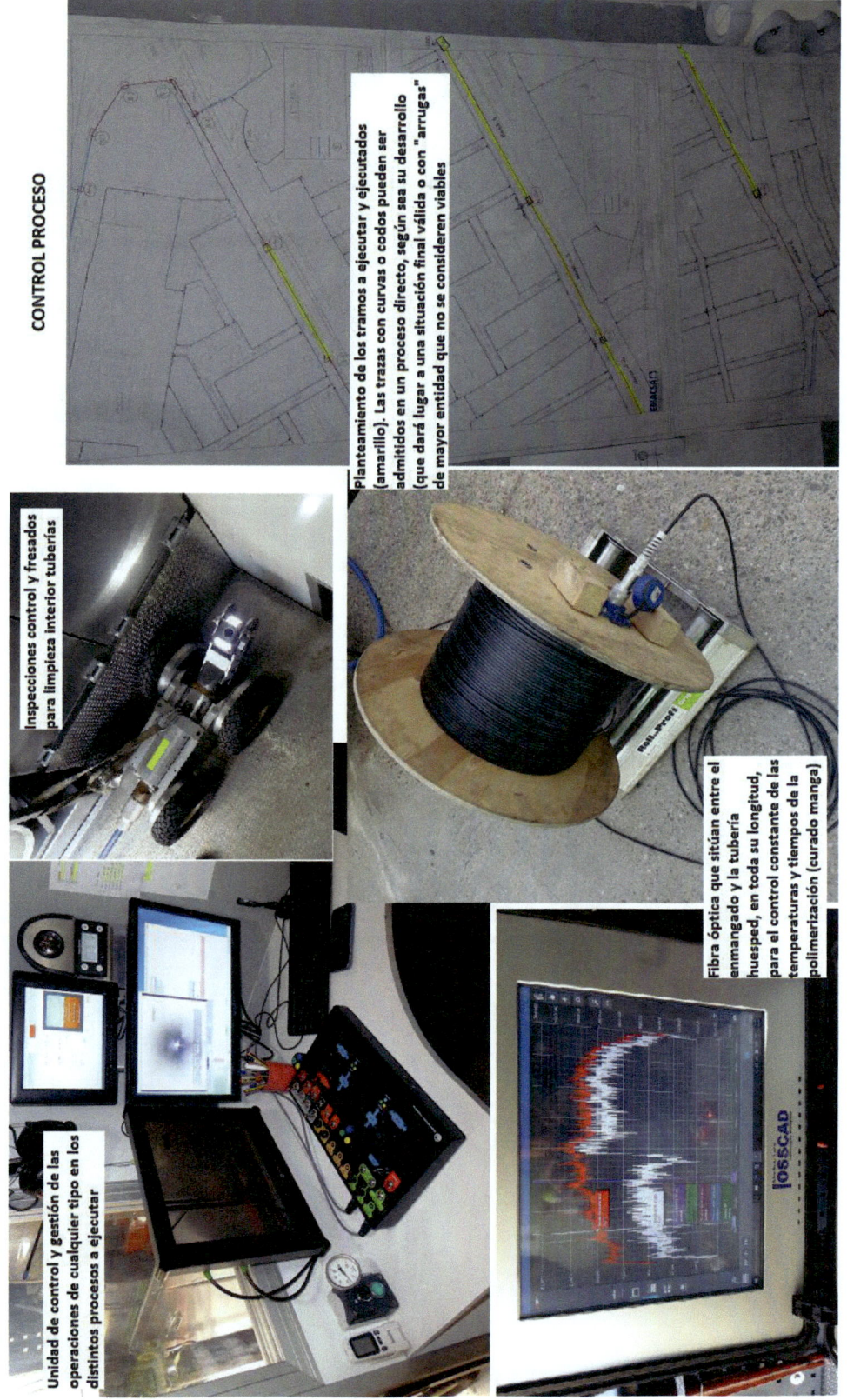

CONTROL PROCESO

Planteamiento de los tramos a ejecutar y ejecutados (amarillo). Las trazas con curvas o codos pueden ser admitidos en un proceso directo, según sea su desarrollo (que dará lugar a una situación final válida o con "arrugas" de mayor entidad que no se consideren viables

Inspecciones control y fresados para limpieza interior tuberías

Fibra óptica que sitúan entre el enmangado y la tubería huesped, en toda su longitud, para el control constante de las temperaturas y tiempos de la polimerización (curado manga)

Unidad de control y gestión de las operaciones de cualquier tipo en los distintos procesos a ejecutar

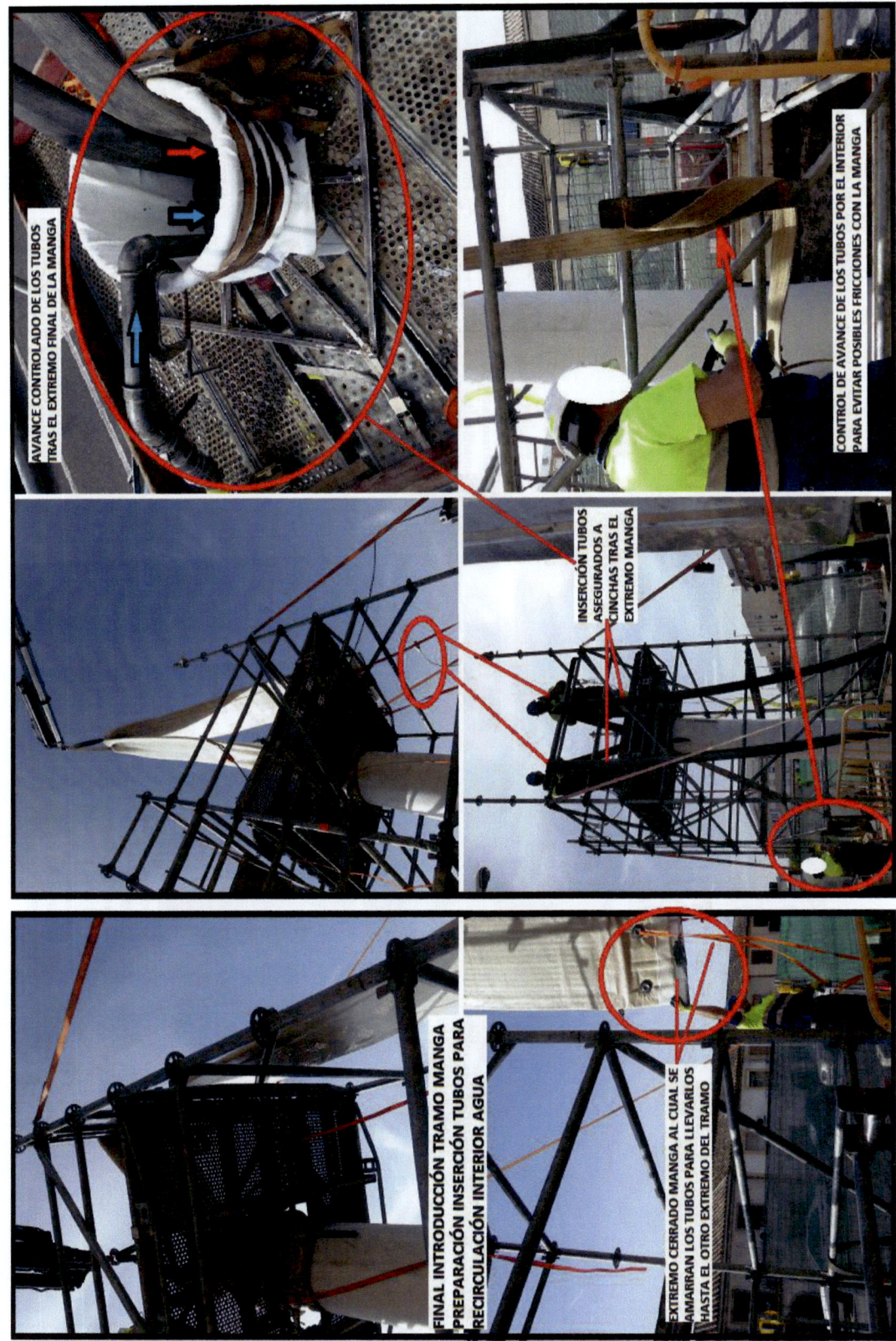

EXPANSIÓN COMPLETA MANGA

CIERRE AGUA MANTENIMIENTO NIVEL COLUMNA HIDROSTÁTICA

LLEGADA MANGA AL EXTREMO FINAL

CORTE PRELINER (MANGA PREVIA PROTECCIÓN) RETIRADA DEL TAJO

TOPES PARA EVITAR CHOQUE EXTREMO MANGA CON TORNILLERÍA BRIDA CIEGA

MANGA IMPREGNADA BAJO EL PRELINER

TUBERÍA 600 EN SERVICIO MIENTRAS REHABILITACION

PRELINER CORTADO

RETIRADA EQUIPOS CAMIÓN FRIGORÍFICO Y CAMIÓN GRÚA PARA COLOCACIÓN CAMIÓN EQUIPAMIENTOS GRUPO Y BOMBEOS RECIRCULACIÓN AGUA FRÍA - AGUA CALIENTE Y SU GENERACIÓN

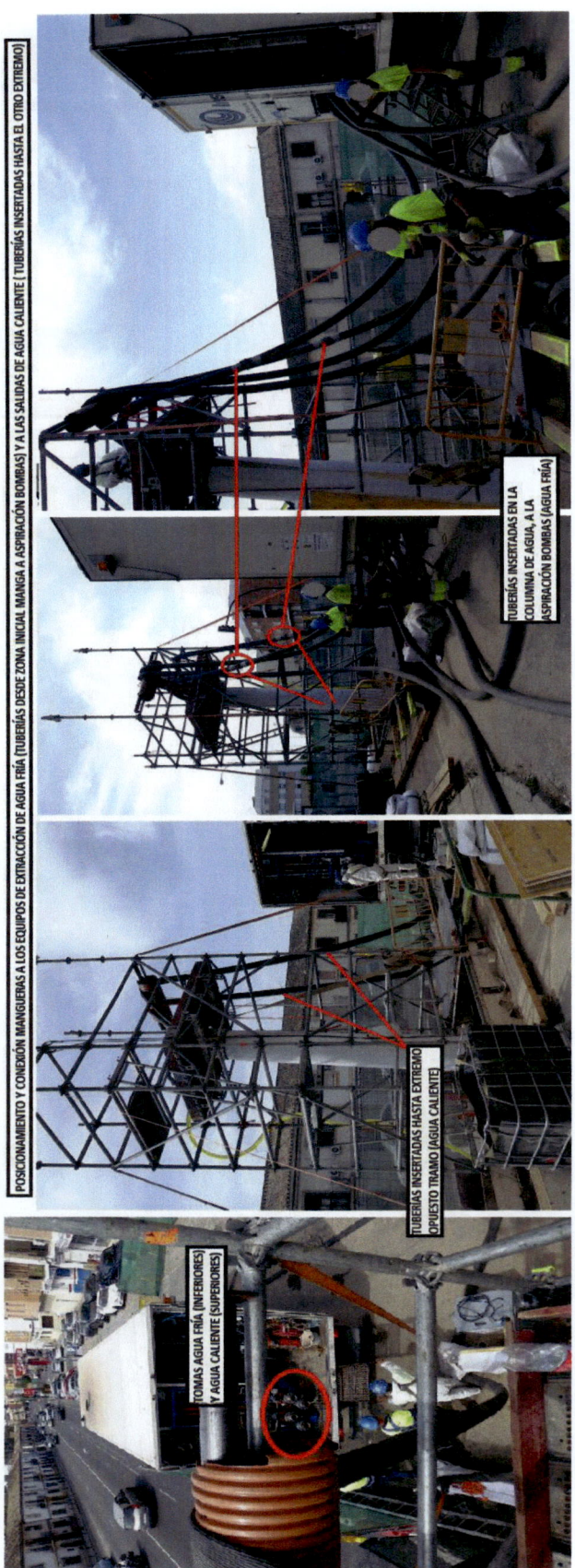

Una utilidad muy recurrente para los colectores de saneamiento, del concepto de rehabilitación por acople de un material polimerizado y curado al interior de una tubería, es lo que viene a denominarse como **"packers"**, que vienen a ser como manguitos cortos (que pueden superponerse entre sí para crear mayores longitudes) para reparar distintas afecciones por el interior, previas ejecuciones de todo lo visto respecto a inspecciones, limpiezas, fresados, etc. En líneas generales, el proceso básico es el siguiente:

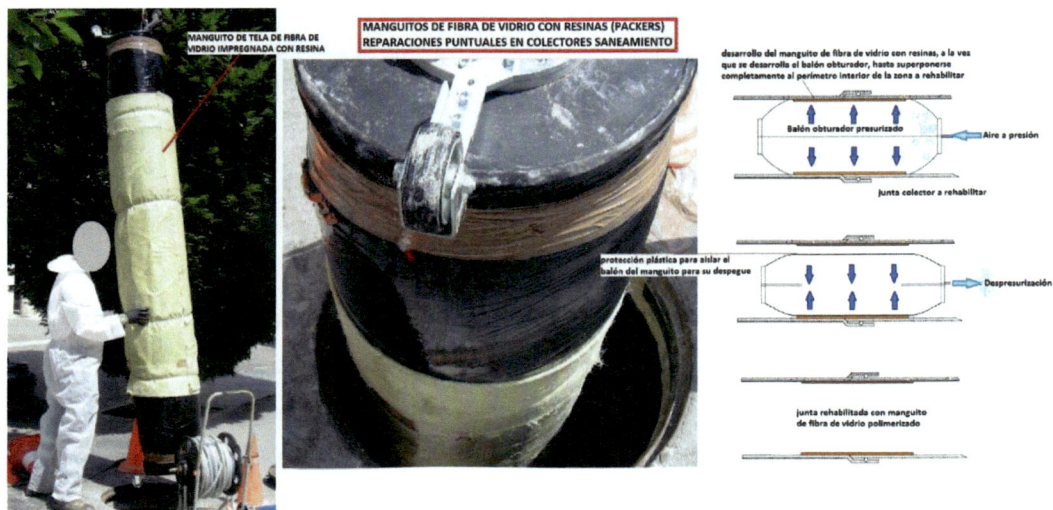

Viéndolo en una simulación real en interior de tubería

Pudiendo disponer de los denominados "packers de sombrerete" para la resolución de uniones estancas entre el colector principal y las acometidas.

En las situaciones de rehabilitaciones de colectores donde se observan internamente huecos por falta de material, es objetivo el implantarlos previamente para que los taponen antes de ejecutar la introducción de la manga principal para protegerla creando un apoyo para que no pueda verse afectada en el contacto con el perímetro de la rotura. Como el packer recreará la rotura/hueco introduciéndose en ella, puede verse afectado también, por lo que una buena solución consiste en arrollar al packer una delgada camisa metálica que pueda también expandirse con él. Por otro lado, el packer siempre originará un pequeño resalto que la manga principal reproducirá, creando un pequeño obstáculo al paso del vertido y de los sistemas de limpieza, si bien puede evitarse, para el caso de afecciones en la generatriz superior del colector, colocando un packer parcial.

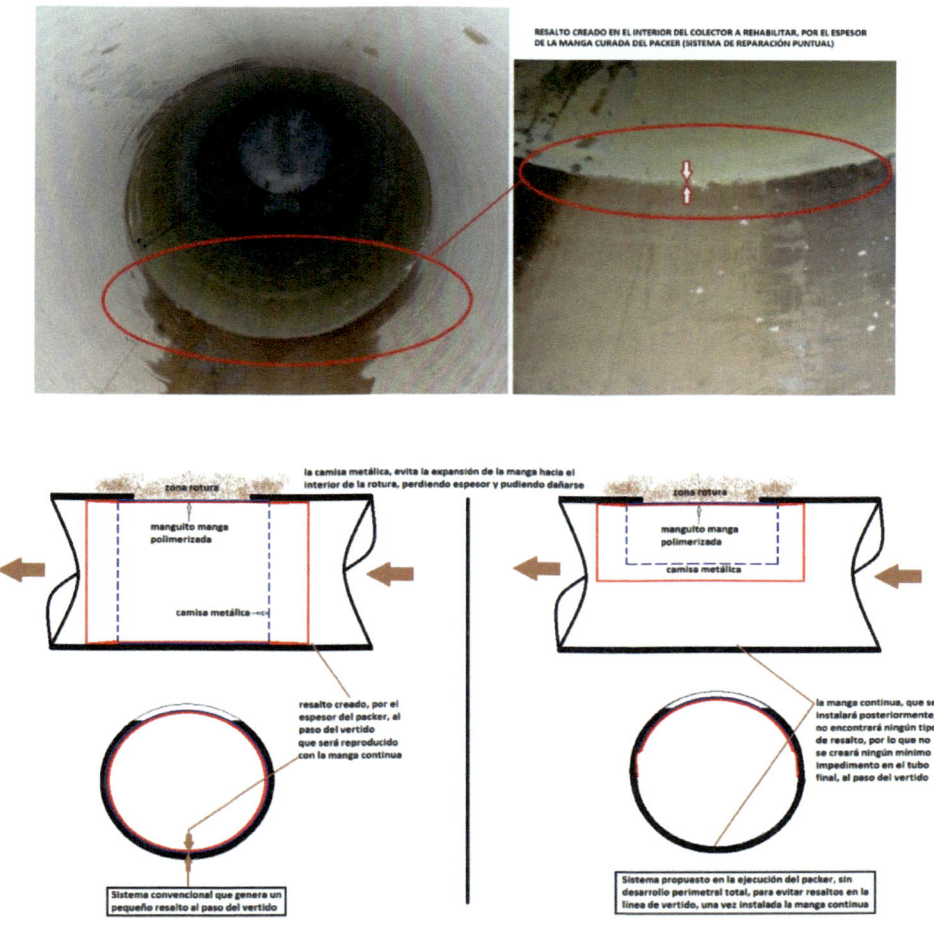

También se dispone en el mercado de sistemas tipo packer de expansión de manguito metálico de acero inoxidable por sistema de corredera.

REPARACIÓN INTERNA MEDIANTE SISTEMA DE GUIADO POR CCTV E INSTALACIÓN MANGUITO DE EPDM CON JUNTAS LATERALES (UNA SOLA PIEZA) AJUSTADO A TRAVÉS DE CASQUILLO DE ACERO INOXIDABLE CON CORREDERAS MOVIDAS POR LA EXPANSIÓN DE UN BALÓN PRESURIZADO, LOGRANDO UN AJUSTE COMPETENTE

Pueden ser tremendamente útiles cuando se tenga que actuar en averías de abastecimiento situadas en lugares muy comprometidos para la ejecución por medio de obra civil convencional. Nos estamos refiriendo a averías donde ejecutar la cata para acceder a ellas directamente, suponga un grave problema respecto a afecciones graves al entorno social (por ejemplo, que la avería se sitúe bajo un vial de intenso tráfico cuya paralización por la obra suponga una importante afección por anulación del tráfico). Siempre se tendrá que ejecutar la correspondiente cata para acceder a la tubería, pero se hará en algún lateral que no origine la afección, para, a través de ella y con los medios oportunos, acceder a su limpieza, visualización, organización y resolución robotizada.

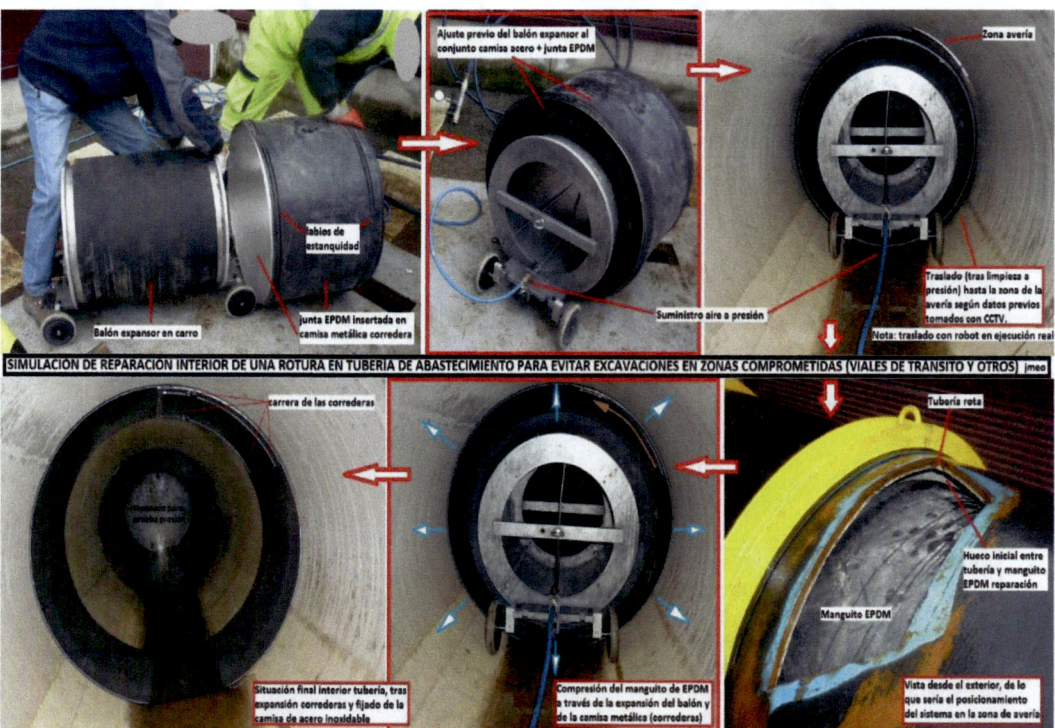

Obviamente, el sistema de corredera indicado presentará dos cuestiones a tener muy en cuenta. En primer lugar, la corredera no es estanca y, por tanto, la presión del agua ejercerá un empuje de expansión sobre el manguito de elastómero que queda en contacto con el perímetro interior de la tubería. Como la avería, normalmente, presentará grietas/roturas con bordes, el manguito de elastómero penetrará en la zona afectada cizallándose contra los bordes y no ejecutándose la reparación efectiva.

Para evitarlo, es ineludible fijar, de modo previo a su inserción, una camisa metálica (comentada anteriormente) alrededor del manguito, que se pueda expandir con él y que será la que evite que el elastómero penetre al interior de la grieta/rotura.

En segundo lugar, representará una pieza insertada en el interior del flujo que, tanto por la posibilidad de quedar agarrado cualquier elemento que discurra por él (que puede darse: por ejemplo la entrada de cualquier plástico derivado de una obra ejecutada donde no se ha extremado la limpieza y/o verificaciones necesarias) como por evitar la posibilidad de un desplazamiento por cualquier causa (aunque sea la corredera de acero inoxidable, nunca un mantenedor debe perder de vista que puede fallar) hace que sea muy conveniente el recubrir la pieza con un packer convencional que la proteja (como estamos hablando de abastecimiento, con resinas aptas para contacto con agua potable).

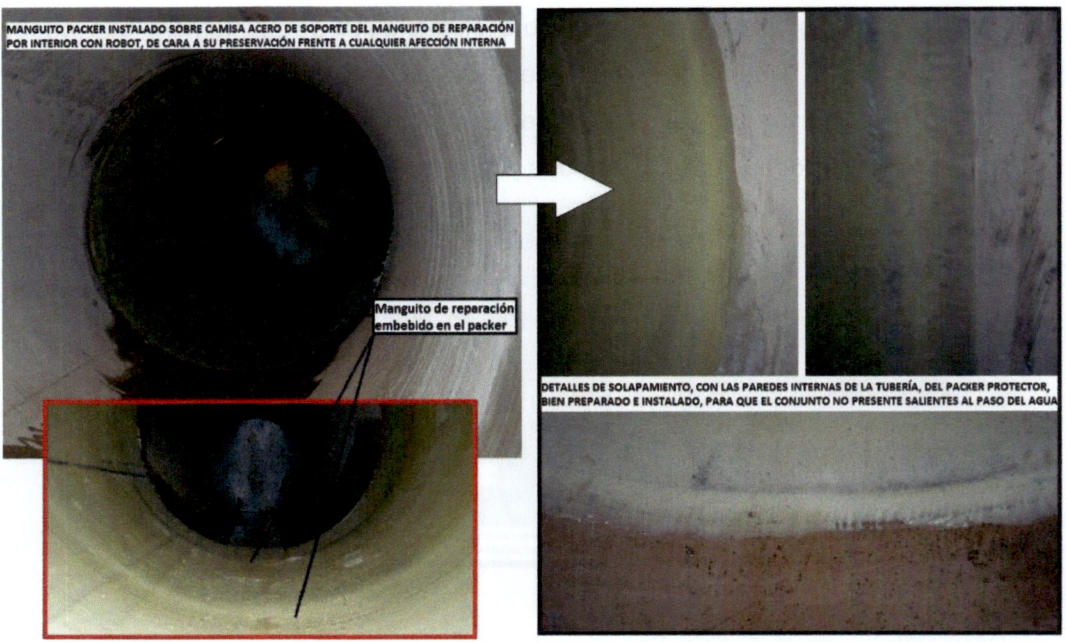

Finalmente, hay que tener en cuenta que, a pesar de haber ejecutado todo lo indicado, en tuberías a presión con revestimientos internos, normalmente seguirá existiendo, por pequeño que pueda ser, un paso de agua entre el cuerpo interior del tubo y el revestimiento (por las fisuraciones que puedan existir en él, que las habrá). En el fotograma anexo puede verse esta situación a través de una prueba real llevada a cabo.

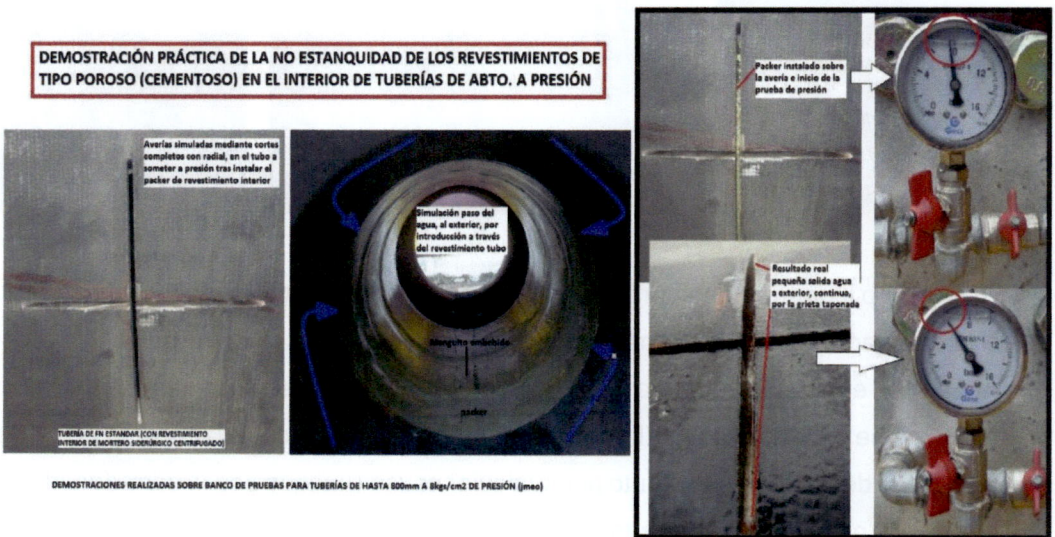

Por lo que la ejecución práctica final se basará en crear, a base de packers solapados, el recubrimiento interno desde la campana del tubo afectado, hasta la del anterior, de modo que las propias juntas de las campanas eviten cualquier salida de agua.

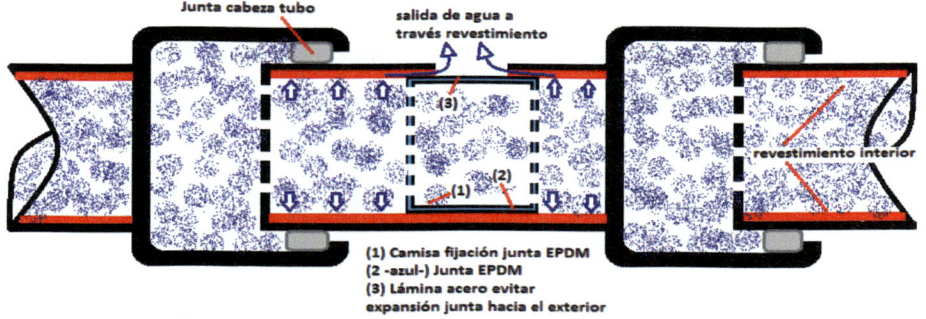

PÉRDIDAS POR LA PROPIA ROTURA/FISURA TAPONADA CON MANGUITO AJUSTABLE, POR CIRCULACIÓN DEL AGUA A TRAVÉS DEL REVESTIMIENTO INTERIOR, NO ESTANCO, DEL TUBO DONDE SE SITÚA LA REPARACIÓN (este tipo de reparación serviría para poder reponer el suministro en breve tiempo, por necesidad, y pasar a plantear la actuación de estanquidad total, posteriormente, de modo organizado y en el momento más idóneo.

EJECUCIÓN DE IMPERMEABILIZACIÓN INTERIOR CON ENCAMISADOS IMPREGNADOS DE RESINA ALIMENTARIA, A POLIMERIZAR (CURAR), PARA DEJAR LA REPARACIÓN TOTALMENTE ESTANCA Y POR LARGA VIDA ÚTIL

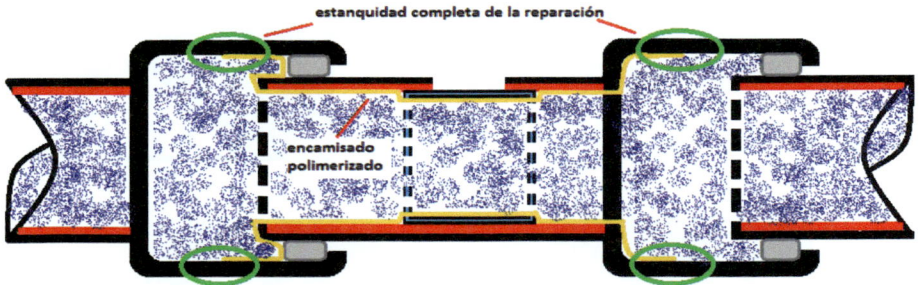

Una vez hemos visto todo lo relacionado con entubaciones de todo tipo, podemos decir que, en líneas generales, ya sea con eliminación completa de la obra civil o una ejecución muy pequeña (fosos) respecto al contexto general, **los sistemas de entubación permiten rehabilitaciones a muy bajo coste frente a la obra convencional a zanja abierta, añadiéndose la ventaja (muy importante) de conseguir ejecuciones de largas longitudes en tiempos ínfimos respecto a la obra civil convencional. Con eliminación total, o muy cercana a ella, de las afecciones de todo tipo que se dan en la convencional.** Afecciones –sociales, medioambientales y de seguridad- que deben considerarse por su vital importancia-.

Cuando la posibilidad de entubar nos represente un problema por no ser idónea la solución para los requerimientos deseados (no poder asumir la pérdida de sección hidráulica, querer incrementarla, etc.), podemos recurrir a otros tipos de tecnologías.

3.-Tecnologías de sustitución por rotura

Son tecnologías basadas en la rotura (corte o fragmentación, según el material) de la tubería existente, por medio de sistemas de corte o golpeo seguidos de un cono de expansión que compacta, por empuje, los fragmentos contra el terreno que la rodea, ensanchando el "hueco" y permitiendo la entrada de una nueva tubería, "enganchada" tras el cono de expansión con diámetros exteriores de hasta 2 diámetros mayores (máximo aconsejado) respecto a la tubería existente.

El formato más simple y utilizado es el denominado **"Bursting" o sistema de rotura estático**

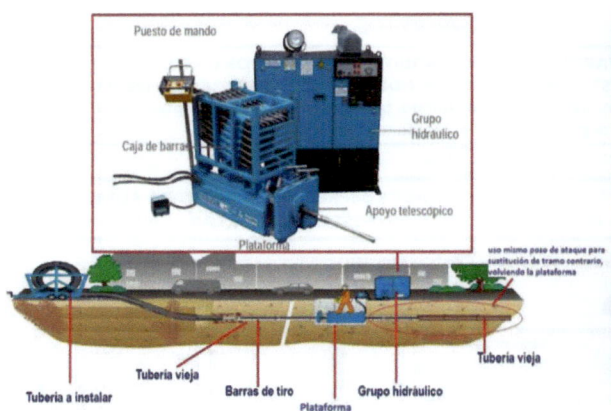

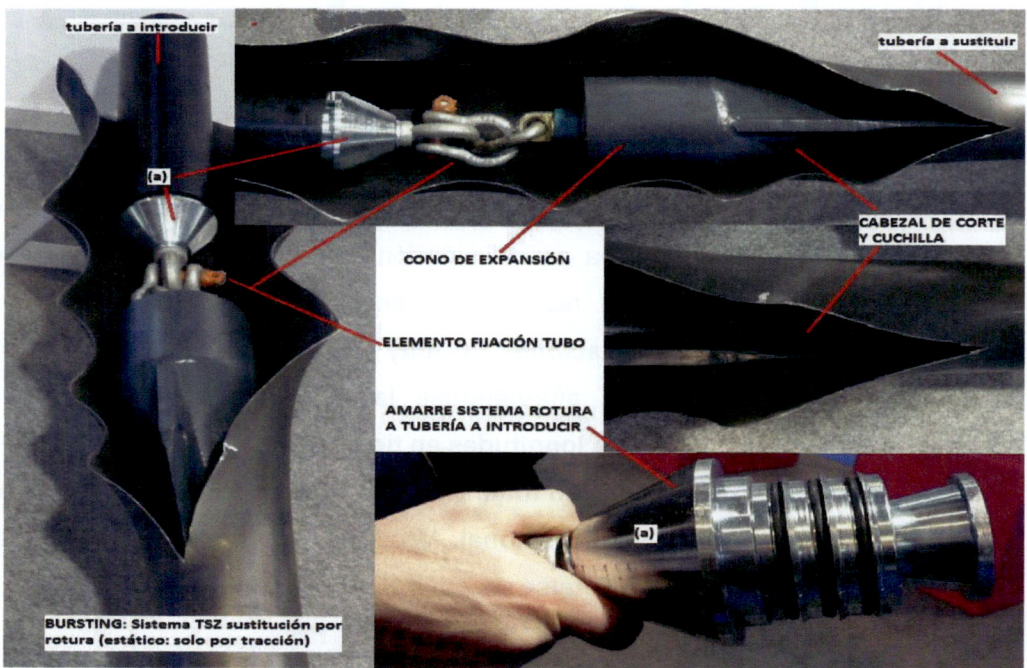

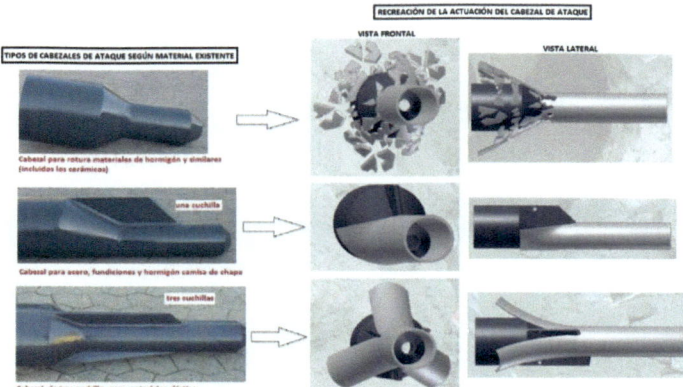

En él la tracción necesaria para conseguir el avance, se consigue a través de la fuerza de tiro de una unidad hidráulica, cuya potencia dependerá de las necesidades en función de las características de la tubería a romper, del suelo y de la propia tubería a introducir.

El amarre (línea de tracción) se realiza por sólidas barras de hierro con sistemas de enganche desenganche rápidos (quick-lock) o sistemas roscados, que se van introduciendo por el interior de la tubería existente, enganchándose una a una y siendo empujadas por medio de una plataforma situada en el foso de ataque.

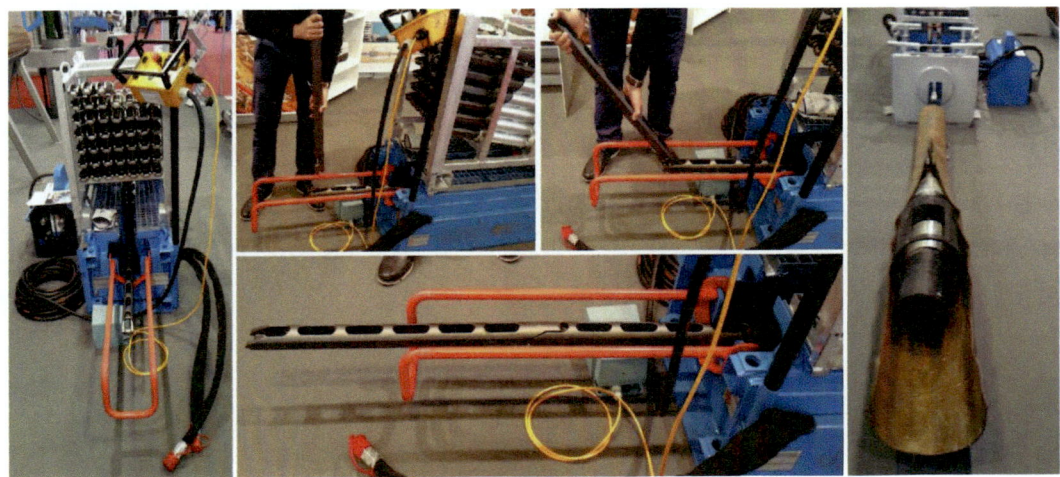

COMPOSICIÓN DE UN SISTEMA TSZ DE MERCADO PARA SUSTITUCIÓN DE TUBERÍAS POR ROTURA DE FORMA ESTÁTICA (SÓLO MEDIANTE TRACCIÓN)

Una vez llega el tren de barras al foso opuesto, se engancha, a él, el conjunto formado por los sistemas de corte, el cono de expansión y la tubería nueva. Una vez enganchado todo el sistema, la plataforma del foso de ataque se dispone para actuar en sentido de tracción, ejerciendo el tiro correspondiente para garantizar la rotura y avance del conjunto a través de la tubería existente y terreno, en un proceso de paradas para ir desenganchando y retirando las barras, hasta que se verifica la salida de la tubería nueva. La fuerza de reacción es ejercida sobre el correspondiente muro, donde apoya la plataforma.

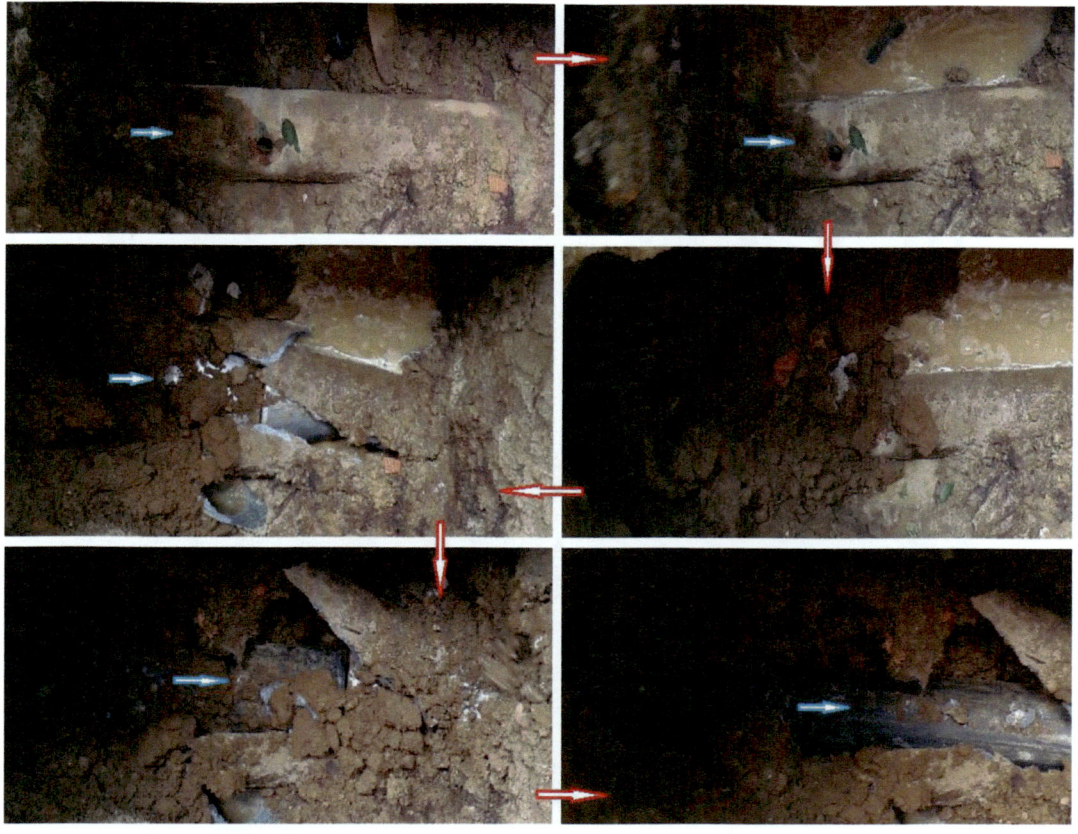

LLEGADA DE LA PIEZA DE ENGANCHE Y LA NUEVA TUBERÍA (PE EN ESTE CASO)

Aunque suele ser el polietileno, por sus características, la tubería más usada para este tipo de sistemas, puede ser de cualquier tipo de material, siempre que se aseguren las condiciones de mantenimiento integral de las uniones correspondientes entre tubos para que el resultado final sea una tubería totalmente estanca y de larga vida útil.

BURSTING: TIRO Y EMPUJE (INSTALANDO TUBERÍA SISTEMA TIP)

En la parte inicial donde se sitúan los elementos de corte/fragmentación, se suele colocar un elemento de control del tiro que envía las señales correspondientes al exterior para un seguimiento del avance y de las fuerzas de tracción que se están ejerciendo, de modo que permite –al margen de obtener datos- verificar si existe algún posible problema por incrementos de la fuerza necesaria.

Sistema de sustitución por rotura que puede emplearse en pequeñas tuberías de saneamiento con las máquinas existentes en el mercado.

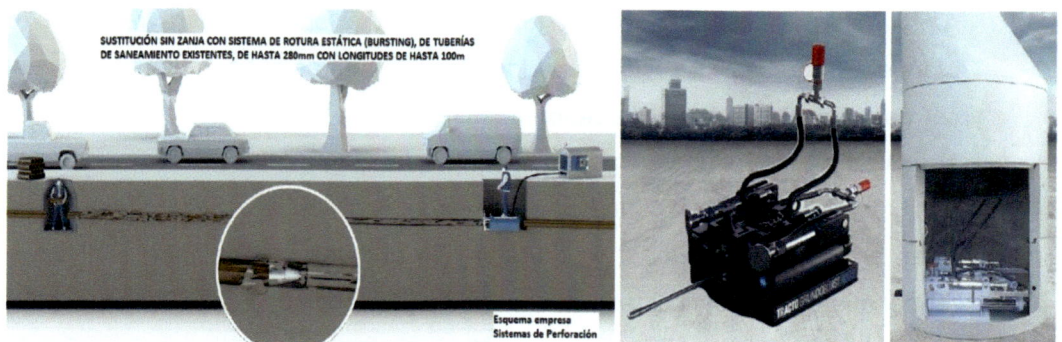

Antes de desarrollar el proyecto para pasar a la ejecución, debe obtenerse una información exhaustiva y fiable del entorno de la tubería a fracturar y expandir, para determinar si puede verse afectado cualquier tipo de infraestructura. Se marcan unas distancias mínimas recomendables respecto a servicios subterráneos existentes, para evitar incidencias. Cuando estas distancias no son las adecuadas, se deben ejecutar calicatas de observación para estar pendientes y disponer lo necesario al paso del sistema, para evitar dañarlos. Así mismo, se suele indicar una cobertura mínima de la tubería existente, para evitar que el empuje de la compactación, por la expansión del proceso de rotura y paso del cabezal, pueda afectar a las pavimentaciones exteriores.

Este sistema es el más utilizado para sustituir tuberías de modo directo por otras de, incluso, mayor sección hidráulica, con significativas reducciones de costes frente a la obra convencional, además de todas las ventajas derivadas de la reducción de obra abierta (reducción notable de todo el aspecto de afecciones sociales, medioambientales, y riesgos de seguridad), aun cuando se presenten acometidas que obligan a excavaciones puntuales para su retirada y posterior renovación partiendo de la nueva tubería.

* Como ejemplo de ejecución y costes con esta tecnología, indicar una obra real (por conocimiento directo como proyectista y Director de Obra), donde fue sustituida una tubería de abastecimiento de agua a presión de DN150FC con tramos de DN160 PVC y "parches" de reparaciones con DN150FN, en una longitud total de 270 metros, en ámbito urbano denso (con 14 acometidas de distintos diámetros a edificaciones existentes), incorporando una nueva tubería PE100RC DN200 SDR11(PN-16) en bobinas (sin juntas intermedias), mejorando la capacidad hidráulica tanto por diámetro interior (162mm en lugar de 150mm) como por factor de rugosidad. La ejecución se realizó en dos tramos en dos sentidos, al existir un cambio de traza, desde un foso de ataque intermedio, donde la plataforma se giró para el segundo tramo, utilizando el mismo foso.

A pesar de ser una obra donde se tuvo que ejecutar obra civil para tres fosos (el de ataque en ambas direcciones y los dos de entrada de tubería), las zanjas correspondientes a todas las acometidas (para su retirada y reposición desde la nueva tubería mediante collarines electrosoldables), y las catas correspondientes para retirar las piezas de fundición existentes en base a reparaciones de averías (eran arrastradas sin poder fracturarlas), la obra en su conjunto, con todos los requerimientos, vino a costar entre un 20-25% menos que la calculada para la obra completa por formato convencional. Y sin valorar lo relativo a las afecciones sociales y medioambientales.

Las fuerzas de tracción que se precisan para este proceso pueden ser reducidas con el sistema de operación denominado **"Cracking" o sistema de rotura dinámico**.

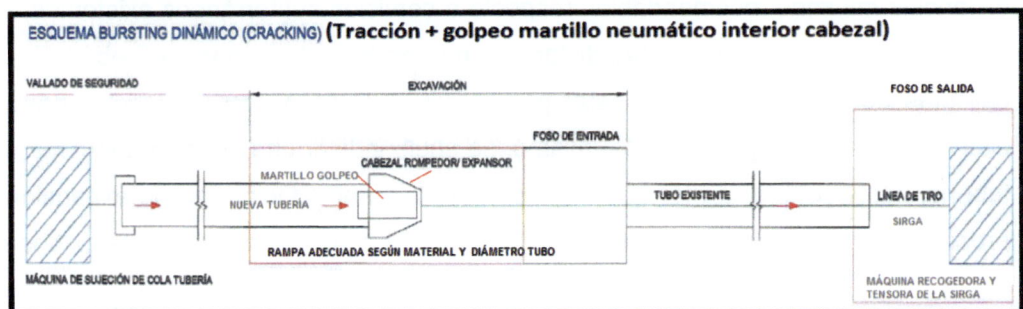

En este sistema, la fuerza de rotura y avance es ejercida por un martillo neumático situado en el interior del cono de fragmentación que lo golpea trasladando el impacto a la tubería existente

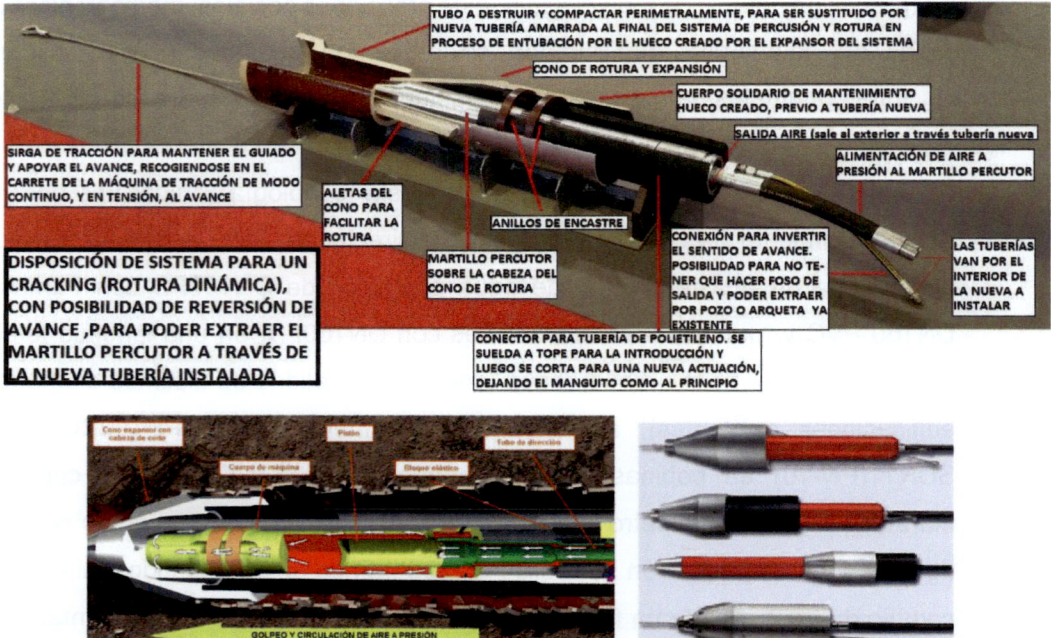

Para asegurar el avance punto a punto y sin oscilaciones, el sistema de avance se apoya en una unidad de "tensionado" y recogida de la línea de tiro (sirga), la cual se amarra a la cabeza del martillo de golpeo, existiendo varios formatos y disposiciones del martillo en función de las necesidades que puedan darse. Es muy importante conocer la resistencia del sustrato por el que va a tener que avanzar y compactar, para crear el hueco necesario que permita introducir la nueva tubería, de modo que se pueda elegir la disposición más eficiente para el objetivo perseguido, sin problemas, pues hay que tener muy en cuenta la longitud desde el punto de golpeo del martillo sobre el cabezal hasta el punto de amarre de la sirga, de cara a evitar procesos de oscilaciones y torsiones sobre la sirga, que puedan provocar su rotura (cualquier incidencia de rotura de la línea de tiro o enganche durante el proceso, si no existe sistema de reversión, llevará directamente a tener que ejecutar la obra de excavación necesaria para visualizar la incidencia y realizar las operaciones correctoras y nuevo enganche, para continuar). Por otro lado, es fundamental que el cono expansor disponga de aletas para que ayude en la rotura evitando mayores esfuerzos.

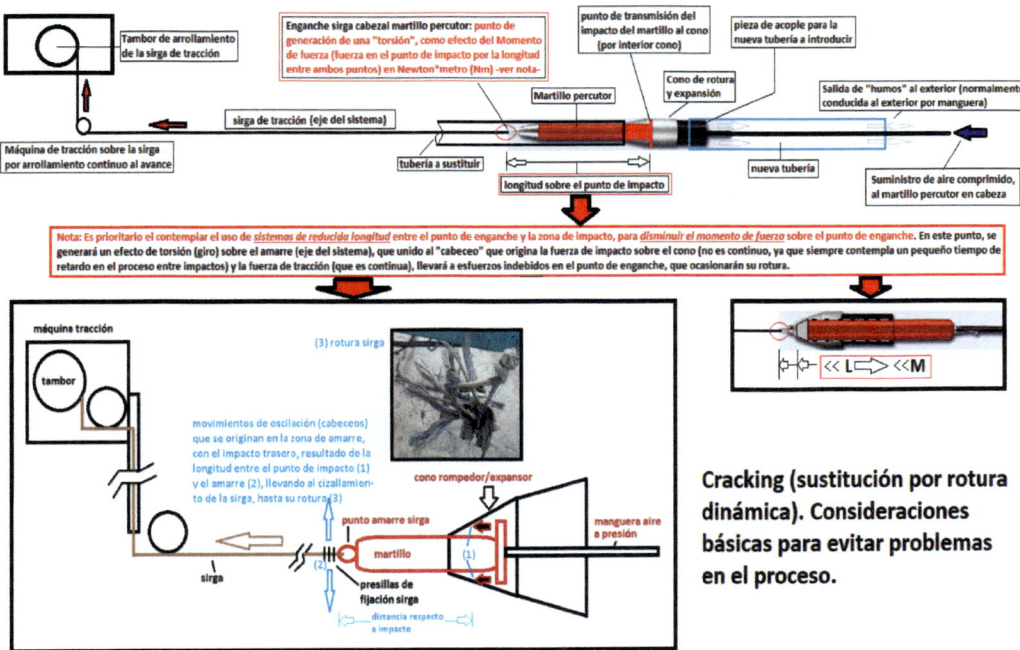

Para observar un proceso completo real, se plasma aquí la sustitución de un colector de saneamiento DN500HM (hormigón en masa) situado a 6 metros de profundidad, en marga, en mediana de vial de doble tránsito (intenso) de acceso a población, donde una ejecución por obra convencional a cielo abierto, hubiese llevado a una zanja con entibación pesada a ambos lados, afectando a carriles, con todas sus repercusiones sociales, medioambientales y sobrecostes netos.

ZONA DE GOLPEO

AMARRE SIRGA

CONO ROMPEDOR/EXPANSOR SIN ALETAS DE ROTURA/CORTE

MARTILLO LARGO CON GOLPEO SOBRE EL CONO, DESDE SU PARTE TRASERA

PROCESO DE ACOPLE DEL CONO DE ROTURA Y EXPANSIÓN A LA NUEVA TUBERÍA A INTRODUCIR, TRAS INTRODUCCIÓN POR ELLA DE LA ALIMENTACIÓN DE AIRE COMPRIMIDO AL MARTILLO NEUMÁTICO (EL "HUMO" SALE POR EL FONDO DEL TRAMO TOTAL DE TUBERÍA (TUBOS SOLDADOS A TOPE)

Tubería preparada (tubos soldados a tope), probada antes de introducirla, y elevada (curva de inserción adecuada)

MARTILLO PERCUTOR

SIRGA DE TRACCIÓN

CONTACTO CON OPERADOR TRACCIÓN

SUSTITUCIÓN TUBERÍA POR ROTURA. SISTEMA DINÁMICO (CRACKING). TENSADO CABEZAL DE IMPACTO/ROTURA Y AVANCE POR PERCUSIÓN MARTILLO INTERIOR

MÁQUINA TRACCIÓN

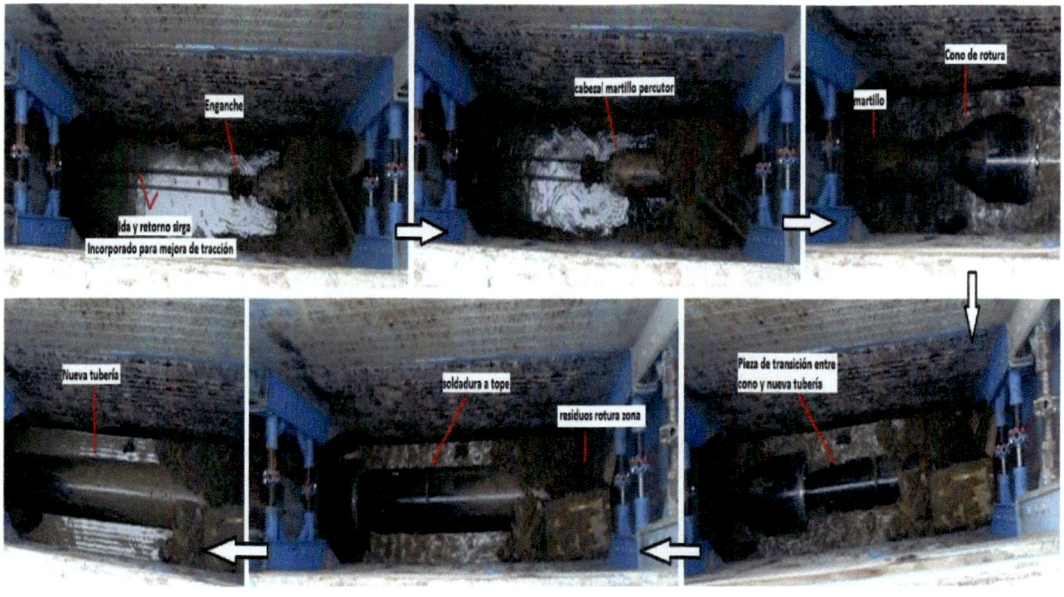

4.-Tecnología de perforación dirigida

Conocida como **PHD**, se basa en la ejecución, a través del subsuelo, de una perforación guía, cuyo diámetro dependerá del contexto de la perforación final a desarrollar, que puede ser manejada en su direccionamiento por el operador de la máquina, bien a través del posicionamiento de una cabeza de perforación en forma de "cuña" que dependiendo de su posición hace que se varíe la posición de introducción, o bien a través de un elemento intermedio (denominado motor de lodos) tras la cabeza de perforación de tipo tricono.

El avance, y la debida refrigeración, se apoya en la proyección a presión de líquidos de perforación (normalmente mezcla con bentonita) que tienen la función de estabilizar las paredes de la perforación y, a su vez, son los que trasladan los detritus al exterior (lodos de perforación) para su recogida (tratamiento y recirculación en caso de perforaciones que requieran grandes consumos).

El sistema avanza a través de la conexión de las "barras de perforación" una a una (la maquinaria actual lo realiza de modo automático por lo que con un solo operario se lleva a cabo la tarea en la máquina).

Mediante sistemas de detección externa, se va captando la señal procedente del emisor alojado en la zona delantera, tras las partes indicadas anteriormente, y se va cotejando su posición y profundidad, trasladando los datos al operario de la máquina de perforación para que proceda en consecuencia.

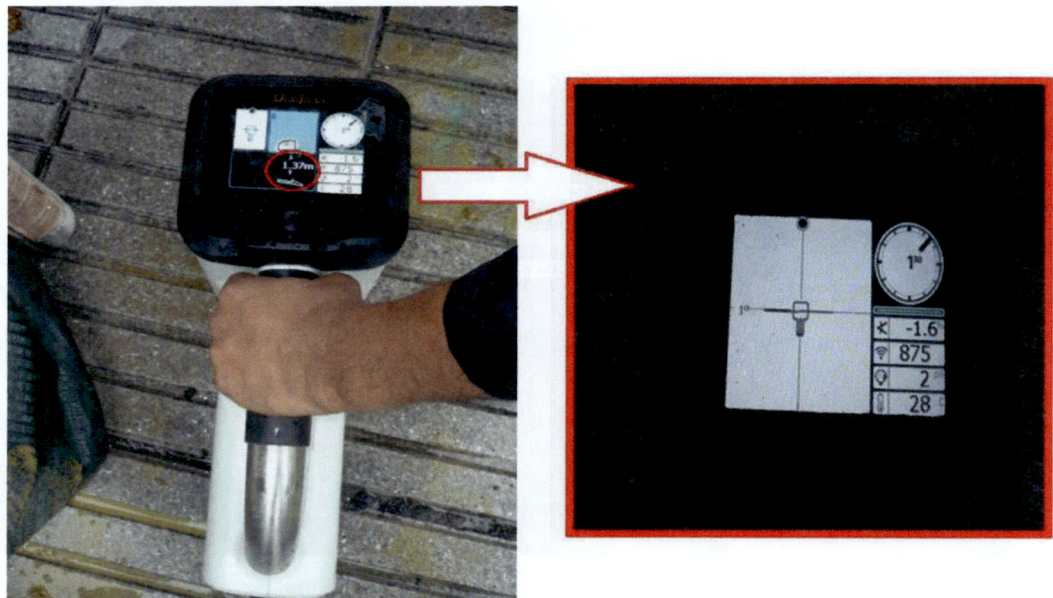

Una vez ejecutada la perforación guía, se procede a desmontar la cabeza perforadora, y se van acoplando los llamados "escariadores" que, cambiando el sentido de giro en la máquina para ir trayendo el sistema conjunto hacia ella, desmontando las barras, son los que irán ejecutando los ensanchamientos precisos hasta conseguir el hueco necesario para, con en el último ensanchamiento, introducir detrás del escariador la nueva tubería.

Sistema muy utilizado para salvar obstáculos como cauces de ríos, etc., tiene una aplicación muy positiva en cualquier contexto urbano, para ejecutar obras de mejoras en la explotación de sistemas, con pendientes definidas, sin afecciones externas (salvo los fosos de ataque –posición de máquina - entrada perforación, y foso de salida perforación – entrada tubería), como, por ejemplo, zonas ajardinadas y otros.

Pero tiene una utilidad muy práctica en el contexto urbano (no muy usada y que habría que aplicar), consistente en la ejecución de nuevas tuberías por este método (sea abastecimiento o saneamiento), colocando la máquina en el interior del foso de ataque con la inclinación oportuna para trabajar en perforación a la pendiente fija necesaria, y girando la máquina, una vez instalado un tramo, para volver a ejecutar el siguiente. Una vez verificados, limpiados y probados a presión/estanquidad se ejecuta la conexión oportuna o se instalan los nudos y/o pozos de registro.

Si en abastecimiento corresponde a diámetros en los que podemos emplear bobinas (recordemos que se fabrican en PE hasta DN225, que nos llevan a diámetros interiores de más de 180mm para PN16) las obras pueden resolverse en longitudes de gran entidad, con juntas exclusivas a los puntos de unión o nudos, con lo que representa la ausencia general de juntas, tanto por reducción de puntos de criticidad en la ejecución, como por reducción de costes.

Al margen del contexto urbano, este tipo de operativa tiene un valor muy apreciable en el contexto rural, donde podemos ejecutar grandes tiradas de tubería por este procedimiento (sea con bobinas o con barras, en función de diámetros), con costes muy reducidos y, sobre todo, evitando las grandes afecciones externas, sociales y medioambientales, que se provocan con las zanjas, así como las probables (de no tenerse en cuenta y actuar en consecuencia) futuras repercusiones por asentamiento de las zanjas y/o movimientos del terreno con incidencia directa sobre las tuberías.

AFECCIONES DIRECTAS A TUBERÍAS DE ABASTECIMIENTO DE AGUA INSTALADAS CON ZANJA ABIERTA, POR MOVIMIENTOS DE DESPLAZAMIENTO DEL TERRENO

AFECCIÓN NUEVA TUBERÍA DN80FN CORRIMIENTO LADERA MONTE EN ENERO 2009 (CIZALLAMIENTOS Y DESENCHUFADOS)

El contexto de lo que se quiere indicar aquí, puede verse en el esquema adjunto. Al no abrir trincheras en el terreno, y limitarnos a una perforación circular, no rompemos la estabilidad del terreno creando una zona de posible movimiento, en función del sustrato, con los resultados de ruina de tuberías incluso recién instaladas, que crean situaciones de emergencia en los suministros y la búsqueda de otras localizaciones más seguras para volver a ejecutar, nuevamente, con obra convencional a zanja abierta, sin pensar en soluciones que tenemos a mano y con menores costes económicos, sociales, medioambientales, de seguridad y de imagen de empresa (ante quien ve cómo se arruinan obras costosas).

SI LO HEMOS HECHO, MANTENIENDO LA PENDIENTE DESEADA, EN ENTORNOS URBANOS ¿QUÉ NOS IMPIDE PONERLO EN PRÁCTICA EN REDES EXTERNAS, PARA ADEMÁS DE SU REDUCCIÓN DE COSTES, AFECCIONES AL MEDIOAMB. y MEJORA DE LA SEGURIDAD EN OBRA, EVITAR TAMBIÉN LA POSIBILIDAD DE MOVIMIENTOS DEL TERRENO A FUTURO, AL NO CORTARLO CON LA TRINCHERA CORRESPONDIENTE A LA ZANJA A CIELO ABIERTO? EL ÚNICO IMPEDIMENTO RESIDIRÍA EN EL TIPO DE TERRENO

HASTA DIAMETROS INTERIORES DE 200mm (DN225) PODRÍAMOS IMPLANTAR TRAMOS DE HASTA **200 metros SIN JUNTAS**

LOS FOSOS SE DISTRIBUYEN PARA PODER IMPLANTAR NUDOS

Las mayores ventajas para la aplicación de este tipo de construcción se obtendrán con el polietileno, por, al margen de sus características propias, la posibilidad de suministro en bobinas, sin juntas, hasta el diámetro máximo indicado anteriormente o, para mayores diámetros, la ejecución de tubería continua a través de la soldadura a tope de tubos de 12 metros, que, quitándoles las rebabas exteriores de la soldadura presentarán una línea continua sin resaltes, idónea para la inserción del conjunto por arrastre (máxime con características RC -resistencia a la tracción-).

La perforación ejecutada puede ser, o no, rellenada. Según el sustrato (normalmente este tipo de sistemas de perforación necesita sustratos adecuados para evitar problemas -*-) dada la estabilidad de una perforación circular para dimensiones que no suelen ser ostensibles, no rellenar el hueco entre la perforación y la nueva tubería, tendría la ventaja de servir de red de drenaje, que evitaría empujes a la tubería (e incluso de control de posibles pérdidas de agua en los tramos)

> (*) Por supuesto, estas tecnologías de perforación no pueden -ni deben- proyectarse, sin el estudio previo del subsuelo por el que queremos perforar y mantener las trazas y pendientes. Según el sustrato por el que van a discurrir, estas tecnologías no sólo pueden tener problemas para conseguir el objetivo fijado, si no que pueden dar lugar a no conseguirlo y tener costes "tirados por la ventana", dando, además, una mala propaganda a este tipo de sistemas.

Por otro lado, cuando (a) se utilizan para salvar los cauces y otras infraestructuras fijas, o (b) se prevé que a futuro se van a incrementar necesidades, es una buena norma el ejecutar la obra introduciendo dos tuberías. Una que sirva de "vaina" para la introducción de la otra que será la de "servicio", para (a) que quede protegida y/o pueda ser sacada ante cualquier eventualidad e introducida una nueva o para (b) que podamos retirar la interior y dejar como servicio la exterior ante necesidades de incrementos dotacionales. En cualquier caso (obligatoriamente en el b), las tuberías exteriores deben ser de las mismas características que las de servicio y probadas en las mismas condiciones, para garantizar su buen funcionamiento de necesitarse. Ambas tuberías, exterior e interior, pueden llegar a ser introducidas a la vez, en el proceso de perforación final.

Este tipo de sistemas de perforación pueden encontrarse para dimensionamientos de todo tipo y ejecuciones variadas y relevantes (empresas especializadas), como para pequeñas perforaciones que pueden ser muy útiles a las empresas de servicio con su propio personal, tanto para abastecimiento como para saneamiento.

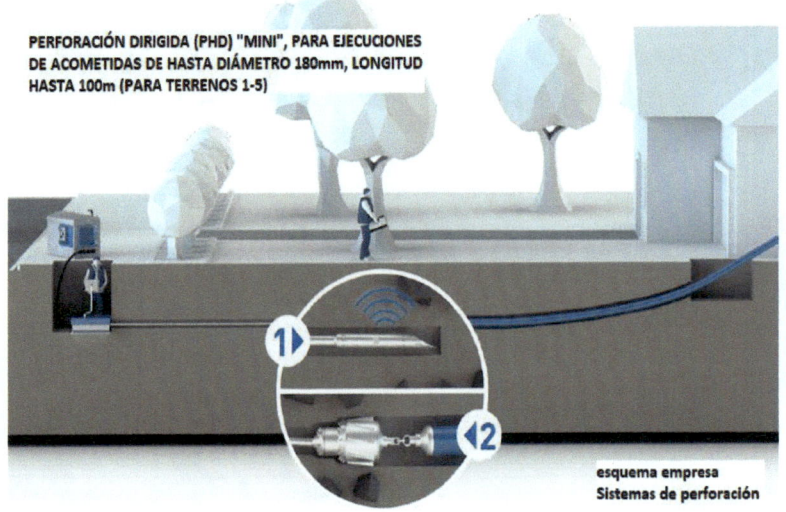

PERFORACIÓN DIRIGIDA (PHD) "MINI", PARA EJECUCIONES DE ACOMETIDAS DE HASTA DIÁMETRO 180mm, LONGITUD HASTA 100m (PARA TERRENOS 1-5)

esquema empresa
Sistemas de perforación

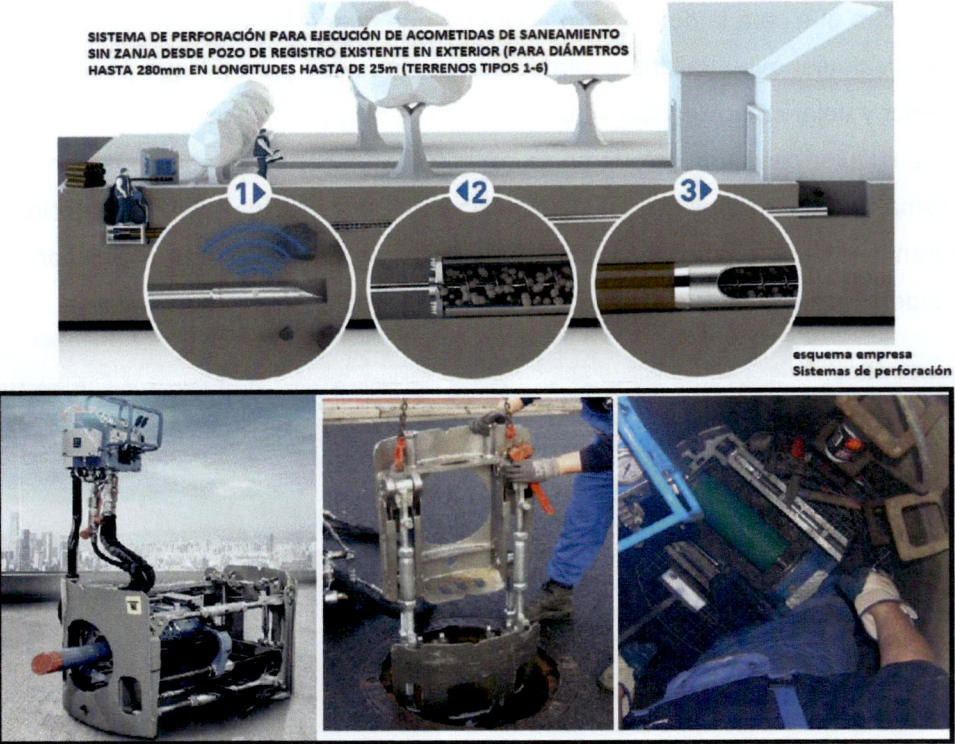

Existen sistemas de tecnologías sin zanja cuya aplicación se basa en ejecutar PHD de modo previo. Por ejemplo, la **tecnología "Raise Borer",** muy útil, en el ámbito del agua, para establecer grandes huecos estables para la introducción de tuberías, ejecuta previamente una PHD para marcar la pendiente oportuna, realizando escariado para conseguir el hueco necesario para el paso de las barras de tracción sobre el cabezal final de perforación. Un proceso completo podemos verlo en los siguientes fotomontajes.

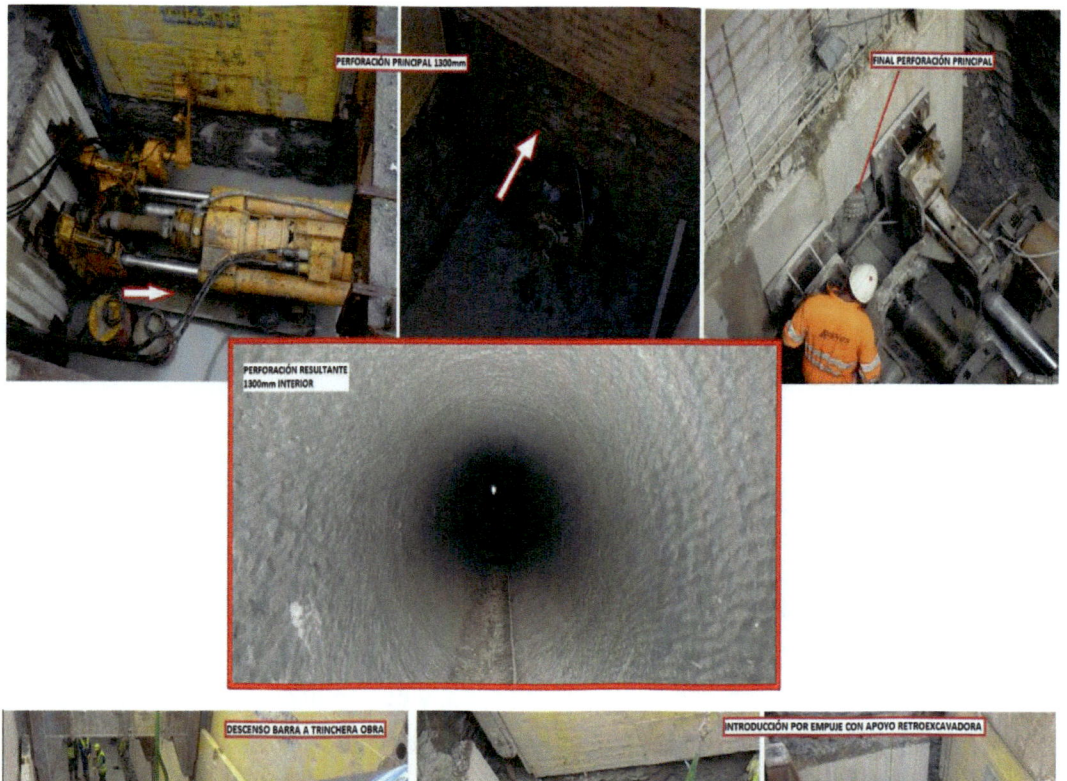

Como ya se ha comentado repetidamente, el sustrato existente hay que verificarlo previamente pues, de lo contrario, puede dar lugar a graves problemas y/o ruina de la obra. Según sea, puede que sea más conveniente recurrir a otros tipos de ejecución (las tecnologías de hincas ocupan un espacio muy relevante y útil, en cualquier dimensionamiento y necesidad, que no se tratan aquí, si bien se pone un ejemplo de ejecución para pequeños tramos en contexto urbano, en los que, por necesidad, haya que recurrir a una hinca por empuje neumático a la vez que se realiza el vaciado interior y extracción).

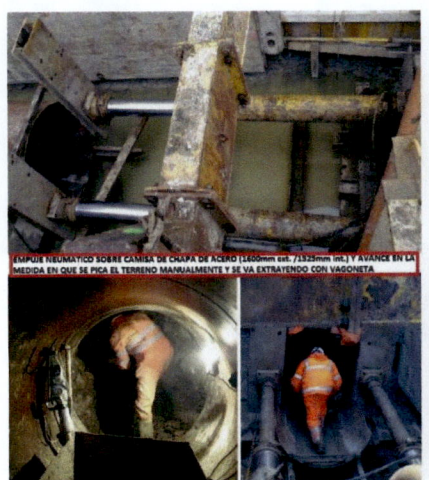

Otra de las tecnologías que suele ser utilizada, y que requiere de una PHD previa para la instalación de tubería de PE como camisa de introducción de las barras de tracción, es la de **"Hinca neumática guiada"**, cuyo proceso completo podemos ver en los fotomontajes siguientes de una obra real para implantación de tubería para alojamiento de servicios, atravesando una línea de ferrocarril.

5.-Tecnología de "Topos"

Nos da la posibilidad de ejecutar nuevas acometidas de abastecimiento mediante percutores hidráulicos que van avanzando por impacto desde un pozo de ataque a un pozo final. Una vez ha pasado el percutor, se engancha la tubería (de menor diámetro exterior que el hueco creado) al tubo hidráulico y se va recogiendo, introduciendo la nueva tubería. Otro proceso sería engancharla en inicio y que se fuese introduciendo a la vez, pero no se deja ejecutar así por cuestiones de calidad alimentaria, al poder impregnarse el interior de la nueva tubería con el aceite del sistema hidráulico, etc.

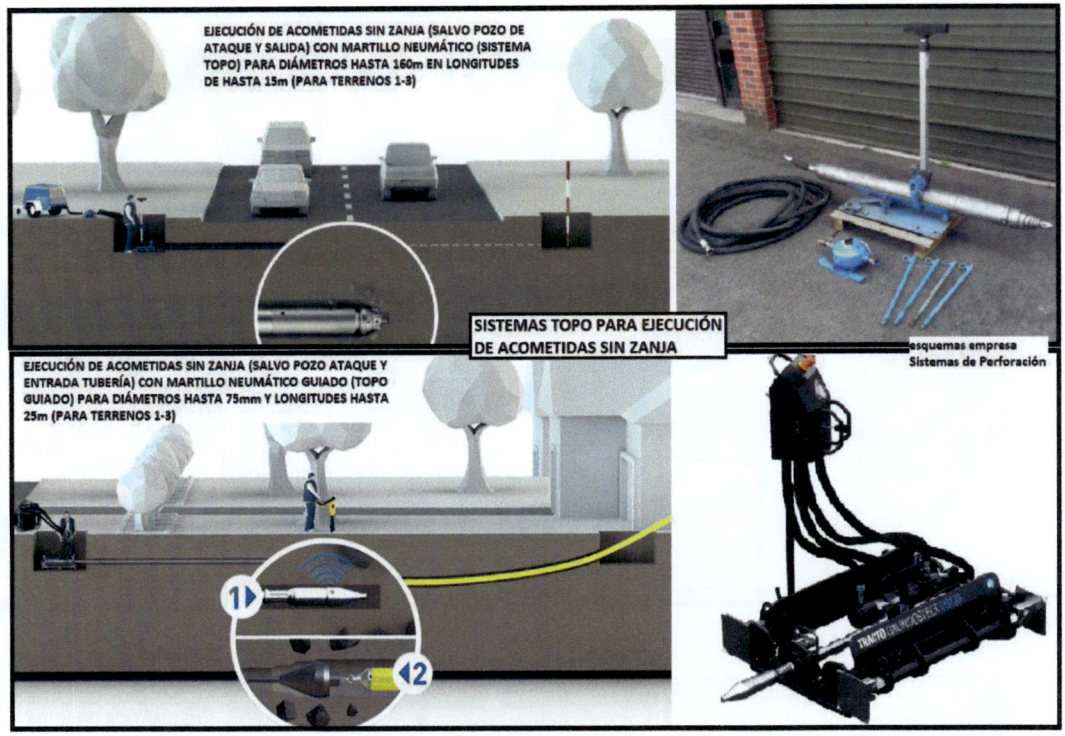

Actualmente el mercado contempla topos de hasta 160mm, por lo que cubre un amplio rango de acometidas (y otras necesidades) urbanas, pudiendo también construirse sin otras zanjas que las correspondientes a los fosos, por lo que son un complemento ideal para contemplar las obras sin zanja en todo el espectro de la red.

6.-Sustitución de acometidas de abastecimiento

Sistema que permite la sustitución de acometidas existentes sin ejecución de zanja continua, mediante su extracción directa por tracción, a la vez que introduce la nueva. Aunque pueden ser distintos materiales, tiene una aplicación muy útil para la sustitución de las acometidas de plomo, que se marcó su eliminación hace muchos años debido a condicionantes alimentarias de este material en contacto con el agua potable.

EXTRACCIÓN

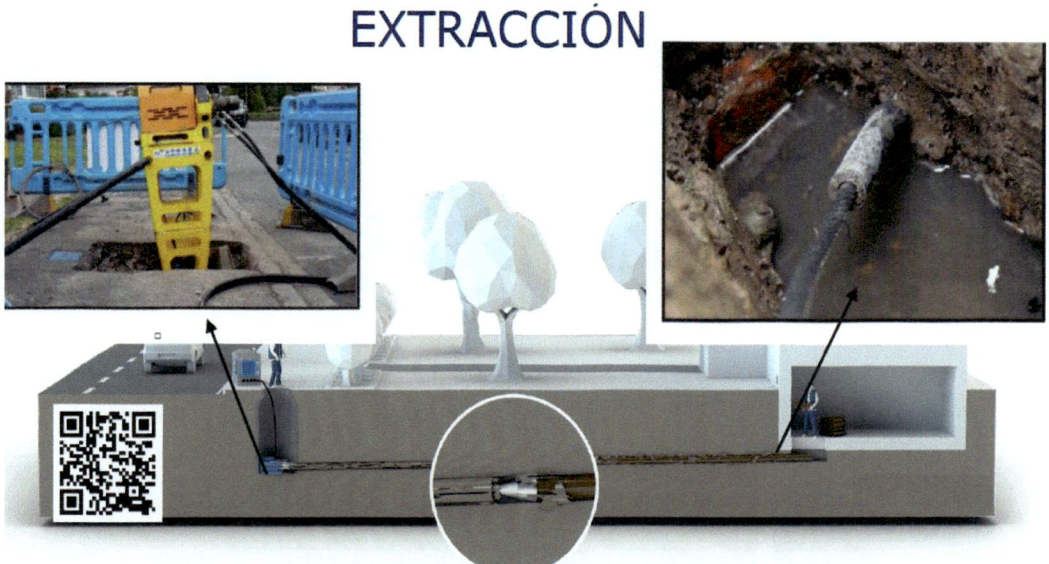

Longitud: Hasta 25 m / **Diámetro**: Desde 20 hasta 32 mm

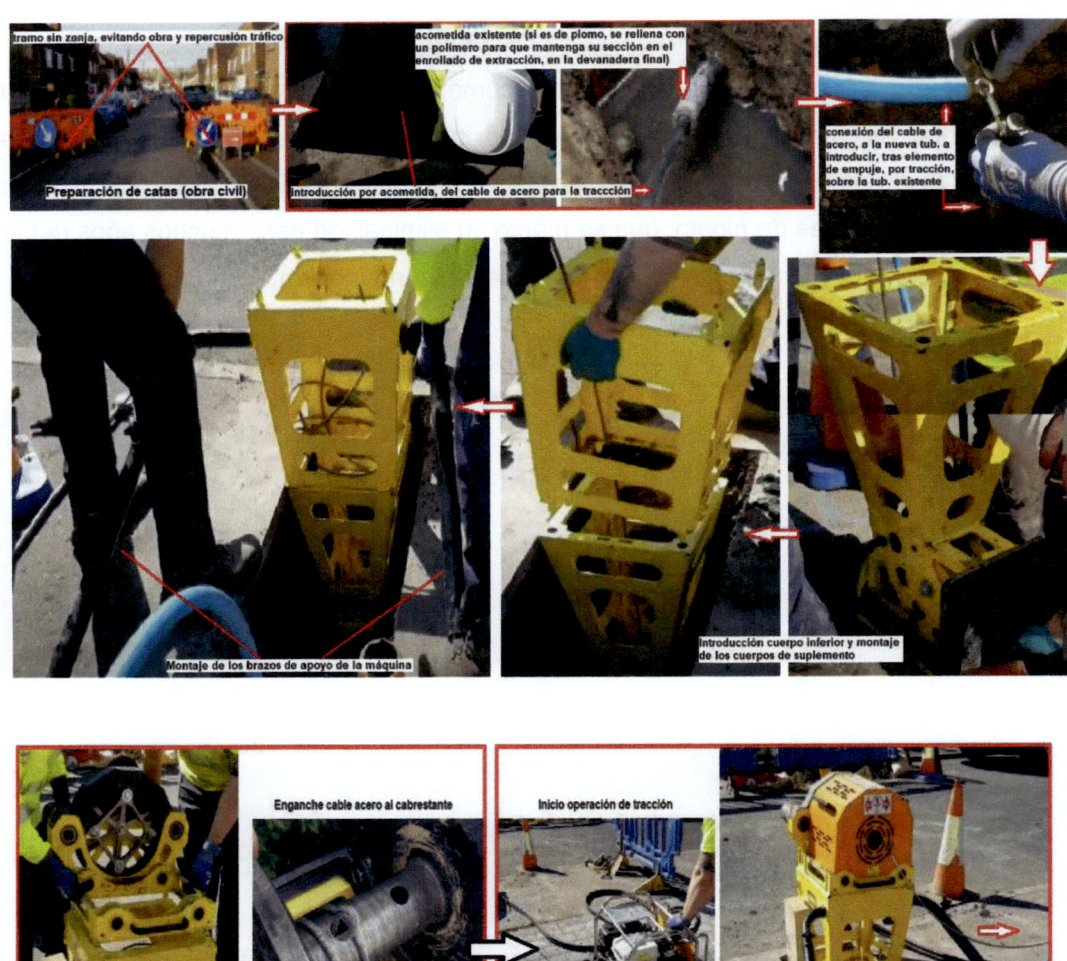

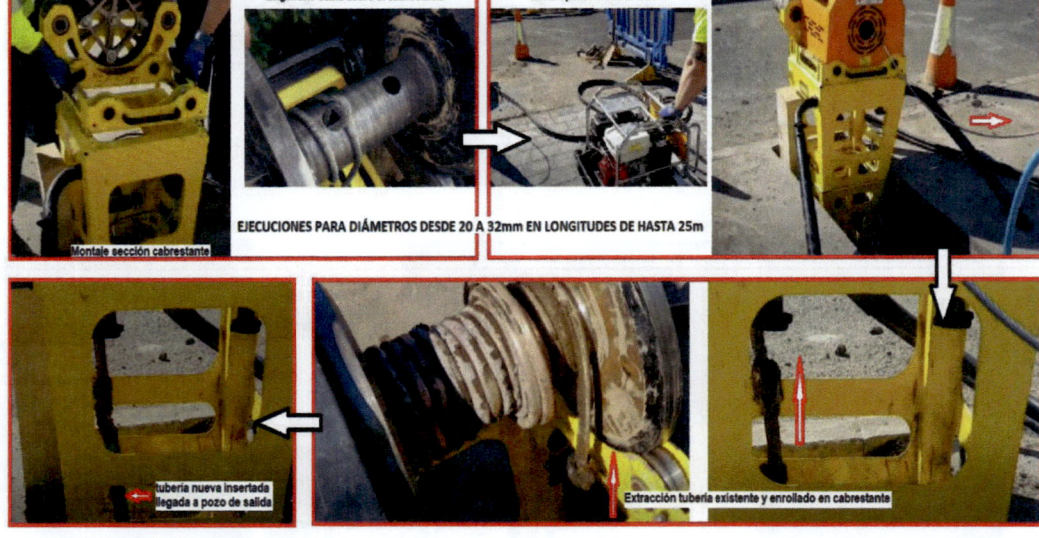

7.-Rehabilitaciones por el interior de tuberías y colectores

Sistemas de trabajo no considerados bajo el aspecto de entubaciones por no conformar una nueva tubería, y que rehabilitan la existente mediante una limpieza exhaustiva y la incorporación de resinas y morteros que crean una nueva capa interior resistente de protección, mejorando y potenciando sus características internas para incrementar su vida útil.

ACONDICIONAMIENTO E IMPERMEABILIZACIÓN COLECTOR 1300 INTERIOR IMPULSIÓN FANGOS BIOLÓGICO

REVESTIMIENTO INTERIOR Proyección de resinas o mortero

Aplicables a cuestiones puntuales internas

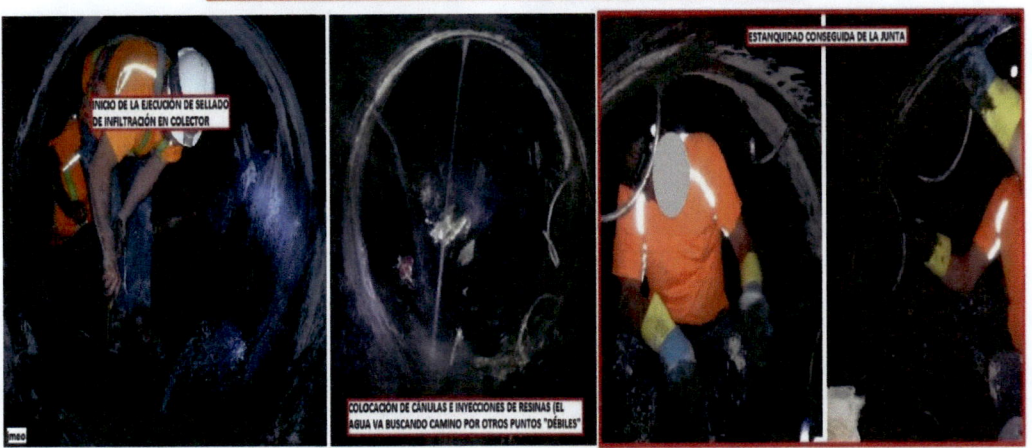

Y aplicables a la rehabilitación de registros

Y, aunque en un contexto diferente, pero que conlleva reducción de obra civil, se indica el proceso de sustitución directa de marcos/tapas de registro afectados por hundimientos, que viene a ser una de las principales afecciones que se sufren en los viales, con sus correspondientes alteraciones al tránsito, y costes.

RECORTE Y EXTRACCIÓN DE MARCOS DE REGISTRO AFECTADOS Y EJECUCIÓN NUEVO MARCO/TAPA

Comentario final:

Disponemos de múltiples tecnologías para ejecutar rehabilitaciones y sustituciones de tuberías de abastecimiento de agua y colectores de saneamiento sin ejecutar obras a cielo abierto en algunos casos y con reducciones máximas en otros. Sabemos elegirlas para cada caso y sabemos aplicarlas. Y conocemos sus amplias ventajas de todo tipo. Sin embargo, nos empeñamos en mirarlas como tecnologías para aplicaciones puntuales perdiendo enormes cantidades de recursos económicos al ejecutar con obras convencionales, y generando unos costes sociales y medioambientales difíciles de explicar en una Sociedad que está continuamente hablando, precisamente, de la necesidad de ir en sentido contrario. Este factor de discriminación hacia las TSZ, solo puede basarse en el desconocimiento y la comodidad (no actuar de modo diferente a lo que se está acostumbrado, pues lleva a tener que "reciclarse" en nuevos conocimientos y a realizar los proyectos con trabajos previos y análisis pormenorizados para saber lo que realmente vamos a tener fuera de la vista, al ejecutar, y evitar problemas). Así mismo, en que se trabaja con dinero público no teniendo en cuenta los factores de costes de todo tipo comentados anteriormente.

De este modo, lo que seguimos generando son obras de costes de todo tipo, "impresentables", por no pararnos a pensar, analizar y ver sus resoluciones con aplicaciones de estos tipos de tecnologías (como ejemplo, la obra reflejada en el fotomontaje, donde un colector de saneamiento que podría haber sido renovado por el mismo sitio que ocupaba, se deja ocupando esa ubicación y se ejecuta por un espacio diferente, con todo lo que representa y puede uno imaginarse a la vista del fotomontaje).

Quien invierte el dinero es la Administración pública y, por tanto, es a ella a quien compete regular las cosas para favorecer su desarrollo e implantación general, a través de criterios firmes y exigibles, a través de implementación de recursos que hagan proliferar a más empresas constructoras hacia este tipo de sistemas (se necesita más competencia, para que se desarrollen más las técnicas, y se llegue a precios más competitivos) y se genere un nicho de mercado continuo, cuyo factor troncal venga asegurado por el lado formativo de operarios cualificados.

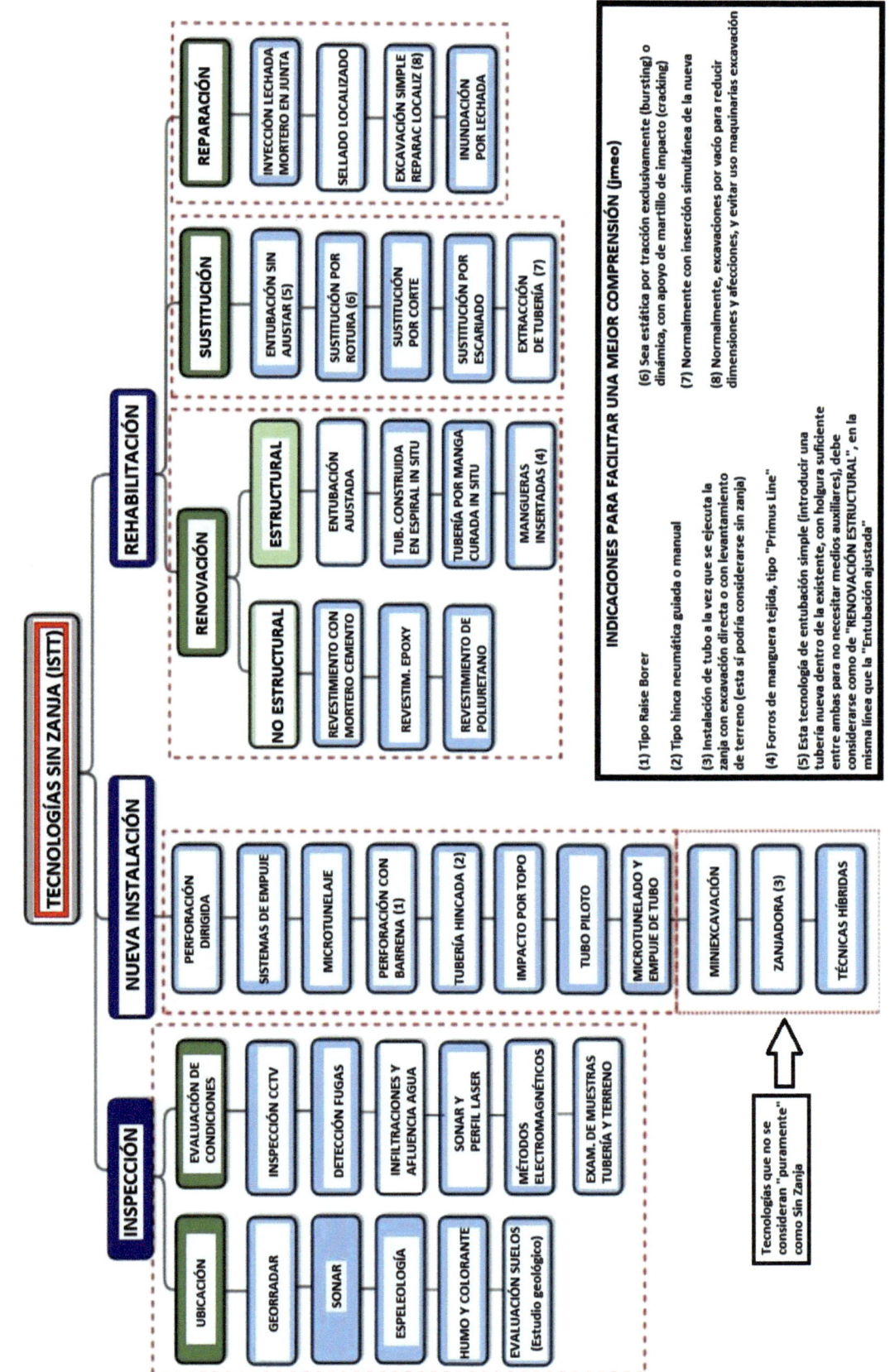

INDICACIONES PARA FACILITAR UNA MEJOR COMPRENSIÓN (jmeo)

(1) Tipo Raise Borer

(2) Tipo hinca neumática guiada o manual

(3) Instalación de tubo a la vez que se ejecuta la zanja con excavación directa o con levantamiento de terreno (esta sí podría considerarse sin zanja)

(4) Forros de manguera tejida, tipo "Primus Line"

(5) Esta tecnología de entubación simple (introducir una tubería nueva dentro de la existente, con holgura suficiente entre ambas para no necesitar medios auxiliares), debe considerarse como de "RENOVACIÓN ESTRUCTURAL", en la misma línea que la "Entubación ajustada"

(6) Sea estática por tracción exclusivamente (bursting) o dinámica, con apoyo de martillo de impacto (cracking)

(7) Normalmente con inserción simultánea de la nueva

(8) Normalmente, excavaciones por vacío para reducir dimensiones y afecciones, y evitar uso maquinarias excavación

ESQUEMA TRADUCIDO POR JAVIER ELIZONDO OSÉS DE LA GUÍA DE TÉCNICAS DE LA ISTT (ASOCIACIÓN INTERNACIONAL DE TECNOLOGÍAS SIN ZANJA)

ANEXO INFORMATIVO

FIBROCEMENTO. HISTORIAL REGULACIONES

El final de la construcción de redes de abastecimiento con tuberías de fibrocemento vino a generarse con la Directiva de la Unión Europea 99/77/CE de la Comisión de 26 de julio de 1999, la cual prohibió en toda la Unión Europea, *a partir del año 2005*, la comercialización y utilización de todas las fibras de amianto y de los productos conteniéndolas. Cada Estado miembro pudo adelantar la fecha de aplicación y en España, concretamente, las disposiciones de la regulación europea se incorporaron por O.M. del Ministerio de la Presidencia de 06 de julio de 2000 que modificaba el RD 1406/1989 de 10 de noviembre, quedando finalmente regulado todo por O.M. del Ministerio de la Presidencia de 07 de diciembre de 2001, donde quedaba establecida la prohibición de utilizar amianto en la producción a partir del 15 de junio de 2002 (podían seguir comercializando e instalando aquellos productos fabricados antes de esa fecha, hasta el 15 de diciembre de 2002), y la prohibición de comercializar e instalar productos con amianto, y productos que lo contuviesen (como era el caso de los tubos y piezas de fibrocemento) a partir de esa fecha (15 de diciembre de 2002) . Expresando que *"todo aquello instalado antes de esta fecha podrá mantenerse hasta el final de su vida útil".* *Cuestión que aparece también en* la **Directiva *2003/18/CE*** (regulación de la prohibición del uso de amianto a nivel europeo) que recomienda su sustitución por otros materiales a través de una **sustitución lógica y progresiva, vinculada en cualquier caso a la finalización de la "vida útil" de la infraestructura.**

Posteriormente, tendremos la **resolución del Parlamento Europeo, de 14 de marzo de 2013,** *sobre los riesgos para la salud en el lugar de trabajo relacionados con el amianto y perspectivas de eliminación de todo el amianto existente*, donde se insta a la UE a que desarrolle las medidas oportunas encaminadas a:
· Asegurar las condiciones de trabajo con exposición al amianto.
· Asegurar la gestión de residuos de amianto.
· Reconocer las enfermedades relacionadas con el amianto.
· Establecer estrategias para la prohibición mundial del amianto. **En relación con el agua potable, en esta resolución se pide a la UE que elabore modelos para el control de la presencia de fibras de amianto en el agua potable.**
Este planteamiento tenía su fundamento en lo que sigue siendo una realidad (y estamos hablando de una regulación iniciada en el año 1999 –Directiva Europea-; es decir, 19 años donde han tenido lugar múltiples estudios en relación, al margen de aspectos para la prevención y seguridad de los operadores, con afecciones a la calidad del agua de consumo), como es la **constancia de que no existe ningún tipo de afección en el agua para consumo humano, derivado de su contacto con el interior de las tuberías de fibrocemento por las cuales está transitando continuamente desde los puntos de captación y potabilización, hasta los puntos de consumo individual.**
Sin embargo, en España, en el año 2017, el partido político Izquierda Unida (IU) registra en el Parlamento andaluz y en el Congreso de los Diputados una proposición no de ley (PNL) para la elaboración y aprobación de un **Plan de Eliminación de las Conducciones**

de Agua Potable de fibrocemento, con un horizonte temporal de máximo cinco años por el *"riesgo para la salud"* que entrañan las mismas.

DIARIO DE SESIONES DEL CONGRESO DE LOS DIPUTADOS COMISIONES Núm. 154 8 de marzo de 2017 Pág. 37 — SOBRE LA ELIMINACIÓN DE LAS TUBERÍAS DE FIBROCEMENTO EN LAS CONDUCCIONES DE AGUA POTABLE. (Número de expediente 161/001187).
Podemos ver la **exposición de los proponentes, que indican:**
"…Europa, en 2013 *(referido a la resolución del 14 de marzo de 2013, del Parlamento Europeo, donde se pide a la Unión Europea que desarrolle un modelo de detección y de registro de amianto instalado),* aprueba una completísima resolución en la que plantea que hay que abordar el problema del amianto en su integridad, no solo en la parte de sustitución de todas las infraestructuras, sino que además **aborda de manera bastante profunda el problema de salud pública que representa."**

"Queda muy claro que **el riesgo** —esto es lo interesante— **es tanto por inhalación de las fibras de amianto <u>como por la ingestión, por tragarlo…"</u>**

"…instar al Gobierno a que, en coordinación y colaboración con las administraciones territoriales competentes, lleve a cabo una auditoría sobre la cantidad y situación de las tuberías de fibrocemento existentes en las conducciones y redes de agua potable de nuestro país y a elaborar y **aprobar un plan de eliminación de las conducciones de agua potable realizadas con fibrocemento, así como establecer un horizonte temporal a partir del cual quede prohibida la existencia de este tipo de redes** —ya está prohibido el uso y la fabricación— y **quede absolutamente sustituido por elementos seguros y no perjudiciales para la salud."**

Asimismo, en las exposiciones de enmiendas, tenemos:

"También es verdad que la **Organización Mundial de la Salud, en la guía para el agua potable, publicada en 2006,** que era la primera donde se tenía en cuenta la contaminación por asbestos, o sea por amianto, establecía lo siguiente: **No hay, por consiguiente, pruebas uniformes de que la ingestión del amianto sea peligrosa para la salud, de modo que no se ha considerado necesario establecer un valor de referencia basado en los efectos para la salud del amianto en el agua de consumo.**

"**Si decidimos eliminarlo**, ¿por qué no eliminamos el fibrocemento de todas las instalaciones? Si estamos comprometidos, **debemos hacerlo de todas, y eso también incluye las instalaciones de riego.**"

"…si existe un horizonte temporal **debe ir acompañado de una línea de financiación para la eliminación de estas tuberías**, ya que las pequeñas poblaciones son las que menos recursos tienen para poder acometer estas u otras obras. A modo de ejemplo (…) **supondría un coste de unos 250 a 300 euros el metro lineal. Si tenemos que cambiar los 40.000 kilómetros de tuberías que todavía tenemos en nuestro país, serían unos 10.000 millones de euros.**"

"…la Unión Europea se ha fijado como objetivo erradicar el amianto de todo tipo de edificaciones para 2028;…"

"Mientras estas tuberías no son objeto de rotura, **el paso del agua a través de ellas no genera, hoy por hoy, ningún problema constatado para la salud pública ni para la salud** de nuestros conciudadanos. Tenemos que evitar este tipo de instalaciones, pero **tampoco hay que alarmar de forma excesiva a nuestros conciudadanos...**"

"Hay lugares públicos sensibles, como colegios, hospitales, cuarteles o centros públicos, donde se ha usado aislamientos con este tipo de material como prevención de incendios en tuberías, tejados, chimeneas, en falsos techos e incluso en depósitos de agua. A estas alturas **deberíamos tener ya un inventario de todos estos lugares y un plan para la eliminación de los mismos...**"
"Hasta ahora lo que creo que queda claro (...) es que **lo que realmente es preocupante son las exposiciones que son inhaladas.**"

"...el esfuerzo que se ha hecho en este país **en los últimos 15 años, donde se ha pasado de un 40 % de red de tuberías a un 20 %,** es decir, ya se ha reducido un 50 %"

"...nos ponemos en **90.000 kilómetros que, en un coste más bien prudente, cuestan unos 60.000 millones de euros.**"

Lo que se trasmite luego a los ciudadanos es

(EL CONFIDENCIAL 08/03/2017)
El Congreso acuerda sustituir tuberías de fibrocemento por contener amianto
Madrid, 8 mar (EFE).- La Comisión de Medio Ambiente del Congreso ha aprobado hoy, con el apoyo de todos los grupos salvo el PP, sustituir los 40.000 kilómetros de tuberías para agua potable hechas de fibrocemento que todavía quedan en España y que contienen amianto, un material considerado cancerígeno.
La iniciativa se ha completado con una enmienda del PSOE en la que se plantea también la eliminación del fibrocemento en las instalaciones para el riego, así como la creación de una línea de financiación para que los municipios pequeños puedan llevar a cabo esta sustitución.
El PP ha justificado su rechazo a esta iniciativa alegando que sustituir el fibrocemento en tuberías de agua y potable y de riego supondría 90.000 kilómetros de tuberías que tendrían un coste de 60.000 millones de euros, una cifra muy elevada, a juicio de este grupo, teniendo en cuenta que la inversión del estado asciende a 9.000 millones anuales.

(El ESPAÑOL 15 marzo, 2017)
En España bebemos agua de 40.000 kilómetros de tuberías con amianto cancerígeno
Un 20% de las canalizaciones de agua potable contienen esta sustancia. Expertos piden su retirada, aunque no hay pruebas sólidas sobre su peligrosidad.

La OMS abordó la cuestión en su informe "*Asbestos in Drinking-water*" tras recopilar estudios realizados en varios países. La **cifra más repetida** en Estados Unidos, Canadá, Países Bajos y Reino Unido **estaba en torno a un millón de fibras por litro.**
Aunque pueda parecer mucho, la **Agencia de Protección Ambiental de Estados Unidos (EPA) considera un nivel seguro hasta 7 millones de fibras por litro.** A partir de esa cantidad, no descarta que exista riesgo de desarrollar pólipos intestinales benignos, pero tampoco hay suficientes investigaciones que lo demuestren.

Tanto la degradación de las cañerías artificiales como la erosión de los depósitos naturales de las rocas que contienen asbesto podrían ser responsables de esa presencia de las fibras, así que, efectivamente, **el agua que consumimos puede contener amianto, pero no existen datos concluyentes de que una vez ingerido sea cancerígeno.**

"La inhalación de fibras de amianto a través de la vía respiratoria es la principal responsable de las patologías causadas por este material y la vía digestiva tiene un peso secundario", afirma en declaraciones a EL ESPAÑOL **Alfredo Menéndez, catedrático de la Universidad de Granada y responsable del proyecto de investigación** *Los riesgos del amianto en España (1960-2002)*. En su opinión, **"hay menor evidencia científica sobre los efectos de deglutir fibras de amianto",** pero aun así **"eliminar las tuberías de fibrocemento es una medida de salud pública recomendable".**

Fernando Morcillo, presidente de AEAS, destaca que mientras que la red de tuberías de fibrocemento está en uso "no genera ningún problema para la salud". Sin embargo, "se considera que la vida útil de las tuberías está en torno a 50 años y gran parte de nuestra red de fibrocemento se construyó en los años 60 y 70, fruto del desarrollismo urbano". Por lo tanto, **las canalizaciones están envejecidas, son menos seguras, sufren más roturas y pérdidas de agua y es necesario acometer un esfuerzo de renovación.**

Francisco Báez Baquet, exempleado de Uralita en Sevilla: existen **"sentencias judiciales en las que se condena** a servicios municipales de abastecimiento de agua, comunidades de regantes y ayuntamientos **por daños causados por el amianto liberado en la reparación de tuberías de fibrocemento debido a que no han respetado la legislación vigente".** El riesgo no sería solo para quienes cambian una tubería, sino también **"para vecinos, viandantes y espectadores"**

"La degradación del cemento por simple obsolescencia es un proceso progresivo, a ritmo más acelerado cuanto mayor sea su antigüedad. La normativa española contempla la eliminación y **retirada en condiciones controladas "al final de su vida útil",** pero en la práctica esta expresión es tan "difusa", afirma, que solo se lleva a cabo "cuando hay averías, cada vez más frecuentes".

AEAS. Comisión 2ª Tratamiento y Calidad del Agua. INFORME TÉCNICO-SANITARIO SOBRE LAS TUBERÍAS DE FIBROCEMENTO Y LA CALIDAD DE LAS AGUAS DE CONSUMO. *Abril de 2017*.

"…prohibido su uso en España por los problemas derivados de su manipulación, por la posibilidad de que las fibras de amianto que se desprenden en dicha manipulación puedan llegar a dar lugar a los **problemas de salud causados por este producto por vía inhalatoria** (básicamente, fibrosis pulmonar (asbestosis), cáncer de pulmón y mesotelioma pleural). **En las tuberías de fibrocemento, el amianto se encuentra en su parte interior, y por tanto en condiciones normales no existe contacto directo entre este material y el agua suministrada a través de dichas tuberías."**

"No se ha podido demostrar correlación entre el consumo de agua de bebida en contacto con tuberías de fibrocemento y enfermedades como las que el amianto puede llegar a producir por inhalación crónica en los múltiples estudios científicos sobre el tema realizados hasta la fecha, motivo por el cual ni la legislación europea sobre calidad del agua de bebida ni la Organización Mundial de la Salud contemplan la necesidad de regular la presencia de fibras de amianto en el agua. Tampoco establecen riesgo asociado al agua de consumo diferentes agencias sanitarias de referencia mundial que han estudiado específicamente la exposición al amianto, y publicado documentos al respecto (p.ej.: Canadá, Francia)."

"El problema con este material radica en su producción, manipulación y destrucción y no en la utilización del mismo para actividades diversas como es el caso de distribución de las aguas de consumo."

En su última edición de las "Guías para la calidad del agua potable" (cuarta edición, año 2011), la OMS afirma que *No se han encontrado, por tanto, evidencias consistentes de que la ingesta de amianto sea peligrosa para la salud, de forma que se puede concluir que no es necesario establecer un valor de referencia basado en efectos sobre la salud por el amianto en aguas de consumo*. Llega a las conclusiones anteriores basándose en su documento ("*Asbestos in Drinking Water*", 2003). Siguiendo las recomendaciones de la OMS, la normativa europea sobre calidad de aguas de consumo humano (*Directiva 98/83/CE*) y su reciente modificación a través de la Directiva *1787/2015*, no fijan ningún valor límite para la presencia de fibras de amianto en el agua ni establecen la necesidad de llevar a cabo su control1, como tampoco lo hacen otras normativas internacionales de referencia como las de Australia (*Australian Drinking Water Guidelines 6*, 2011) o Canadá (*Guidelines for Canadian Drinking Water Quality*, 2017).

La única agencia de referencia que fija un límite para la presencia de fibras de amianto en el agua de consumo es la Agencia de Protección Ambiental de los EEUU (USEPA) en la *Safe Drinking Water Act* (SDWA), debido a la amplia presencia de tuberías de fibrocemento y a la abundancia de aguas agresivas en el país (...) en el fibrocemento las fibras de amianto no están en contacto con el agua transportada por las tuberías y, en los casos puntuales en los que lo puedan llegar a estar -aguas muy agresivas y tuberías muy degradadas-, la cantidad de partículas aportadas al agua es normalmente mucho más baja que el límite que esta agencia considera que podría llegar a ser peligroso para la salud (MCL), siempre por exposición crónica.

En los abastecimientos de España no se lleva a cabo un control sistemático de fibras de amianto en las aguas de consumo al no estar requerido por la legislación europea, ni por tanto por el *RD 140/2003* (transposición nacional de las Directivas *98/83/CE* y *1787/2015*), estudios llevados a cabo este mismo año 2017 en diferentes ciudades de España permiten demostrar que no se detectan valores apreciables de fibras de amianto en aguas tomadas en tuberías de fibrocemento: "...permiten garantizar que se puede consumir agua en sistemas de abastecimiento con presencia de tuberías de fibrocemento sin que ello suponga un riesgo sanitario y, en base a todas estas evidencias, debe evitarse la generación de cualquier alarma social entorno a este tema.

Por tanto, **las medidas propuestas en algunas iniciativas recientes**, como la PNL (Proposición No de Ley) aprobada recientemente por la Comisión de Agricultura, Alimentación y Medio Ambiente del Congreso de los Diputados**, no únicamente no tienen un fundamento científico-técnico, sino que además conllevarían mayor riesgo, tanto sanitario como medioambiental, que el mantenimiento de la actual estrategia de control y de reposición al final de la vida útil de las tuberías".**

Para finalizar, indican que "Aun quedando garantizado desde el punto de vista técnico-científico y sanitario que la ingesta de amianto por el consumo de agua en sistemas de abastecimiento no supone un riesgo sanitario, el sector (del Agua) tiene presente que, **en la medida de lo posible, y teniendo en cuenta el punto de vista técnico, de seguridad y salud laboral, así como el económico, se debe proceder a la eliminación del uso de tuberías de fibrocemento a medida que se vaya detectando la necesidad de una reparación (si hay que reparar se sustituye)** y, por supuesto, cuando se llegue a la finalización de la vida útil de la infraestructura.

SOBRE EL AUTOR

Javier Miguel Elizondo Osés

jmelizondo@telefonica.net

Ingeniero Técnico Industrial nacido en Pamplona (Navarra) y actualmente residente en esta ciudad (manteniendo su arraigo con su pueblo de procedencia, Funes, también de Navarra).

35 años de trabajo en responsabilidades de explotación y mantenimiento de redes e instalaciones de agua y saneamiento en distintas empresas de Navarra (Aguas de Mairaga, Junta Municipal de Aguas de Tudela y Servicios de la Comarca de Pamplona -SCPSA-). En

esta última y durante 20 años como jefe de Mantenimiento en SCPSA, seguidos de 7 años como Gestor de Infraestructuras de grupo II, desarrollando proyectos y direcciones de obra con aplicación de TSZ en su mayor parte. A partir de agosto del año 2021 y hasta final del 2023 (jubilación) se constituye en autónomo como asesor en el ámbito del agua trabajando en informes de mejora para varios ayuntamientos y entrando en el ámbito de los asesoramientos a industrias y particulares para hacer frente a las inundaciones por lluvias y crecidas de ríos.

Autor del "Manual para el mantenimiento y operación sobre las tuberías de fibrocemento en las redes de abastecimiento de agua" (publicado en el año 2008 y que se renueva e implementa completamente en el año 2024).y de artículos varios publicados en revistas técnicas de ámbito nacional a los que se puede acceder a través de su página web (www.elizondoasesordeagua.com), además de múltiples aportaciones de todo tipo (desde conceptos básicos físicos, de hidráulica de redes, materiales, aspectos constructivos, regulación de presiones, sectorización de redes, etc. etc. hasta desarrollos de todo tipo relacionados con las tecnologías sin zanja) como factor de divulgación y formación hacia cualquier persona que acceda a esa página.

Experto en Tecnologías Sin Zanja por la IbSTT en el año 2015, aunque le parece demasiado rimbombante esa definición, ya que, indica, tiene mucho que aprender y desarrollar en ese ámbito, y lo que considera como expertos son los integrantes de las empresas que trabajan ese sector.

Formador en el ámbito de la hidráulica del agua desde 1996, con más de 1300 horas impartidas a distintas empresas de gestión del agua y del ámbito de obras, así como a Ayuntamientos.